SHAOYAO ZHONGZHI ZIYUAN PINGJIA
YU CHUANGXIN LIYONG

芍药种质资源评价 与创新利用

张　利　姜媛媛　主编

四川科学技术出版社

图书在版编目（CIP）数据

芍药种质资源评价与创新利用 / 张利, 姜媛媛主编.
成都：四川科学技术出版社, 2025. 1. —— ISBN 978-7-
5727-1638-6

Ⅰ. S682.102

中国国家版本馆CIP数据核字第2025YM1014号

芍药种质资源评价与创新利用
SHAOYAO ZHONGZHI ZIYUAN PINGJIA YU CHUANGXIN LIYONG

主　　编　张　利　姜媛媛

出 品 人　程佳月
责任编辑　胡小华
责任出版　欧晓春
出版发行　四川科学技术出版社
　　　　　成都市锦江区三色路238号　邮政编码 610 023
　　　　　官方微博 http://weibo.com/sckjcbs
　　　　　官方微信公众号 sckjcbs
　　　　　传真 028-86 361 756
成品尺寸　185 mm × 260 mm
印　　张　16　字数 320 千
印　　刷　成都一千印务有限公司
版　　次　2025年1月第1版
印　　次　2025年1月第1次印刷
定　　价　98.00

ISBN 978-7-5727-1638-6

邮购：成都市锦江区三色路238号新华之星A座25层　邮政编码：610 023
电话：028-86 361 770

本书编委会

主　编　张　利　姜媛媛

副主编　廖进秋　杨瑞武　吴一超

　　　　朱柏雨　王　龙

审　稿　周永红

参　编　曾　建　杨群群　张绍奇

　　　　陈　欢　苟丽琼　敖青霞

　　　　吴忠旺　蔡笛亮

内容简介

芍药兼具观赏和药用价值，入药可用作白芍和赤芍。白芍在我国药用历史悠久，具有养血调经、敛阴止汗、柔肝止痛、平抑肝阳等功效，数以百计的古方中含有白芍，其临床上常用于治疗内脏痛、癌性疼痛、类风湿性关节炎等，疗效确切。四川是白芍的道地产区之一。本书以四川农业大学"特色药用植物种质资源创新与利用"课题组近年来在芍药种质资源、品种、品质、繁育等方面的研究成果为核心素材编写而成，系统介绍了芍药属植物遗传多样性、道地药材品质形成影响因素、种质资源鉴别、新品种选育、高效繁育、有效成分分离纯化与茎叶资源高值化利用、药材质量控制等方面的技术研究成果。

本书理论联系实际，可作为高等农林院校和中医药院校的教学参考书，亦可供从事中药材资源评价、生产经营和产品开发与利用的相关专业技术人员参考。

序

2019 年，中共中央、国务院关于《促进中医药传承创新发展的意见》指出："传承创新发展中医药是新时代中国特色社会主义事业的重要内容，是中华民族伟大复兴的大事。"党的二十大报告再次强调"促进中医药传承创新发展"。芍药组（Sect. *Paeonia* DC.）植物在芍药科（Paeoniaceae）芍药属（*Paeonia* L.）中分布范围最广、种类最多，且中国分布种以野生居多，其中，白花芍药（*P. sterniana* H. R. Fletcher）已被列为国家二级保护野生植物。芍药（*P. lactiflora* Pall.）兼具观赏价值和药用价值，在世界各地均有分布且具有悠久的栽培历史，在花卉、鲜切花、药材市场均占有一席之地，并且在脱贫攻坚和乡村振兴中发挥了"幸福花"的重要作用。因此，开展芍药资源的遗传多样性研究，对于芍药种质资源的保护与可持续创新利用具有重要意义。

芍药入药始载于《神农本草经》，南北朝时期的陶弘景首次提出芍药有白、赤之分，目前《中华人民共和国药典》规定芍药为中药白芍和赤芍的基原植物。白芍临床应用历史悠久，在很多古方中均含有，如敦煌《辅行诀》共载方 61 首，其中 22 首方含白芍；乙肝宁颗粒、乙肝养阴活血颗粒、乙肝益气解郁颗粒、三九胃泰颗粒、胃康宁颗粒、痛经丸、癫痫平片等众多含有白芍的成方制剂被载入《中华人民共和国药典》，用于临床。白芍目前主要道地产区有四川中江、安徽亳州和浙江磐安，但不同产区由于地理环境差异，资源类型、品质等差异较大，特别是种植面积较大的四川芍药和亳州芍药（两地的栽培药用芍药分别简称为川芍药、亳芍药），对白芍的临床用药影响较大。

《芍药种质资源评价与创新利用》一书，以促进白芍产业源头发展为立足点，应用植物学、植物生理学、植物化学、分子生物学等技术手段，较为系统地研究了我国芍药资源的遗传多样性、白芍道地药材品质形成的影响因素、新品种选育、种苗繁育、有效成分和非药用部分开发利用和药材品质评价，为优质白芍药材生产和可持续发展保驾护航。

该书作者长期从事道地中药材资源评价与利用研究，长期深入白芍主产区开展调研和技术指导，对白芍产业的发展需求十分了解，为本书的编撰提供了第一手资料。纵观全书，多学科交叉，内容新颖，陈述简明，虽未能囊括所有观点和各家之特长，但亦为白芍产业发展提供了坚实的理论基础，且对其他中药材研究有很好的借鉴和参考价值。本书的出版不仅能传授知识、技术和方法，还能激发思考、碰撞想法、开阔思路，对于从事中药等相关科学研究的学者、研究生和高年级本科生具有较高的实用价值。

前言

　　芍药属（*Paeonia* L.）由牡丹组（Sect. *Moutan*）、芍药组（Sect. *Paeonia*）和北美芍药组（Sect. *Onaepia*）3 个组组成，其中，牡丹组为多年生木本植物，芍药组和北美芍药组均为多年生草本植物。该属植物全球约 35 个种，*Flora of China* 记载我国分布有 20 个种，其中，牡丹组有 11 个种，芍药组有 9 个种；牡丹组为我国特有，其野生种及栽培种均分布在中国；芍药组中部分野生种及栽培种与牡丹组同域分布，而另外一部分多分布在欧洲及地中海地区；北美芍药组只有 2 个种，都分布在北美西部。该属中芍药（*P. lactiflora*）和牡丹（*P. suffruticosa*）为我国传统名花，兼具观赏和药用价值，已被《中华人民共和国药典》收录，其中，芍药（*P. lactiflora*）为我国大宗中药材白芍的唯一基原植物。

　　中药材白芍具有养血调经、敛阴止汗、柔肝止痛、平抑肝阳等功效，主要用于血虚萎黄、月经不调、自汗、盗汗、胁痛、腹痛、四肢挛痛、头痛、眩晕等症状。目前，白芍的市场来源主要以栽培为主，道地产区有四川中江、安徽亳州和浙江磐安，所产白芍分别习称"川白芍""亳白芍""杭白芍"，且分别有品牌产品"中江白芍""亳白芍""磐安杭白芍"。其中，"中江白芍"和"亳白芍"为国家地理标志保护产品，"磐安杭白芍"已获国家地理标志证明商标。然而，不同产区所栽培药用芍药种质资源具有较大差异，如花型、育性、有效成分含量等。同时，相较于观赏类芍药资源，栽培药用芍药种质资源的研究相对滞后。

　　四川农业大学"特色药用植物种质资源创新与利用"课题组，依托特色药用植物四川省科技资源共享服务平台和四川省中药材育繁技术工程研究中心，长期从事特色药用植物种质资源评价及创新与利用方面的研究。团队长期深入"中江白芍"主产区四川省中江县开展实地调研，并结合产业发展中存在的问题系统开展技术攻关，旨在维护品牌形象、提升品牌价值、助力中医药事业发展和乡村振兴。

　　本书共分为 8 章。第 1 章，基于种质资源收集，探讨我国芍药属植物的遗传背景及亲缘关系，旨在促进种质资源的保护及资源的可持续开发利用，同时基于 ISSR 标记筛选出两条特异性引物，并将其转化为稳定特异的 SCAR 标记，可用于四川中江、安徽亳州和浙江磐安 3 个道地产区栽培芍药的辅助鉴别；第 2 章，基于生态环境和遗传变异对道地药材品质形成的影响，分别从有效成分、生态环境和遗传关系分析不同产区（道地和非道地）白芍的差异特征，并利用 SCoT 分子标记技术研究不同产区白芍之间的亲缘关系与遗传多样性，为后续深入研究道地药材品质形成机制提供理论基础；第 3 章，综合评价了不同品系药用芍药对水分胁迫、盐胁迫、重金属铬胁迫的抗逆性，以及感染芍药灰霉病和叶霉病后的生理生化响应，为川芍药新品选育提供数据；第 4 章，以川芍药为例，介绍了芍药新品种 DUS 测试与新品种选育；第 5 章，基于提升药用芍药生产中种苗繁育效率的目的，以川芍药种根繁育和亳芍药种子繁育为例，分别探讨了药用芍药的根段繁殖特性、种子休眠原因及打破种子休眠的科学方法；第 6 章，以只能采用无性繁殖的川芍药为例，首次从外植体消毒、内生菌污染控制、丛芽诱导、壮苗、生根诱导等环节开展技术攻关，为芍药种苗高效繁育奠定基础；第 7 章，通过多种有效成分 HPLC 同时测定方法的建立和提取工艺的优化，分别对川芍药根和茎叶中的芍药总苷和芍药苷进行了高效提取和制备，首先从川芍药茎叶中制备得到纯度 ≥ 95%（HPLC）的芍药苷，并明确了川芍药根、茎、叶中抗氧化活性物质的基础，为芍药资源的绿色、高值化开发利用提供理论基础；第 8 章，通过对比研究和条件优化，获得了白芍加工中最适干燥方法及质量检测中多成分的最优提取工艺，并将 HPLC 指纹图谱与一测多评（QAMS）技术相结合用于白芍的药材品质评价。

本书得到了四川省中央引导地方科技发展专项（创新项目示范）项目、四川农业大学双支计划的资助，在此表示衷心感谢。在科学研究和本书的编写过程中，得到了四川农业大学理学院和生命科学学院、中江县农业农村局的大力支持，得到了中江县万生农业科技有限责任公司、四川逢春制药有限公司等合作企业的鼎力相助，在此感谢支持和关心本书的各位领导和专家。在具体科学研究的实验过程中，课题组的博士和硕士研究生做了大量的工作，感谢他们辛勤的付出。

本书可作为从事芍药资源评价与利用相关人员的参考用书。由于编者水平有限，时间仓促，本书难免有不当之处，恳请读者和专家给予批评指正。

编者

2023 年 7 月

目 录

1 芍药属植物遗传多样性评价及特异分子标记开发 ……………………… 001

   1.1 基于 ISSR 分子标记技术的遗传多样性分析 …………………… 001

   1.2 基于 SRAP 分子标记技术的遗传多样性分析 ………………… 018

   1.3 基于 ISSR 和 SRAP 标记的聚类分析 ……………………… 030

   1.4 芍药特异分子标记开发 …………………………………… 035

2 芍药生态环境及遗传多样性分析 ……………………………………… 039

   2.1 不同产区芍药有效成分含量测定 ………………………… 039

   2.2 不同产区芍药生境气象因子调查与分析 ………………… 045

   2.3 不同产区芍药根际土壤理化性质测定 …………………… 048

   2.4 基于 SCoT 分子标记分析不同产区芍药遗传多样性 ……… 056

3 不同品系芍药抗逆性评价 ……………………………………………… 066

   3.1 不同品系芍药对水分胁迫的抗性评价 …………………… 066

   3.2 不同品系芍药对盐胁迫的抗性评价 ……………………… 072

   3.3 不同品系芍药对碱胁迫的抗性评价 ……………………… 082

   3.4 不同品系芍药对铬胁迫的抗性评价 ……………………… 087

   3.5 不同品系芍药对灰霉病的抗性评价 ……………………… 092

   3.6 不同品系芍药对叶霉病的抗性评价 ……………………… 096

4 川芍药新品种 DUS 测试和新品种选育 ……………………… 101
    4.1 川芍药新品种 DUS 测试 ……………………… 101
    4.2 川芍药新品种选育 ……………………… 115

5 芍药根段与种子繁殖特性研究 ……………………… 126
    5.1 芍药根段繁殖特性研究 ……………………… 126
    5.2 芍药种子休眠原因探究 ……………………… 130
    5.3 芍药种子破眠处理 ……………………… 144

6 川芍药组织培养快速繁育体系的建立 ……………………… 150
    6.1 外植体消毒体系的建立 ……………………… 150
    6.2 内生菌污染的控制 ……………………… 155
    6.3 丛芽的诱导培养 ……………………… 158
    6.4 无根组培苗的诱导 ……………………… 160
    6.5 生根诱导 ……………………… 162

7 川芍药化学成分提取分离及抗氧化活性物质基础的研究 ……………………… 163
    7.1 川芍药 6 种活性成分的 HPLC 同时测定及指纹图谱建立 ……………………… 164
    7.2 川芍药活性成分提取工艺研究 ……………………… 172
    7.3 亚临界水提取芍药总苷工艺优化及芍药总苷的纯化 ……………………… 190
    7.4 川芍药茎叶中高纯度芍药苷的制备 ……………………… 198
    7.5 川芍药化学成分分离鉴定 ……………………… 203
    7.6 川芍药抗氧化活性物质基础 ……………………… 210

8 白芍适宜干燥方法与质量评价研究 ……………………… 222
    8.1 干燥方法对白芍中 6 种有效成分含量的影响 ……………………… 222
    8.2 响应面法优化白芍有效成分提取工艺条件 ……………………… 226
    8.3 HPLC 指纹图谱结合一测多评用于白芍质量评价 ……………………… 234

主要参考文献 ……………………… 243

1

芍药属植物遗传多样性评价及特异分子标记开发

芍药属（*Paeonia* L.）由牡丹组（Sect. *Moutan*）、芍药组（Sect. *Paeonia*）和北美芍药组（Sect. *Onaepia*）组成，其中，芍药组和北美芍药组均为多年生草本植物，牡丹组为多年生木本植物。中国是芍药属植物的自然分布中心和多样化中心，虽然前人对芍药属部分植物的遗传多样性进行了研究，但研究主要集中在种内，而对于种间的研究相对较少，以致我国芍药属植物的遗传背景及亲缘关系不够清楚，不利于种质资源的保护及资源利用。

芍药组中的芍药（*Paeonia lactiflora* Pall.）集药用与观赏于一体，被广泛种植。根据《中华人民共和国药典》（2015 年版，一部）的收录情况：中药材白芍为芍药科植物芍药的干燥根。夏、秋二季采挖，洗净，除去头尾和细根，置沸水中煮后除去外皮或去皮后再煮，晒干。中药材赤芍为芍药科植物芍药或川赤芍（*P. veitchii* Lynch）的干燥根。春、秋二季采挖，除去根茎、须根及泥沙，晒干。安徽亳州、浙江磐安和四川中江为我国白芍的三大道地产区。其中，四川中江所产白芍根粗肥壮、产量大、芍药苷含量高，不结实，靠芍头繁殖，栽培成本相对较高；而浙江磐安和安徽亳州的栽培芍药依靠种子繁殖，生产成本低，繁殖系数高。仅靠芍头的简单形态鉴别很难区别三大道地产区的芍头，容易导致种源混乱，影响四川中江白芍的产量、质量及品牌效应。

采用 ISSR 和 SRAP 分子标记，分析芍药属组间和组内的遗传关系；在分子标记的基础上开发鉴别四川中江栽培芍药的特异分子标记，将为芍药属植物的资源保护、新品种开发、种源区分及资源合理利用等提供有力依据。

1.1 基于 ISSR 分子标记技术的遗传多样性分析

从 ISSR 通用引物中选取了适合芍药的 42 条引物；利用 POPGENE 32 软件计算相

关遗传多样性指数 PPB（多态位点百分率）、Na（等位基因数）、Ne（有效等位基因数）、h（Nei's 基因多样性）和 I（Shannon 信息指数）；利用 NTSYS-pc 2.0 软件分析遗传相似系数；按照非加权组平均法（UPGMA）构建聚类图；分析芍药组 5 个种 1 个亚种，牡丹组 9 个种等 50 份材料（表 1-1）的遗传多样性。

表 1-1　用于分子标记分析的材料

编号	种	采集地	备注	名称	编码
1	芍药（P. lactiflora）	四川稻城	野生	芍药 - 稻城	SY-DC
2	芍药（P. lactiflora）	内蒙古赤峰	野生	芍药 - 赤峰	SY-CF
3	芍药（P. lactiflora）	四川甘孜	野生	芍药 - 甘孜	SY-GZ
4	芍药（P. lactiflora）	四川中江集凤镇	栽培	芍药 - 红花 - 集凤	SY-H-JF
5	芍药（P. lactiflora）	四川中江集凤镇	栽培	芍药 - 白花 - 集凤	SY-B-JF
6	芍药（P. lactiflora）	四川中江合兴乡	栽培	芍药 - 红花 - 合兴 1	SY-H-HX1
7	芍药（P. lactiflora）	四川中江合兴乡	栽培	芍药 - 白花 - 合兴 1	SY-B-HX1
8	芍药（P. lactiflora）	四川中江合兴乡	栽培	芍药 - 红花 - 合兴 2	SY-H-HX2
9	芍药（P. lactiflora）	四川中江合兴乡	栽培	芍药 - 白花 - 合兴 2	SY-B-HX2
10	芍药（P. lactiflora）	四川中江古店	栽培	芍药 - 红花 - 古店	SY-H-GD
11	芍药（P. lactiflora）	四川中江古店	栽培	芍药 - 白花 - 古店	SY-B-GD
12	芍药（P. lactiflora）	四川平昌驷马	栽培	芍药 - 平昌	SY-H-PC
13	芍药（P. lactiflora）	浙江磐安	栽培	芍药 - 磐安	SY-PA
14	芍药（P. lactiflora）	山西曲沃	栽培	芍药 - 曲沃	SY-QW
15	芍药（P. lactiflora）	山西绛县	栽培	芍药 - 绛县	SY-JX
16	芍药（P. lactiflora）	河北安国	栽培	芍药 - 安国	SY-AG
17	芍药（P. lactiflora）	安徽亳州	栽培	芍药 - 亳州	SY-BZ
18	芍药（P. lactiflora）	山东菏泽	栽培	芍药 - 菏泽	SY-HZ
19	草芍药（P. obouata）	四川冕宁	野生	草芍药 - 冕宁	CSY-MN
20	美丽芍药（P. mairei）	四川宝兴	野生	美丽芍药 - 宝兴	MLSY-BX
21	美丽芍药（P. mairei）	四川泸定	野生	美丽芍药 - 泸定	MLSY-LD
22	川赤芍（P. veitchii ssp.veitchii）	四川马尔康	野生	川赤芍 - 马尔康	CCS-MEK
23	川赤芍（P. veitchii ssp.veitchii）	四川宝兴	野生	川赤芍 - 宝兴	CCS-BX
24	川赤芍（P. veitchii ssp.veitchii）	四川丹巴	野生	川赤芍 - 丹巴	CCS-DB
25	川赤芍（P. veitchii ssp.veitchii）	四川甘孜	野生	川赤芍 - 甘孜	CCS-GZ
26	川赤芍（P. veitchii ssp.veitchii）	四川道孚	野生	川赤芍 - 道孚	CCS-DF

续表

编号	种	采集地	备注	名称	编码
27	新疆芍药（*P. sinjiangensis*）sinjiangensissinjiangensis）	新疆天山	野生	新疆芍药 – 天山 1	XJSY–TS1
28	新疆芍药（*P. sinjiangensis*）	新疆天山	野生	新疆芍药 – 天山 2	XJSY–TS2
29	新疆芍药（*P. sinjiangensis*）	新疆天山	野生	新疆芍药 – 天山 3	XJSY–TS3
30	块根芍药（*P. sterniana*）	新疆天山	野生	块根芍药 – 天山	KGSY–TS
31	圆裂牡丹（*P. rotundiloba*）	四川理县毕棚沟	野生	圆裂牡丹 – 理县 1	YLMD–LX1
32	圆裂牡丹（*P. rotundiloba*）	四川理县毕棚沟	野生	圆裂牡丹 – 理县 2	YLMD–LX2
33	滇牡丹（*P. delavayi*）	云南香格里拉	野生	滇牡丹 – 香格里拉	DMD–XGLL
34	牡丹（*P. suffruticosa*）	云南香格里拉	野生	牡丹 – 香格里拉 1	MD–XGLL1
35	牡丹（*P. suffruticosa*）	云南香格里拉	野生	牡丹 – 香格里拉 2	MD–XGLL2
36	牡丹（*P. suffruticosa*）	云南玉龙雪山	野生	牡丹 – 玉龙雪山 1	MD–YLXS
37	牡丹（*P. suffruticosa*）	云南玉龙雪山	野生	牡丹 – 玉龙雪山 2	MD–HXC
38	四川牡丹（*P. decomposita*）	四川小金	野生	四川牡丹 – 小金县	SCMD–XJX
39	四川牡丹（*P. decomposita*）	四川小金达维	野生	四川牡丹 – 达维镇	SCMD–DWZ
40	四川牡丹（*P. decomposita*）	四川马尔康	野生	四川牡丹 – 马尔康 1	SCMD–MEK1
41	四川牡丹（*P. decomposita*）	四川马尔康	野生	四川牡丹 – 马尔康 2	SCMD–MEK2
42	四川牡丹（*P. decomposita*）	四川丹巴	野生	四川牡丹 – 丹巴 1	SCMD–DB1
43	四川牡丹（*P. decomposita*）	四川丹巴	野生	四川牡丹 – 丹巴 2	SCMD–DB2
44	凤丹（*P. ostia*）	河南嵩县	野生	凤丹 – 嵩县	FD–SX
45	凤丹（*P. ostia*）	湖南长沙	栽培	凤丹 – 长沙 1	FD–CS1
46	凤丹（*P. ostia*）	湖南长沙	栽培	凤丹 – 长沙 2	FD–CS2
47	大花黄牡丹（*P. lutea*）	西藏林芝	栽培	大花黄牡丹 – 林芝	DHHMD–LZ
48	矮牡丹（*P. jishanensis*）	陕西旬阳	栽培	矮牡丹 – 旬阳	AMD–XY
49	卵叶牡丹（*P. qiui*）	河南嵩县	栽培	卵叶牡丹 – 嵩县	LYMD–SX
50	紫斑牡丹（*P. rockii*）	甘肃临洮	栽培	紫斑牡丹 – 临洮	ZBMD–LT

注：编号 1 ~ 30 为芍药组，编号 31 ~ 50 为杜丹组。

1.1.1 DNA 提取

用 U–0080D 型分光光度计测定样本 DNA 的 $OD_{260/280}$ 值（1.7 ~ 2.0），所有材料的 DNA 质量浓度为 184.4 ~ 444.5 ng/μL，经 1% 琼脂糖凝胶电泳检测，条带清晰明亮，DNA 纯度较高，质量稳定可靠，可用于后续实验。部分样品的 DNA 电泳结果如图 1–1 所示。

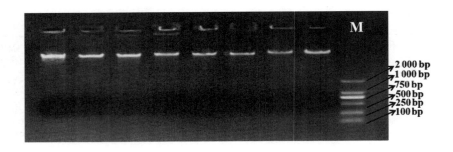

图 1-1　部分样品 DNA 的琼脂糖凝胶电泳结果

注：M，DNA maker DL 2000。

1.1.2 引物筛选

从 UBC 公布的 ISSR 通用引物中选取了适合芍药的 42 条引物，引物由擎科生物科技有限公司合成。经过 PCR 扩增，筛选出条带清晰、稳定性高且重复性好的优质引物 18 条（表 1-2）。

1.1.3 遗传多样性指数分析

18 条引物对 20 份牡丹组材料的扩增统计结果如表 1-2。18 条引物共扩增 203 条条带，条带大小为 200 ～ 1 200 bp，引物 UBC844 扩增结果如图 1-2。

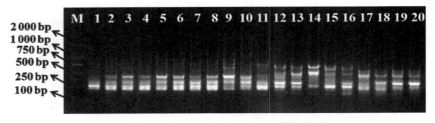

图 1-2　引物 UBC844 对牡丹组 20 份材料的扩增结果

注：M，DNA maker DL 2000；1 ～ 20 材料编号同表 1-1 中 31 ～ 50 编号。

不同引物扩增的条带数为 8 ～ 15 条，其中，UBC855、UBC857、UBC866 扩增出了 8 条，条带数最少；UBC809、UBC811、UBC842、UBC836 扩增的条带数最多，有 15 条，平均每个引物可扩增出 11.3 条。其中多态性条带有 138 条，占 67.98%，每个引物可扩出 5 ～ 13 条多态性条带，平均每个引物有 7.6 条多态性条带，其中，UBC822、UBC834、UBC841 和 UBC866 的多态性条带最少，只有 5 条，UBC811 的多态性条带最多，有 13 条。多态性百分比为 50% ～ 88%，引物 UBC841 多态性百分比最低，只有 50%，引物 UBC857 多态性百分比最高，达到 88%。Na、Ne、h 和 I 值的范围分别为 1.60 ～ 1.88、1.04 ～ 1.20、0.03 ～ 0.17 和 0.07 ～ 0.28；平均值分别为 1.68、1.13、0.10 和 0.19（表 1-2）。

表1-2 基于ISSR标记的20份牡丹组材料的多样指数

引物编号	序列 5'→3'	条带总数 TB	多态性条带数 PB	多态性百分比 PPB/%	等位基因数 Na	有效等位基因数 Ne	Nei's 基因多样性 h	香农信息指数 I
UBC809	AGAGAGAGAGAGAGAGG	15	9	60.0	1.60	1.09	0.07	0.14
UBC811	GAGAGAGAGAGAGAGAC	15	13	86.67	1.8	1.12	0.10	0.20
UBC812	GAGAGAGAGAGAGAGAA	9	6	66.67	1.67	1.11	0.09	0.17
UBC822	TCTCTCTCTCTCTCTCA	9	5	55.6	1.56	1.06	0.05	0.11
UBC824	TCTCTCTCTCTCTCTCG	12	8	66.67	1.75	1.13	0.11	0.20
UBC827	ACACACACACACACACG	9	6	66.67	1.67	1.11	0.09	0.17
UBC836	AGAGAGAGAGAGAGAGYA	15	10	66.67	1.80	1.20	0.13	0.23
UBC840	GAGAGAGAGAGAGAGAYT	12	9	75.0	1.50	1.10	0.07	0.14
UBC841	GAGAGAGAGAGAGAGAYC	10	5	50.0	1.7	1.20	0.14	0.24
UBC842	GAGAGAGAGAGAGAGAYG	15	11	73.33	1.73	1.18	0.12	0.22
UBC844	CTCTCTCTCTCTCTCTRC	13	9	69.23	1.54	1.15	0.11	0.19
UBC855	ACACACACACACACGYT	8	7	87.5	1.75	1.11	0.09	0.18
UBC857	ACACACACACACACYG	8	7	88.0	1.88	1.23	0.17	0.28
UBC866	CTCCTCCTCCTCCTCC	8	5	62.5	1.78	1.12	0.11	0.21
UBC890	VHVGTGTGTGTGTGT	12	8	66.67	1.83	1.13	0.11	0.21
UBC834	AGAGAGAGAGAGAGAGYT	9	5	55.56	1.25	1.04	0.03	0.07
UBC807	ACAGAGAGACAGAGACT	14	8	57.14	1.71	1.18	0.13	0.22
UBC873	GACAGACAGACAGACA	10	7	70.0	1.60	1.14	0.10	0.18
总计 18		203	138	—	—	—	—	—
平均值	—	11.3	7.6	67.98	1.68	1.13	0.10	0.19

利用筛选到的 18 条引物对 30 份芍药组的材料进行 PCR 扩增，共扩增出 286 条条带，条带大小为 200 ～ 1 000 bp，引物 UBC844 扩增结果如图 1-3。

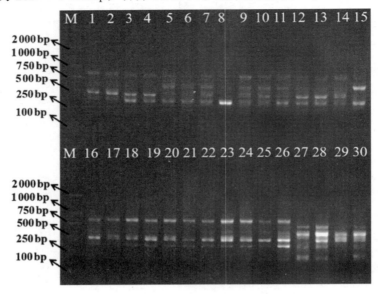

图 1-3　引物 UBC844 对芍药组 30 份材料的扩增结果

注：M，DNA maker DL 2000；1 ～ 30 材料编号同表 1-1 中 1 ～ 30 编号。

18 条引物对芍药组 30 份材料的扩增统计结果见表 1-3。不同引物扩增的条带数 6 ～ 27 条，其中 UBC834 有 6 条，条带数最少，UBC855 的条带数最多，有 27 条，平均每个引物可扩增出 15.7 条条带。在 283 条扩增条带中，多态性条带有 243 条，占 85.87%，每个引物可扩增出 6 ～ 25 条多态性条带，平均每个引物有 13.5 条多态性条带，其中 UBC855 多态性条带数最多，有 25 条；UBC834 多态性条带数最少，有 6 条。18 条引物的多态性百分比为 66.67% ～ 100%，其中引物 UBC812 多态性百分比最低，为 66.67%；引物 UBC834 多态性百分比最高，达到 100%。Na、Ne、h 和 I 值的范围分别为 1.67 ～ 2.00、1.06 ～ 1.37、0.08 ～ 0.23 和 0.15 ～ 0.36；平均值分别为 1.85、1.20、0.14 和 0.24。

1.1.4 遗传相似系数分析

利用 NTSYS-pc 2.0 软件计算 50 份材料的遗传相似系数（GS）（表 1-4）。20 份牡丹组供试材料的 GS 值变化范围为 0.741 ～ 0.997，平均值为 0.829。其中 2 份湖南长沙的凤丹（FD-CS1、FD-CS2）的 GS 值最大，为 0.997；四川的 6 份四川牡丹（SCMD-DB1、SCMD-DWZ、SCMD-MEK1、SCMD-MEK2、SCMD-XJX、SCMD-DB2）的 GS 值均高于 0.900；四川的四川牡丹（SCMD-DB2）和圆裂牡丹（YLMD-LX1）的 GS 值均为 0.695；河南嵩县的凤丹（FD-SX）和采自云南香格里拉的滇牡丹（DMD-XGLL）的 GS 最小，为 0.741。

表1-3 基于 ISSR 标记的 30 份芍药组材料的多样性指数

引物	序列 (5'→3')	条带总数 TB	多态性条带数 PB	多态性百分率 PPB/%	等位基因数 Na	有效等位基因数 Ne	Nei's 基因多样性 h	香农信息指数 I
UBC807	AGAGAGAGAGAGAGAGT	20	18	90.00	1.95	1.17	0.17	0.29
UBC809	AGAGAGAGAGAGAGAGG	23	19	82.61	1.83	1.22	0.15	0.26
UBC811	GAGAGAGAGAGAGAGAC	11	9	81.82	2.00	1.35	0.22	0.36
UBC812	GAGAGAGAGAGAGAGAA	15	10	66.67	1.67	1.09	0.08	0.15
UBC822	TCTCTCTCTCTCTCTCA	13	10	76.92	1.77	1.11	0.09	0.18
UBC824	TCTCTCTCTCTCTCTCG	10	8	80.00	1.80	1.16	0.12	0.22
UBC827	ACACACACACACACACG	13	11	84.62	1.92	1.12	0.17	0.29
UBC836	AGAGAGAGAGAGAGAGYA	10	9	90.00	1.89	1.06	0.16	0.27
UBC840	GAGAGAGAGAGAGAGAGYT	25	22	88.00	1.84	1.14	0.11	0.20
UBC841	GAGAGAGAGAGAGAGAYC	14	13	92.86	1.78	1.11	0.09	0.27
UBC842	GAGAGAGAGAGAGAGAYG	19	17	89.47	2.00	1.17	0.18	0.30
UBC844	CTCTCTCTCTCTCTCTRC	13	12	92.31	1.85	1.37	0.23	0.36
UBC855	ACACACACACACACACYT	27	25	92.59	1.89	1.15	0.12	0.21
UBC857	ACACACACACACACACYG	20	18	90.00	1.90	1.12	0.10	0.19
UBC866	CTCCTCCTCCTCCTCCTC	12	10	83.33	1.92	1.22	0.15	0.26
UBC873	GACAGACAGACAGACA	20	17	85.00	1.70	1.15	0.12	0.22
UBC890	VHVGTGTGTGTGTGT	10	8	80.00	1.80	1.19	0.14	0.24
UBC834	AGAGAGAGAGAGAGAGYT	6	6	100.00	1.78	1.28	0.17	0.27
总计	18	283	243	—	—	—	—	—
平均值	—	15.7	13.5	85.99	1.85	1.20	0.14	0.24

表 1-4　基于 ISSR 标记的 50 份材料的遗传相似系数（GS）

	DMD-XGLL	MD-XGLL1	MD-XGLL2	MD-YLXS	MD-HXC	SCMD-DB1	SCMD-DWZ	SCMD-MEK1	SCMD-XJX	SCMD-MEK2	SCMD-DB2	YLMD-LX1	YLMD-LX2	FD-SX	DHHMD-LZ	AMD-XY	LYMD-SX	ZBMD-LT	FD-CS1	FD-CS2
DMD-XGLL	1.000																			
MD-XGLL1	0.888	1.000																		
MD-XGLL2	0.874	0.930	1.000																	
MD-YLXS	0.867	0.923	0.944	1.000																
MD-HXC	0.885	0.906	0.920	0.934	1.000															
SCMD-DB1	0.769	0.804	0.818	0.797	0.815	1.000														
SCMD-DWZ	0.769	0.804	0.825	0.797	0.815	0.965	1.000													
SCMD-MEK1	0.766	0.787	0.808	0.780	0.804	0.941	0.962	1.000												
SCMD-XJX	0.769	0.769	0.790	0.762	0.787	0.923	0.937	0.962	1.000											
SCMD-MEK2	0.766	0.780	0.801	0.773	0.797	0.934	0.955	0.972	0.969	1.000										
SCMD-DB2	0.766	0.773	0.794	0.773	0.790	0.913	0.920	0.916	0.906	0.916	1.000									
YLMD-LX1	0.752	0.787	0.801	0.780	0.783	0.787	0.801	0.797	0.787	0.797	0.790	1.000								
YLMD-LX2	0.769	0.804	0.818	0.797	0.801	0.797	0.811	0.808	0.797	0.808	0.801	0.948	1.000							
FD-SX	0.741	0.769	0.790	0.776	0.787	0.811	0.832	0.815	0.811	0.822	0.794	0.766	0.783	1.000						
DHHMD-LZ	0.804	0.825	0.832	0.811	0.822	0.846	0.860	0.857	0.853	0.864	0.829	0.815	0.832	0.902	1.000					
AMD-XY	0.790	0.811	0.825	0.804	0.815	0.839	0.846	0.843	0.832	0.843	0.815	0.801	0.818	0.881	0.958	1.000				
LYMD-SX	0.783	0.804	0.818	0.804	0.815	0.839	0.853	0.850	0.839	0.850	0.829	0.801	0.818	0.881	0.951	0.958	1.000			
ZBMD-LT	0.790	0.811	0.825	0.804	0.815	0.846	0.860	0.850	0.839	0.850	0.829	0.808	0.825	0.881	0.944	0.944	0.958	1.000		
FD-CS1	0.776	0.818	0.839	0.825	0.829	0.853	0.874	0.857	0.846	0.857	0.836	0.815	0.832	0.944	0.930	0.916	0.916	0.916	1.000	
FD-CS2	0.780	0.822	0.843	0.829	0.832	0.857	0.878	0.860	0.850	0.860	0.839	0.818	0.836	0.948	0.927	0.913	0.913	0.913	0.997	1.000

续表

	SY-PA	SY-HZ	SY-BZ	SY-JX	SY-AG	SY-QW	SY-H-PC	SY-B-JF	SY-H-JF	SY-B-HX1	SY-H-HX1	SY-B-HX2	SY-H-HX2	SY-B-GD	SY-H-GD
DMD-XGLL	0.724	0.734	0.745	0.738	0.738	0.731	0.734	0.717	0.703	0.713	0.706	0.706	0.699	0.699	0.727
MD-XGLL1	0.752	0.755	0.773	0.766	0.759	0.766	0.755	0.731	0.724	0.734	0.734	0.727	0.720	0.706	0.734
MD-XGLL2	0.766	0.769	0.773	0.759	0.766	0.752	0.741	0.724	0.717	0.727	0.727	0.720	0.706	0.699	0.720
MD-YLXS	0.773	0.776	0.773	0.759	0.766	0.759	0.734	0.731	0.731	0.741	0.727	0.727	0.720	0.699	0.720
MD-HXC	0.769	0.773	0.790	0.783	0.783	0.769	0.759	0.748	0.734	0.745	0.745	0.738	0.731	0.710	0.731
SCMD-DB1	0.752	0.755	0.759	0.766	0.752	0.752	0.734	0.710	0.696	0.692	0.699	0.685	0.685	0.685	0.699
SCMD-DWZ	0.773	0.769	0.780	0.766	0.766	0.766	0.748	0.710	0.703	0.699	0.713	0.699	0.685	0.699	0.713
SCMD-MEK1	0.755	0.759	0.762	0.755	0.762	0.741	0.745	0.699	0.692	0.689	0.703	0.689	0.682	0.696	0.703
SCMD-XJX	0.759	0.748	0.752	0.759	0.759	0.738	0.748	0.703	0.689	0.699	0.706	0.678	0.671	0.692	0.706
SCMD-MEK2	0.755	0.759	0.762	0.755	0.762	0.741	0.745	0.706	0.692	0.696	0.717	0.689	0.675	0.689	0.703
SCMD-DB2	0.741	0.745	0.748	0.748	0.755	0.741	0.731	0.692	0.685	0.682	0.703	0.682	0.689	0.703	0.696
YLMD-LX1	0.755	0.759	0.762	0.762	0.797	0.748	0.738	0.699	0.699	0.717	0.710	0.696	0.724	0.703	0.717
YLMD-LX2	0.787	0.783	0.787	0.780	0.808	0.780	0.769	0.710	0.717	0.727	0.734	0.727	0.741	0.713	0.748
FD-SX	0.738	0.741	0.752	0.773	0.766	0.759	0.748	0.731	0.738	0.741	0.741	0.720	0.713	0.699	0.741
DHHMD-LZ	0.787	0.790	0.801	0.794	0.808	0.794	0.783	0.766	0.759	0.769	0.769	0.741	0.741	0.727	0.769
AMD-XY	0.773	0.776	0.787	0.787	0.801	0.787	0.783	0.752	0.759	0.755	0.755	0.741	0.734	0.713	0.755
LYMD-SX	0.794	0.790	0.801	0.808	0.822	0.808	0.790	0.759	0.759	0.755	0.755	0.741	0.734	0.713	0.755
ZBMD-LT	0.801	0.797	0.808	0.815	0.822	0.815	0.790	0.759	0.766	0.762	0.762	0.748	0.748	0.727	0.769
FD-CS1	0.773	0.776	0.787	0.787	0.801	0.794	0.776	0.745	0.752	0.755	0.755	0.741	0.734	0.720	0.762
FD-CS2	0.769	0.773	0.783	0.783	0.797	0.790	0.773	0.741	0.748	0.752	0.752	0.738	0.731	0.717	0.759

续表

	SY-DC	SY-CF	SY-GZ	CSY-MN	MLSY-BX	MLSY-LD	CCS-MEK	CCS-BX	CCS-DB	CCS-GZ	CCS-DF	XJSY-TS1	XJSY-TS2	XJSY-TS3	KGSY-TS
DMD-XGLL	0.741	0.738	0.759	0.738	0.759	0.773	0.748	0.762	0.762	0.766	0.752	0.745	0.727	0.759	0.759
MD-XGLL1	0.783	0.787	0.773	0.766	0.787	0.794	0.776	0.790	0.797	0.787	0.787	0.766	0.748	0.787	0.787
MD-XGLL2	0.804	0.787	0.780	0.780	0.794	0.801	0.790	0.818	0.797	0.801	0.801	0.780	0.769	0.794	0.794
MD-YLXS	0.790	0.801	0.787	0.780	0.787	0.794	0.790	0.818	0.790	0.794	0.794	0.773	0.762	0.787	0.780
MD-HXC	0.794	0.790	0.783	0.783	0.797	0.797	0.787	0.822	0.794	0.804	0.783	0.783	0.773	0.804	0.804
SCMD-DB1	0.762	0.738	0.745	0.752	0.773	0.766	0.755	0.783	0.762	0.766	0.759	0.745	0.734	0.773	0.773
SCMD-DWZ	0.783	0.745	0.752	0.759	0.787	0.780	0.769	0.797	0.776	0.780	0.773	0.759	0.748	0.780	0.787
SCMD-MEK1	0.766	0.741	0.748	0.755	0.790	0.776	0.773	0.794	0.780	0.790	0.783	0.748	0.745	0.783	0.783
SCMD-XJX	0.755	0.731	0.752	0.752	0.794	0.780	0.769	0.783	0.762	0.780	0.773	0.752	0.741	0.780	0.780
SCMD-MEK2	0.759	0.734	0.741	0.748	0.783	0.769	0.759	0.787	0.766	0.783	0.769	0.748	0.745	0.790	0.790
SCMD-DB2	0.759	0.734	0.741	0.748	0.783	0.776	0.766	0.787	0.773	0.783	0.776	0.748	0.745	0.776	0.783
YLMD-LX1	0.787	0.769	0.755	0.755	0.783	0.762	0.773	0.787	0.773	0.790	0.776	0.748	0.724	0.762	0.776
YLMD-LX2	0.797	0.787	0.780	0.780	0.815	0.787	0.797	0.818	0.804	0.815	0.808	0.773	0.755	0.794	0.794
FD-SX	0.783	0.766	0.773	0.773	0.801	0.773	0.762	0.790	0.769	0.773	0.766	0.759	0.748	0.794	0.801
DHHMD-LZ	0.804	0.794	0.808	0.801	0.822	0.808	0.797	0.818	0.797	0.815	0.808	0.787	0.769	0.822	0.815
AMD-XY	0.804	0.794	0.801	0.794	0.808	0.801	0.797	0.818	0.797	0.822	0.808	0.780	0.769	0.815	0.815
LYMD-SX	0.811	0.815	0.822	0.822	0.822	0.801	0.804	0.825	0.804	0.822	0.815	0.794	0.776	0.836	0.843
ZBMD-LT	0.825	0.815	0.829	0.829	0.829	0.808	0.818	0.832	0.818	0.836	0.815	0.801	0.790	0.829	0.822
FD-CS1	0.804	0.787	0.808	0.801	0.829	0.808	0.811	0.832	0.811	0.822	0.815	0.794	0.776	0.815	0.822
FD-CS2	0.808	0.790	0.804	0.797	0.832	0.811	0.808	0.836	0.815	0.818	0.811	0.797	0.780	0.818	0.825

续表

	SY-PA	SY-HZ	SY-BZ	SY-JX	SY-AG	SY-QW	SY-H-PC	SY-B-JF	SY-H-JF	SY-B-HX1	SY-H-HX1	SY-B-HX2	SY-H-HX2	SY-B-GD	SY-H-GD
SY-PA	1.000	—	—	—	—	—	—	—	—	—	—	—	—	—	—
SY-HZ	0.941	1.000	—	—	—	—	—	—	—	—	—	—	—	—	—
SY-BZ	0.916	0.948	1.000	—	—	—	—	—	—	—	—	—	—	—	—
SY-JX	0.853	0.871	0.902	1.000	—	—	—	—	—	—	—	—	—	—	—
SY-AG	0.881	0.899	0.902	0.923	1.000	—	—	—	—	—	—	—	—	—	—
SY-QW	0.888	0.892	0.909	0.902	0.909	1.000	—	—	—	—	—	—	—	—	—
SY-H-PC	0.829	0.832	0.857	0.843	0.850	0.878	1.000	—	—	—	—	—	—	—	—
SY-B-JF	0.804	0.808	0.811	0.790	0.811	0.839	0.871	1.000	—	—	—	—	—	—	—
SY-H-JF	0.804	0.801	0.804	0.811	0.818	0.860	0.871	0.930	1.000	—	—	—	—	—	—
SY-B-HX1	0.801	0.797	0.801	0.794	0.815	0.836	0.832	0.899	0.920	1.000	—	—	—	—	—
SY-H-HX1	0.808	0.811	0.815	0.787	0.815	0.829	0.839	0.913	0.885	0.923	1.000	—	—	—	—
SY-B-HX2	0.808	0.811	0.815	0.794	0.815	0.836	0.839	0.871	0.871	0.888	0.902	1.000	—	—	—
SY-H-HX2	0.787	0.783	0.794	0.773	0.794	0.822	0.804	0.843	0.857	0.867	0.888	0.923	1.000	—	—
SY-B-GD	0.773	0.776	0.787	0.745	0.773	0.801	0.804	0.836	0.836	0.853	0.888	0.888	0.916	1.000	—
SY-H-GD	0.801	0.804	0.815	0.766	0.794	0.822	0.839	0.843	0.836	0.853	0.867	0.888	0.867	0.874	1.000

续表

	SY-DC	SY-CF	SY-GZ	CSY-MN	MLSY-BX	MLSY-LD	CCS-MEK	CCS-BX	CCS-DB	CCS-GZ	CCS-DF	XJSY-TS1	XJSY-TS2	XJSY-TS3	KGSY-TS
SY-PA	0.804	0.801	0.815	0.815	0.815	0.808	0.811	0.811	0.825	0.836	0.850	0.857	0.839	0.835	0.828
SY-HZ	0.808	0.804	0.818	0.818	0.818	0.818	0.821	0.822	0.836	0.839	0.846	0.860	0.836	0.839	0.825
SY-BZ	0.801	0.811	0.832	0.825	0.811	0.797	0.829	0.822	0.822	0.825	0.832	0.847	0.836	0.839	0.832
SY-JX	0.821	0.818	0.839	0.832	0.825	0.811	0.843	0.843	0.836	0.846	0.853	0.836	0.843	0.853	0.878
SY-AG	0.815	0.825	0.832	0.832	0.818	0.818	0.822	0.822	0.829	0.839	0.839	0.846	0.815	0.853	0.839
SY-QW	0.776	0.766	0.787	0.780	0.808	0.794	0.776	0.790	0.783	0.801	0.801	0.808	0.776	0.823	0.794
SY-H-PC	0.783	0.773	0.780	0.780	0.787	0.787	0.783	0.797	0.790	0.794	0.808	0.801	0.776	0.823	0.808
SY-B-JF	0.745	0.748	0.762	0.755	0.741	0.762	0.745	0.752	0.745	0.762	0.769	0.776	0.752	0.783	0.783
SY-H-JF	0.748	0.745	0.759	0.759	0.745	0.766	0.755	0.755	0.741	0.766	0.766	0.780	0.755	0.780	0.780
SY-B-HX1	0.755	0.745	0.759	0.752	0.759	0.766	0.762	0.762	0.755	0.766	0.780	0.787	0.755	0.787	0.787
SY-H-HX1	0.748	0.745	0.752	0.759	0.759	0.766	0.748	0.769	0.755	0.766	0.773	0.780	0.750	0.787	0.766
SY-B-HX2	0.734	0.738	0.745	0.745	0.752	0.738	0.734	0.755	0.734	0.745	0.758	0.745	0.713	0.780	0.752
SY-H-HX2	0.720	0.717	0.724	0.724	0.731	0.724	0.720	0.727	0.720	0.724	0.745	0.738	0.699	0.752	0.731
SY-B-GD	0.723	0.717	0.735	0.724	0.731	0.724	0.721	0.727	0.720	0.724	0.748	0.738	0.699	0.752	0.731
SY-H-GD	0.748	0.738	0.752	0.745	0.773	0.766	0.748	0.748	0.755	0.752	0.773	0.766	0.727	0.787	0.766

续表

	SY-DC	SY-CF	SY-GZ	CSY-MN	MLSY-BX	MLSY-LD	CCS-MEK	CCS-BX	CCS-DB	CCS-GZ	CCS-DF	XJSY-TS1	XJSY-TS2	XJSY-TS3	KGSY-TS
SY-DC	1.000	—	—	—	—	—	—	—	—	—	—	—	—	—	—
SY-CF	0.920	1.000	—	—	—	—	—	—	—	—	—	—	—	—	—
SY-GZ	0.878	0.902	1.000	—	—	—	—	—	—	—	—	—	—	—	—
CSY-MN	0.885	0.916	0.923	1.000	—	—	—	—	—	—	—	—	—	—	—
MLSY-BX	0.864	0.853	0.874	0.867	1.000	—	—	—	—	—	—	—	—	—	—
MLSY-LD	0.850	0.839	0.846	0.860	0.916	1.000	—	—	—	—	—	—	—	—	—
CCS-MEK	0.853	0.843	0.850	0.836	0.906	0.877	1.000	—	—	—	—	—	—	—	—
CCS-BX	0.853	0.850	0.864	0.857	0.899	0.892	0.937	1.000	—	—	—	—	—	—	—
CCS-DB	0.850	0.840	0.853	0.860	0.888	0.888	0.913	0.899	1.000	—	—	—	—	—	—
CCS-GZ	0.843	0.839	0.846	0.839	0.874	0.874	0.906	0.892	0.913	1.000	—	—	—	—	—
CCS-DF	0.823	0.811	0.839	0.825	0.839	0.839	0.843	0.843	0.856	0.853	1.000	—	—	—	—
XJSY-TS1	0.846	0.829	0.836	0.836	0.829	0.836	0.846	0.825	0.846	0.843	0.850	1.000	—	—	—
XJSY-TS2	0.832	0.815	0.836	0.829	0.836	0.829	0.839	0.818	0.839	0.850	0.843	0.906	1.000	—	—
XJSY-TS3	0.823	0.811	0.818	0.818	0.853	0.825	0.822	0.850	0.829	0.825	0.839	0.846	0.836	1.000	—
KGSY-TS	0.811	0.808	0.815	0.815	0.821	0.801	0.825	0.818	0.825	0.829	0.836	0.843	0.846	0.843	1.000

注：材料编码同表 1-1。

30 份芍药组材料的 GS 值变化范围为 0.699～0.948，平均值为 0.813。安徽亳州（SY-BZ）和山东菏泽（SY-HZ）的赤芍的 GS 值最大，为 0.948；四川的 2 份美丽芍药（MLSY-BX、MLSY-LD）的 GS 值为 0.916；新疆天山的 1 份芍药（XJSY-TS2）与中江合兴（SY-H-HX2）和中江古店（SY-B-GD）的芍药间的 GS 值最小，为 0.699。

50 份芍药属供试材料的 GS 值变化范围为 0.699～0.997，平均值 0.806。其中 2 份采自湖南长沙的凤丹（FD-CS1、FD-CS2）的 GS 值最大，为 0.997。整体来看，同一个种在同一地域内的遗传相似系数是最大的，亲缘关系最近且地理位置越近的材料遗传相似系数越大，越远的材料的相似系数越小，可以看出遗传相似系数与地理距离具有一定的相关性。

1.1.5 聚类分析

20 份牡丹组材料的 UPGMA 聚类结果如图 1-4 所示。以遗传相似系数 0.829 为阈值，20 份牡丹组的材料聚为 5 类。云南的滇牡丹聚为Ⅰ类，4 份牡丹聚为Ⅱ类；四川的 6 份四川牡丹聚为Ⅲ类；西北农林科技大学植物园和湖南农业大学植物园的凤丹、大花黄牡丹、矮牡丹、卵叶牡丹和紫斑牡丹聚为Ⅳ类；四川理县的 2 份圆裂牡丹聚为Ⅴ类。在Ⅳ类群中，5 个种又细分为 2 支，3 份凤丹（FD-SX、FD-CS1、FD-CS2）聚到一起，大花黄牡丹（DHHMD-LZ）、矮牡丹（AMD-XY）、卵叶牡丹（LYMD-SX）和紫斑牡丹（ZBMD-LT）聚到一起。

30 份芍药组材料 UPGMA 聚类结果如图 1-5 所示。以遗传相似系数 0.847 为阈值，30 份材料聚为 3 类。6 种野生资源聚为Ⅰ类，其他栽培地区（浙江磐安、山东菏泽、安徽亳州、河北安国、山西绛县和山西曲沃）的栽培芍药聚为Ⅱ类，四川中江的栽培芍药聚为Ⅲ类。在Ⅰ类群中，又细分为 3 类。其中 3 份野生芍药（SY-DC、SY-CF、SY-GZ）与草芍药（CSY-MN）聚到一起，2 份美丽芍药（MLSY-BX、MLSY-LD）与 5 份川赤芍（CCS-MEK、CCS-DB、CCS-GZ、CCS-BX、CCS-DF）聚到一起，3 份新疆芍药（XJSY-TS1、XJSY-TS2、XJSY-TS3）与块根芍药（KGSY-TS）聚到一起。

50 份芍药属材料 UPGMA 聚类结果如图 1-6 所示。以遗传相似系数 0.823 为阈值，50 份芍药属材料聚为 3 类。除四川中江的 8 份芍药外，22 份芍药组材料聚为Ⅰ类，20 份牡丹组材料聚为Ⅱ类，四川中江的 8 份栽培芍药聚为Ⅲ类。其中，从各地采集的 6 种芍药组野生资源聚在一起，山东菏泽（SY-HZ）、浙江磐安（SY-PA）、安徽亳州（SY-BZ）、河北安国（SY-AG）、山西绛县（SY-JX）和曲沃（SY-QW）的栽培芍药聚在一起；云南的滇牡丹（DMD-XGLL）和牡丹（MD-XGLL1、MD-XGLL2、MD-YLXS、MD-HXC）聚在一起；四川的四川牡丹（SCMD-DB1、SCMD-DWZ、SCMD-MEK1、SCMD-MEK2、SCMD-XJX、SCMD-DB2）聚在一起。

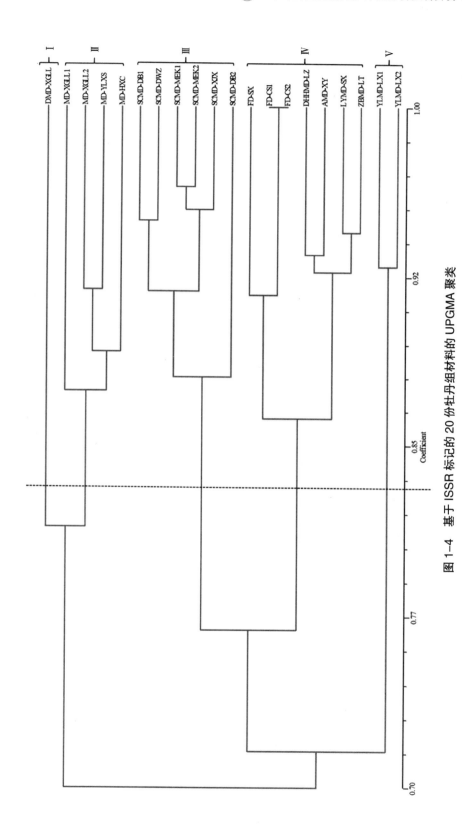

图 1-4 基于 ISSR 标记的 20 份牡丹组材料的 UPGMA 聚类

注：材料编码同表 1-1。

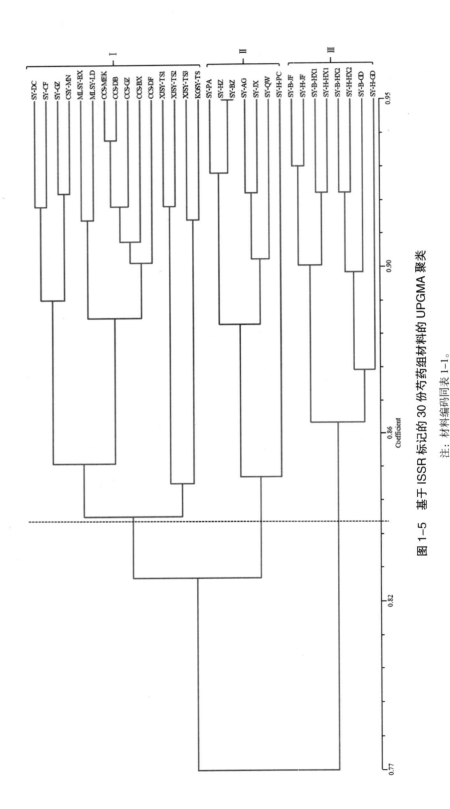

图 1-5 基于 ISSR 标记的 30 份芍药组材料的 UPGMA 聚类

注：材料编码同表 1-1。

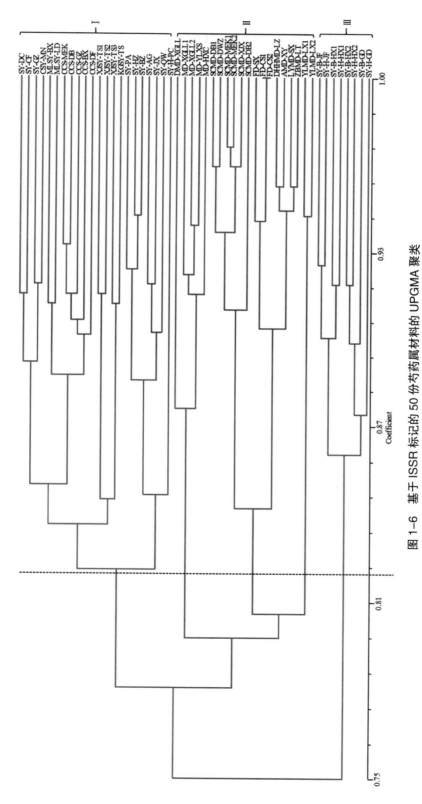

图 1-6 基于 ISSR 标记的 50 份芍药属材料的 UPGMA 聚类

注：材料编码同表 1-1。

ISSR 标记结果显示，该标记具有显著的鉴定作用，能将牡丹组和芍药组、野生资源和栽培资源、不同种之间及不同地区的栽培芍药明显区分开。其中最值得探讨的是，该标记明显将四川栽培芍药单独聚为一类，与其他地区栽培芍药不同的是四川栽培芍药具有不育的特性，且同一地域的材料聚在一起，说明聚类结果与地域性也具有一定的相关性。

1.2 基于 SRAP 分子标记技术的遗传多样性分析

1.2.1 引物筛选

引物选用参照杨在君等（2017）的设计原则，在 Li 和 Quiros（2001）的基础上，在正向引物 5′ 端加上一个荧光标签 IRDye 700，反向引物不变。随机选择 28 对 SRAP 引物，再用优化的最佳反应体系和反应程序，筛选出条带清晰、稳定性高及重复性好的最佳引物 14 对（表 1-5）。

1.2.2 遗传多样性指数分析

14 对 SRAP 引物对牡丹组 20 份材料的扩增结果见表 1-5。14 个引物共扩增出 250 条条带，不同引物的扩增条带数 10 ~ 26 条，平均为 17.9 条，其中引物 Me25/em6 的条带数最多。250 条 DNA 扩增条带中，161 条条带具有多态性，占 64.4%，每个引物可扩增出 6 ~ 18 条多态性条带，平均为 11.5 条条带。Na、Ne、h 和 I 值的范围分别为 1.50 ~ 1.78、1.12 ~ 1.34、0.18 ~ 0.64 和 0.21 ~ 0.33，平均值分别为 1.64、1.27、0.17 和 0.27。

14 对 SRAP 引物对芍药组 30 份材料的扩增结果见表 1-6。14 对引物共扩增出 405 条条带，扩增条带数为 21 ~ 42 条，平均为 28.9 条。每个引物可扩增出 17 ~ 32 条多态性条带，平均为 24.3 条。340 条条带具有多态性，占 83.95%，其中引物 Me3/em24 的条带最多，有 42 条，但多态性却最低，只有 76.19%；引物 Me25/em1 的多态性最高，为 96%。Na、Ne、h 和 I 值的范围分别为 1.71 ~ 1.96、1.11 ~ 1.56、0.09 ~ 0.18、0.17 ~ 0.29，平均值分别为 1.84、1.20、0.14 和 0.24。

表1-5 基于SRAP标记的20份牡丹组材料的多样性指数

引物	序列 (5'→3')	条带总数 TB	多态性条带数 PB	多态性百分率 PPB/%	等位基因数 Na	有效等位基因数 Ne	Nei's基因多样性 h	香农信息指数 I
Me3/em24	TGAGTCC(A)$_3$CCGGAAT/GACTGCGTACGAA(T)$_3$AG	20	15	75.00	1.75	1.16	0.37	0.23
Me4/em11	TGAGTCC(A)$_3$CCGGACC/ GACTGCGTACGAATTCCA	18	14	77.78	1.78	1.12	0.47	0.21
Me6/em10	TGAGTCC(A)$_3$CCGGTAA/ GACTGCGTACGAATTCAG	21	15	71.40	1.71	1.23	0.32	0.27
Me9/em8	TGAGTCC(A)$_3$CGGAAC/GACTGCGTACGAATTCTG	21	14	66.70	1.67	1.34	0.44	0.33
Me11/em19	TGAGTCC(A)$_3$CCGGAGA/ GACTGCGTACGAATTATC	24	16	66.67	1.67	1.29	0.32	0.32
Me10/em6	TGAGTCC(A)$_3$CCGGATG/ GACTGCGTACGAATTGCA	25	16	64.00	1.64	1.37	0.29	0.36
Me21/em32	TGAGTCC(A)$_3$CCGGTGT/ GACTGCGTACGAATTGAG	10	6	60.00	1.50	1.25	0.64	0.23
Me23/em31	TGAGTCC(A)$_3$CCGGTCT/ GACTGCGTACGAATTGAA	18	10	55.60	1.56	1.28	0.36	0.27
Me25/em1	TGAGTCC(A)$_3$CCGGGAA/ GACTGCGTACGAATTAAT	16	10	62.50	1.56	1.23	0.36	0.25
Me25/em6	TGAGTCC(A)$_3$CCGGGAA/ GACTGCGTACGAATTGCA	26	18	69.23	1.69	1.33	0.39	0.32
Me26/em5	TGAGTCC(A)$_3$CCGGGAT/ GACTGCGTACGAATTAAC	17	10	58.80	1.65	1.28	0.47	0.30
Me26/em30	TGAGTCC(A)$_3$CCGGGAT/GACTGCGTACGAA(T)$_3$CA	10	5	50.00	1.50	1.20	0.29	0.24
Me29/em25	TGAGTCC(A)$_3$CCGGGTA/GACTGCGTACGAA(T)$_3$TG	11	6	54.55	1.55	1.20	0.43	0.24
Me30/em27	TGAGTCC(A)$_3$CCGGGGT/GACTGCGTACGAA(T)$_3$GG	13	6	46.2	1.54	1.28	0.18	0.28
总计 14		250	161	—	—	—	—	—
平均值 —		17.9	11.5	64.4	1.64	1.27	0.17	0.27

表 1-6　基于 SRAP 标记的 30 份芍药组材料的多样性指数

引物	序列（5'→3'）	条带总数 TB	多态性条带数 PB	多态性百分率 PPB/%	等位基因数 Na	有效等位基因数 Ne	Nei's基因多样性 h	香农信息指数 I
Me3/em24	TGAGTCC（A）₃CCGGAAT/GACTGCGTACGAATTTAG	42	32	76.19	1.76	1.16	0.12	0.22
Me4/em11	TGAGTCC（A）₃CCGGACC/GACTGCGTACGAATTCCA	23	20	86.96	1.91	1.25	0.16	0.27
Me6/em10	TGAGTCC（A）₃CCGGTAA/GACTGCGTACGAATTCAG	38	30	78.95	1.82	1.19	0.13	0.23
Me9/em8	TGAGTCC（A）₃CCGGAAC/GACTGCGTACGAATTCTG	30	26	86.67	1.90	1.56	0.12	0.21
Me11/em19	TGAGTCC（A）₃CCGGAGA/GACTGCGTACGAATTATC	23	19	82.61	1.87	1.11	0.09	0.18
Me10/em6	TGAGTCC（A）₃CCGGATG/GACTGCGTACGAATTGCA	25	21	84	1.84	1.23	0.18	0.29
Me21/em32	TGAGTCC（A）₃CCGGTGT/GACTGCGTACGAATTGAG	31	25	80.65	1.80	1.25	0.17	0.28
Me23/em31	TGAGTCC（A）₃CCGGTCT/GACTGCGTACGAATTGAA	24	19	79.17	1.76	1.12	0.10	0.19
Me25/em1	TGAGTCC（A）₃CCGGGAA/GACTGCGTACGAATTAAT	25	24	96	1.96	1.25	0.17	0.29
Me25/em6	TGAGTCC（A）₃CCGGGAA/GACTGCGTACGAATTGCA	21	17	80.95	1.71	1.12	0.09	0.17
Me26/em5	TGAGTCC（A）₃CCGGGAT/GACTGCGTACGAATTAAC	30	26	86.67	1.90	1.17	0.13	0.23
Me26/em30	TGAGTCC（A）₃CCGGGAT/GACTGCGTACGAATTTCA	33	30	90.91	1.91	1.24	0.17	0.28
Me29/em25	TGAGTCC（A）₃CCGGGTA/GACTGCGTACGAATTTTG	38	31	81.58	1.82	1.25	0.16	0.27
Me30/em27	TGAGTCC（A）₃CCGGGGT/GACTGCGTACGAATTTGG	22	19	86.36	1.86	1.20	0.14	0.24
总计	—	405	340	—	—	—	—	—
平均值	—	28.9	24.3	83.95	1.84	1.20	0.14	0.24

1.2.3 遗传相似系数分析

利用 NTSYS-pc 2.0 软件计算 50 份材料的遗传相似系数（GS）（表 1-7）。20 份牡丹组材料的 GS 值变化范围为 0.765～0.995，平均值为 0.855。湖南长沙的 2 份凤丹（FD-CS1、FD-CS2）之间的 GS 值最大，为 0.995；6 份四川的四川牡丹（SCMD-DB1、SCMD-DWZ、SCMD-MEK1、SCMD-XJX、SCMD-MEK2、SCMD-DB2）之间的 GS 值均高于 0.900；云南香格里拉的滇牡丹与西北农林科技大学植物园的凤丹（DMD-XGLL、FD-SX）之间的 GS 值最小，为 0.765。

30 份芍药组材料的 GS 值变化范围为 0.696～0.951，平均值为 0.817。其中，四川中江的 2 份栽培芍药（SY-B-JF、SY-H-JF）之间的 GS 值最大，为 0.951；新疆天山的新疆芍药和块根芍药（XJSY-TS1 与 XJSY-TS2、XJSY-TS3 与 KGSY-TS）之间的 GS 值为 0.941。四川中江的栽培芍药（SY-B-GD）与采自稻城的芍药（SY-DC）和采自新疆的新疆芍药（XJSY-TS2）之间的 GS 最小，为 0.696。

50 份芍药属供试材料的 GS 值变化范围 0.679～0.995，平均值为 0.815。与 ISSR 标记的结果基本一致，即同一地域内同一个种之间的遗传相似系数是最大的，亲缘关系较近。地理位置越近的材料其遗传相似系数越大，而地理位置越远的遗传相似系数越小，说明遗传相似系数与地理距离具有显著的相关性。如其中 2 份湖南长沙的凤丹（FD-CS1、FD-CS2）之间的 GS 值最大，为 0.995。

1.2.4 聚类分析

20 份牡丹组材料的 UPGMA 聚类结果见图 1-7。以遗传相似系数 0.829 为阈值，20 份材料聚为 5 类。云南的滇牡丹聚为 I；云南的 4 份牡丹聚为 II 类；四川的 6 份四川牡丹聚为 III 类；西北农林科技大学植物园和湖南农业大学植物园的凤丹、矮牡丹、卵叶牡丹和紫斑牡丹聚为 IV 类；四川理县的 2 份圆裂牡丹聚为 V 类。

30 份芍药组材料的 UPGMA 聚类结果见图 1-8。以遗传相似系数 0.852 为阈值，30 份材料聚为 3 类。四川稻城的 1 份芍药聚为 I 类，6 种野生资源与其他地区（浙江磐安、山东菏泽、安徽亳州、河北安国、山西绛县和曲沃）的栽培芍药聚为 II 类；四川中江的栽培芍药聚为 III 类。在 I 类群中，又分为 4 类。四川的 2 份野生芍药（SY-CF、SY-GZ）和草芍药（CSY-MN）聚到一起；四川的 2 份美丽芍药（MLSY-BX、MLSY-LD）和 5 份川赤芍（CCS-MEK、CCS-DB、CCS-DF、CCS-GZ、CCS-BX）聚到一起；新疆天山的 3 份新疆芍药（XJSY-TS1、XJSY-TS2、XJSY-TS3）和块根芍药（KGSY-TS）聚到一起；其他地区的 6 份栽培芍药（SY-PA、SY-HZ、SY-BZ、SY-AG、SY-JX、SY-QW）聚到一起。

表 1-7　基于 SRAP 标记的 50 份材料的遗传相似系数（GS）

	DMD-XGLL	MD-XGLL1	MD-XGLL2	MD-YLXS	MD-HXC	SCMD-DB1	SCMD-DWZ	SCMD-MEK1	SCMD-XJX	SCMD-MEK2	SCMD-DB2	YLMD-LX1	YLMD-LX2	FD-SX	DHHMD-LZ	AMD-XY	LYMD-SX	ZBMD-LT	FD-CS1	FD-CS2
DMD-XGLL	1.000																			
MD-XGLL1	0.859	1.000																		
MD-XGLL2	0.852	0.943	1.000																	
MD-YLXS	0.862	0.923	0.931	1.000																
MD-HXC	0.864	0.906	0.909	0.948	1.000															
SCMD-DB1	0.783	0.810	0.812	0.807	0.815	1.000														
SCMD-DWZ	0.788	0.815	0.822	0.812	0.820	0.975	1.000													
SCMD-MEK1	0.783	0.810	0.817	0.807	0.820	0.956	0.970	1.000												
SCMD-XJX	0.783	0.795	0.802	0.793	0.805	0.941	0.951	0.975	1.000											
SCMD-MEK2	0.780	0.802	0.810	0.800	0.812	0.948	0.963	0.978	0.973	1.000										
SCMD-DB2	0.780	0.793	0.800	0.795	0.802	0.928	0.933	0.933	0.923	0.931	1.000									
YLMD-LX1	0.778	0.820	0.827	0.815	0.817	0.822	0.832	0.822	0.812	0.820	0.810	1.000								
YLMD-LX2	0.785	0.827	0.835	0.822	0.825	0.825	0.835	0.825	0.815	0.822	0.812	0.963	1.000							
FD-SX	0.765	0.788	0.795	0.790	0.793	0.830	0.844	0.835	0.830	0.837	0.812	0.800	0.807	1.000						
DHHMD-LZ	0.805	0.837	0.840	0.835	0.837	0.864	0.874	0.869	0.864	0.872	0.842	0.844	0.852	0.891	1.000					
AMD-XY	0.802	0.835	0.842	0.837	0.840	0.857	0.867	0.862	0.852	0.859	0.835	0.837	0.844	0.874	0.963	1.000				
LYMD-SX	0.805	0.827	0.835	0.835	0.837	0.864	0.874	0.869	0.859	0.867	0.847	0.835	0.842	0.877	0.956	0.963	1.000			
ZBMD-LT	0.800	0.832	0.840	0.835	0.837	0.869	0.879	0.869	0.859	0.867	0.847	0.840	0.847	0.877	0.951	0.953	0.965	1.000		
FD-CS1	0.802	0.835	0.842	0.837	0.835	0.872	0.886	0.877	0.867	0.874	0.854	0.837	0.844	0.938	0.914	0.906	0.909	0.909	1.000	
FD-CS2	0.807	0.840	0.847	0.842	0.840	0.877	0.891	0.881	0.872	0.879	0.859	0.842	0.849	0.943	0.914	0.906	0.909	0.909	0.995	1.000

续表

	SY-PA	SY-HZ	SY-BZ	SY-JX	SY-AG	SY-QW	SY-H-PC	SY-B-JF	SY-H-JF	SY-B-HX1	SY-H-HX1	SY-B-HX2	SY-H-HX2	SY-B-GD	SY-H-GD
DMD-XGLL	0.746	0.751	0.753	0.763	0.783	0.748	0.748	0.731	0.726	0.719	0.711	0.726	0.711	0.681	0.719
MD-XGLL1	0.743	0.738	0.760	0.760	0.770	0.756	0.765	0.733	0.733	0.716	0.719	0.709	0.709	0.704	0.721
MD-XGLL2	0.746	0.741	0.763	0.763	0.768	0.748	0.743	0.716	0.716	0.714	0.711	0.711	0.711	0.696	0.714
MD-YLXS	0.760	0.751	0.778	0.778	0.783	0.763	0.758	0.746	0.736	0.728	0.731	0.716	0.716	0.696	0.728
MD-HXC	0.768	0.763	0.780	0.775	0.790	0.765	0.756	0.743	0.738	0.731	0.728	0.714	0.719	0.689	0.716
SCMD-DB1	0.770	0.751	0.763	0.768	0.788	0.778	0.763	0.756	0.756	0.748	0.756	0.741	0.736	0.696	0.704
SCMD-DWZ	0.775	0.760	0.773	0.778	0.793	0.778	0.758	0.751	0.751	0.748	0.756	0.741	0.736	0.701	0.699
SCMD-MEK1	0.770	0.756	0.763	0.763	0.773	0.763	0.743	0.736	0.736	0.728	0.736	0.721	0.726	0.686	0.689
SCMD-XJX	0.765	0.756	0.758	0.758	0.768	0.758	0.743	0.731	0.736	0.728	0.731	0.721	0.721	0.681	0.689
SCMD-MEK2	0.768	0.758	0.760	0.760	0.770	0.760	0.746	0.738	0.738	0.731	0.738	0.723	0.723	0.679	0.691
SCMD-DB2	0.753	0.753	0.756	0.756	0.770	0.756	0.741	0.733	0.733	0.736	0.728	0.728	0.719	0.684	0.691
YLMD-LX1	0.775	0.775	0.793	0.773	0.788	0.778	0.763	0.751	0.751	0.743	0.746	0.731	0.731	0.706	0.723
YLMD-LX2	0.773	0.773	0.795	0.780	0.795	0.785	0.760	0.753	0.758	0.751	0.743	0.743	0.748	0.714	0.726
FD-SX	0.773	0.763	0.775	0.770	0.785	0.760	0.760	0.748	0.748	0.741	0.748	0.733	0.723	0.689	0.701
DHHMD-LZ	0.798	0.793	0.805	0.795	0.805	0.800	0.785	0.768	0.768	0.765	0.768	0.753	0.748	0.723	0.746
AMD-XY	0.790	0.780	0.793	0.788	0.802	0.788	0.773	0.756	0.760	0.758	0.756	0.746	0.731	0.696	0.723
LYMD-SX	0.793	0.783	0.800	0.795	0.810	0.795	0.780	0.763	0.758	0.760	0.758	0.748	0.738	0.704	0.726
ZBMD-LT	0.793	0.788	0.805	0.795	0.810	0.795	0.785	0.763	0.768	0.760	0.753	0.743	0.738	0.704	0.726
FD-CS1	0.780	0.765	0.783	0.783	0.802	0.783	0.768	0.756	0.746	0.743	0.751	0.746	0.746	0.701	0.709
FD-CS2	0.785	0.770	0.788	0.788	0.807	0.788	0.773	0.760	0.751	0.748	0.756	0.751	0.751	0.706	0.714

续表

	SY-DC	SY-CF	SY-GZ	CSY-MN	MLSY-BX	MLSY-LD	CCS-MEK	CCS-BX	CCS-DB	CCS-GZ	CCS-DF	XJSY-TS1	XJSY-TS2	XJSY-TS3	KGSY-TS
DMD-XGLL	0.763	0.746	0.756	0.753	0.790	0.746	0.748	0.785	0.770	0.785	0.778	0.768	0.753	0.795	0.800
MD-XGLL1	0.765	0.778	0.778	0.775	0.802	0.763	0.756	0.793	0.778	0.778	0.775	0.775	0.760	0.807	0.802
MD-XGLL2	0.768	0.775	0.775	0.773	0.805	0.760	0.768	0.810	0.780	0.775	0.783	0.783	0.778	0.815	0.810
MD-YLXS	0.758	0.765	0.785	0.773	0.810	0.760	0.758	0.790	0.775	0.785	0.778	0.788	0.778	0.815	0.820
MD-HXC	0.765	0.773	0.788	0.775	0.812	0.768	0.760	0.807	0.788	0.793	0.785	0.795	0.780	0.827	0.832
SCMD-DB1	0.773	0.780	0.775	0.783	0.805	0.765	0.768	0.785	0.785	0.795	0.788	0.788	0.778	0.815	0.810
SCMD-DWZ	0.788	0.790	0.785	0.798	0.820	0.775	0.783	0.800	0.795	0.810	0.798	0.793	0.788	0.830	0.820
SCMD-EK1	0.788	0.790	0.780	0.788	0.815	0.770	0.783	0.800	0.800	0.810	0.798	0.783	0.778	0.820	0.810
SCMD-XJX	0.788	0.785	0.775	0.783	0.805	0.760	0.773	0.790	0.790	0.800	0.793	0.773	0.773	0.815	0.805
SCMD-EK2	0.785	0.793	0.778	0.795	0.807	0.763	0.775	0.793	0.793	0.802	0.795	0.780	0.780	0.827	0.817
SCMD-DB2	0.770	0.773	0.768	0.790	0.807	0.768	0.770	0.778	0.783	0.802	0.785	0.780	0.780	0.807	0.798
YLMD-LX1	0.773	0.790	0.795	0.802	0.844	0.810	0.807	0.790	0.815	0.810	0.812	0.812	0.798	0.835	0.825
YLMD-LX2	0.775	0.798	0.807	0.810	0.842	0.802	0.805	0.793	0.807	0.807	0.800	0.810	0.790	0.832	0.827
FD-SX	0.756	0.773	0.793	0.790	0.812	0.793	0.790	0.793	0.802	0.788	0.795	0.805	0.780	0.822	0.812
DHHMD-LZ	0.790	0.798	0.812	0.810	0.842	0.812	0.805	0.837	0.832	0.832	0.835	0.820	0.805	0.857	0.847
AMD-XY	0.793	0.795	0.805	0.812	0.835	0.800	0.807	0.830	0.820	0.820	0.822	0.817	0.807	0.849	0.844
LYMD-SX	0.795	0.798	0.807	0.810	0.837	0.802	0.805	0.832	0.822	0.822	0.830	0.825	0.805	0.857	0.847
ZBMD-LT	0.790	0.798	0.807	0.810	0.847	0.812	0.810	0.837	0.827	0.827	0.830	0.830	0.805	0.852	0.852
FD-CS1	0.778	0.800	0.805	0.807	0.835	0.805	0.802	0.815	0.810	0.815	0.812	0.822	0.798	0.844	0.840
FD-CS2	0.783	0.805	0.810	0.812	0.840	0.805	0.807	0.820	0.815	0.820	0.817	0.827	0.802	0.844	0.840

续表

	SY-PA	SY-HZ	SY-BZ	SY-JX	SY-AG	SY-QW	SY-H-PC	SY-B-JF	SY-H-JF	SY-B-HX1	SY-H-HX1	SY-B-HX2	SY-H-HX2	SY-B-GD	SY-H-GD
SY-PA	1.000	—	—	—	—	—	—	—	—	—	—	—	—	—	—
SY-HZ	0.921	1.000	—	—	—	—	—	—	—	—	—	—	—	—	—
SY-BZ	0.894	0.914	1.000	—	—	—	—	—	—	—	—	—	—	—	—
SY-JX	0.864	0.864	0.896	1.000	—	—	—	—	—	—	—	—	—	—	—
SY-AG	0.889	0.889	0.896	0.916	1.000	—	—	—	—	—	—	—	—	—	—
SY-QW	0.879	0.894	0.891	0.891	0.906	1.000	—	—	—	—	—	—	—	—	—
SY-H-PC	0.800	0.820	0.822	0.827	0.817	0.847	1.000	—	—	—	—	—	—	—	—
SY-B-JF	0.793	0.807	0.795	0.790	0.800	0.830	0.894	1.000	—	—	—	—	—	—	—
SY-H-JF	0.793	0.802	0.790	0.805	0.805	0.844	0.894	0.951	1.000	—	—	—	—	—	—
SY-B-HX1	0.785	0.790	0.773	0.788	0.793	0.812	0.857	0.914	0.928	1.000	—	—	—	—	—
SY-H-HX1	0.793	0.802	0.785	0.785	0.795	0.810	0.859	0.921	0.901	0.943	1.000	—	—	—	—
SY-B-HX2	0.788	0.798	0.780	0.780	0.780	0.815	0.854	0.886	0.886	0.904	0.911	1.000	—	—	—
SY-H-HX2	0.773	0.778	0.765	0.765	0.765	0.805	0.830	0.867	0.877	0.889	0.901	0.946	1.000	—	—
SY-B-GD	0.728	0.733	0.731	0.731	0.721	0.756	0.810	0.832	0.832	0.840	0.862	0.877	0.896	1.000	—
SY-H-GD	0.756	0.760	0.758	0.753	0.743	0.778	0.827	0.830	0.825	0.832	0.844	0.869	0.854	0.904	1.000

续表

	SY-DC	SY-CF	SY-GZ	CSY-MN	MLSY-BX	MLSY-LD	CCS-MEK	CCS-BX	CCS-DB	CCS-GZ	CCS-DF	XJSY-TS1	XJSY-TS2	XJSY-TS3	KGSY-TS
SY-PA	0.780	0.802	0.807	0.825	0.807	0.798	0.805	0.802	0.817	0.822	0.830	0.825	0.810	0.837	0.837
SY-HZ	0.770	0.798	0.798	0.825	0.817	0.793	0.800	0.807	0.817	0.827	0.840	0.835	0.825	0.837	0.832
SY-BZ	0.788	0.805	0.815	0.817	0.820	0.810	0.822	0.815	0.825	0.830	0.837	0.847	0.832	0.844	0.835
SY-JX	0.793	0.815	0.825	0.842	0.815	0.795	0.827	0.830	0.825	0.830	0.837	0.842	0.837	0.844	0.840
SY-AG	0.798	0.815	0.830	0.842	0.825	0.810	0.842	0.830	0.830	0.840	0.847	0.842	0.832	0.854	0.854
SY-QW	0.788	0.820	0.820	0.837	0.825	0.805	0.812	0.815	0.815	0.844	0.827	0.837	0.817	0.854	0.844
SY-H-PC	0.763	0.790	0.785	0.807	0.815	0.795	0.778	0.810	0.805	0.810	0.817	0.817	0.798	0.835	0.815
SY-B-JF	0.736	0.773	0.768	0.790	0.778	0.778	0.760	0.788	0.783	0.798	0.795	0.800	0.780	0.812	0.812
SY-H-JF	0.736	0.778	0.773	0.795	0.773	0.778	0.760	0.783	0.778	0.793	0.795	0.795	0.780	0.812	0.812
SY-B-X1	0.728	0.765	0.756	0.793	0.760	0.765	0.753	0.775	0.765	0.780	0.783	0.788	0.773	0.795	0.795
SY-H-X1	0.731	0.763	0.753	0.785	0.768	0.763	0.756	0.778	0.773	0.778	0.790	0.790	0.770	0.798	0.798
SY-B-X2	0.731	0.763	0.748	0.780	0.768	0.758	0.746	0.778	0.768	0.778	0.780	0.780	0.760	0.793	0.778
SY-H-HX2	0.721	0.758	0.743	0.770	0.763	0.738	0.736	0.768	0.753	0.763	0.770	0.756	0.736	0.788	0.768
SY-B-GD	0.696	0.719	0.704	0.726	0.714	0.699	0.701	0.723	0.714	0.719	0.731	0.721	0.696	0.738	0.723
SY-H-GD	0.714	0.726	0.716	0.733	0.736	0.721	0.719	0.731	0.731	0.731	0.743	0.733	0.709	0.756	0.741

续表

	SY-DC	SY-CF	SY-GZ	CSY-MN	MLSY-BX	MLSY-LD	CCS-MEK	CCS-BX	CCS-DB	CCS-GZ	CCS-DF	XJSY-TS1	XJSY-TS2	XJSY-TS3	KGSY-TS
SY-DC	1.000														
SY-CF	0.894	1.000													
SY-GZ	0.849	0.896	1.000												
CSY-MN	0.852	0.904	0.904	1.000											
MLSY-BX	0.835	0.857	0.877	0.874	1.000										
MLSY-LD	0.825	0.847	0.842	0.854	0.901	1.000									
CCS-MEK	0.842	0.854	0.864	0.857	0.884	0.889	1.000								
CCS-BX	0.830	0.847	0.842	0.854	0.891	0.862	0.884	1.000							
CCS-DB	0.835	0.857	0.862	0.869	0.891	0.886	0.914	0.911	1.000						
CCS-GZ	0.825	0.842	0.852	0.879	0.886	0.872	0.889	0.896	0.906	1.000					
CCS-DF	0.832	0.854	0.854	0.857	0.879	0.874	0.896	0.889	0.923	0.899	1.000				
XJSY-TS1	0.807	0.849	0.849	0.847	0.864	0.840	0.842	0.849	0.864	0.859	0.872	1.000			
XJSY-TS2	0.827	0.840	0.844	0.857	0.854	0.840	0.847	0.840	0.854	0.854	0.862	0.941	1.000		
XJSY-TS3	0.825	0.837	0.852	0.859	0.891	0.852	0.849	0.881	0.867	0.867	0.884	0.884	0.869	1.000	
KGSY-TS	0.815	0.832	0.847	0.849	0.881	0.842	0.840	0.862	0.852	0.852	0.869	0.874	0.864	0.941	1.000

注：材料编码同表 1-1。

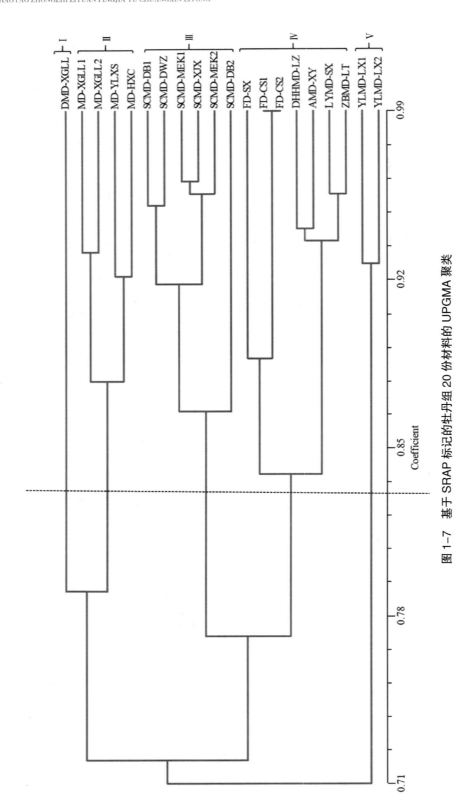

图 1-7　基于 SRAP 标记的牡丹组 20 份材料的 UPGMA 聚类

注：材料编码同表 1-1。

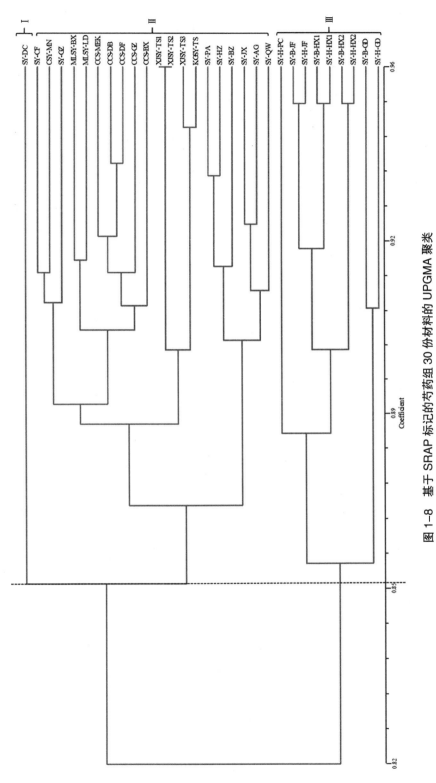

图 1-8 基于 SRAP 标记的芍药组 30 份材料的 UPGMA 聚类

注：材料编码同表 1-1。

50 份芍药属材料的 UPGMA 聚类结果见图 1-9。以遗传相似系数 0.834 为阈值，50份材料聚为 3 类。四川的 6 种芍药组野生资源和其他地区（浙江杭州、山东菏泽、安徽亳州、河北安国、山西绛县和曲沃）的 6 份栽培芍药聚为 I 类；20 份牡丹组材料聚为 II 类；四川的栽培芍药聚为 III 类。其中 6 种芍药组野生资源聚在一起，其他地区栽培芍药聚在一起；云南的滇牡丹（DMD-XGLL）和牡丹（MD-XGLL1、MD-XGLL2、MD-YLXS、MD-HXC）聚在一起；四川的四川牡丹（SCMD-DB1、SCMD-DWZ、SCMD-MEK1、SCMD-MEK2、SCMD-XJX、SCMD-DB2）聚在一起。

SRAP 标记结果与 ISSR 标记结果基本一致，能明显将牡丹组和芍药组、不同区域的材料分开，聚类结果也具有明显的地域相关性。

1.3 基于 ISSR 和 SRAP 标记的聚类分析

20 份牡丹组材料的 UPGMA 聚类结果见图 1-10。以遗传相似系数 0.828 为阈值，20份材料聚为 5 类。云南的滇牡丹聚为 I 类；云南的 4 份牡丹聚为 II 类；四川的 6 份四川牡丹聚为 III 类；西北农林科技大学植物园和湖南农业大学植物园的凤丹、大花黄牡丹、矮牡丹、卵叶牡丹和紫斑牡丹聚为 IV 类；四川理县的 2 份圆裂牡丹聚为 V 类。

30 份芍药组材料的 UPGMA 聚类结果见图 1-11。以遗传相似系数 0.851 为阈值，30份材料聚为 3 类。6 种野生资源聚为 I 类；除四川中江的栽培芍药外，其他地区（浙江磐安、山东菏泽、安徽亳州、河北安国、山西绛县和曲沃）的栽培芍药聚为 II 类；四川中江的栽培芍药聚为 III 类。在 I 类群中，又分为 3 类。四川的 3 份芍药野生资源（SY-CF、SY-GZ、SY-DC）和草芍药（CSY-MN）聚到一起；四川的 2 份美丽芍药（MLSY-BX、MLSY-LD）和5 份川赤芍（CCS-MEK、CCS-DB、CCS-DF、CCS-GZ、CCS-BX）聚到一起；新疆天山的 3份新疆芍药（XJSY-TS1、XJSY-TS2、XJSY-TS3）和块根芍药（KGSY-TS）聚到一起。

50 份芍药属材料的 UPGMA 聚类结果见图 1-12。以遗传相似系数 0.831 为阈值，50 份材料聚为 3 类。四川的 6 种芍药组野生资源和其他地区的 6 份栽培芍药（SY-PA、SY-HZ、SY-BZ、SY-AG、SY-JX、SY-QW）聚为 I 类；20 份牡丹组材料聚为 II 类；四川中江的栽培芍药聚为 III 类。四川的 6 种芍药组野生资源聚在一起；其他地区（浙江磐安、山东菏泽、安徽亳州、河北安国、山西绛县和曲沃）的 6 份栽培芍药聚在一起；四川的 6 份四川牡丹（SCMD-DB1、SCMD-DWZ、SCMD-MEK1、SCMD-MEK2、SCMD-XJX、SCMD-DB2）聚在一起。

基于 ISSR 和 SRAP 标记的综合数据的聚类结果与 ISSR、SRAP 标记的结果一致。从3 组数据的聚类结果来看，牡丹组和芍药组能够明显被区分开，还能将具有不育特性的四川中江芍药单独聚为一类，聚类结果具有明显的地域相关性。

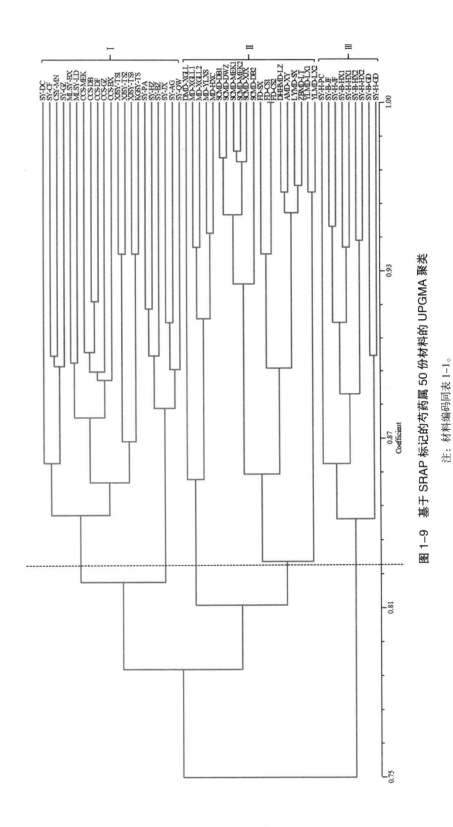

图 1-9　基于 SRAP 标记的芍药属 50 份材料的 UPGMA 聚类

注：材料编码同表 1-1。

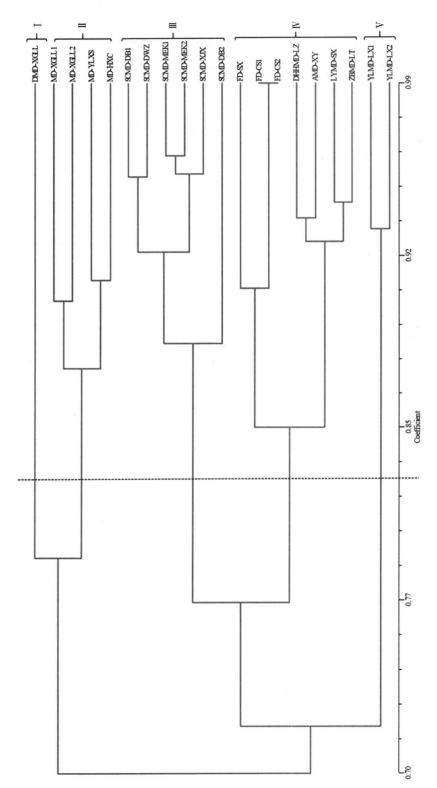

图 1-10 基于 ISSR 和 SRAP 标记的 20 份牡丹组材料的 UPGMA 聚类

注：材料编码同表 1-1。

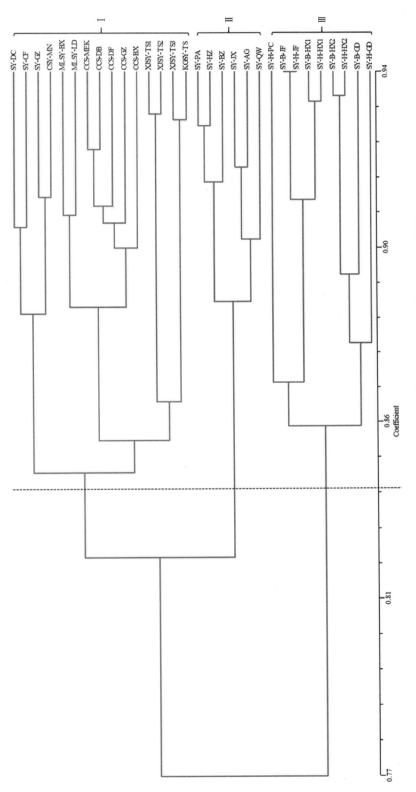

图 1-11　基于 ISSR 和 SRAP 标记的 30 份芍药组材料的 UPGMA 聚类

注：材料编码同表 1-1。

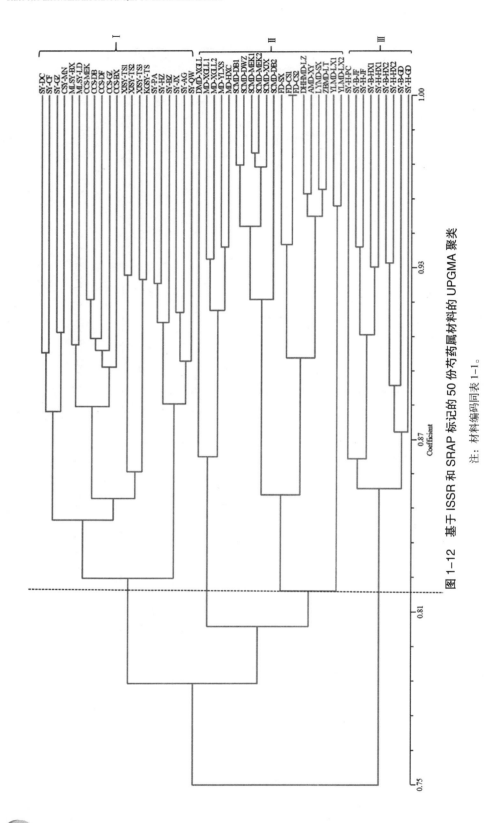

图 1-12　基于 ISSR 和 SRAP 标记的 50 份芍药属材料的 UPGMA 聚类

注：材料编码同表 1-1。

1.4 芍药特异分子标记开发

1.4.1 UBC836 引物 ISSR 扩增

ISSR 标记分析中，在引物 UBC836 的扩增结果中发现，四川中江栽培芍药扩增出了一条特征带，再用引物 UBC836 对四川中江、浙江磐安和安徽亳州的栽培芍药进行 PCR 扩增，可以看出，四川中江芍药在约 500 bp 处有一条明显的特征带，而浙江磐安和安徽亳州的栽培芍药没有（图 1–13）。

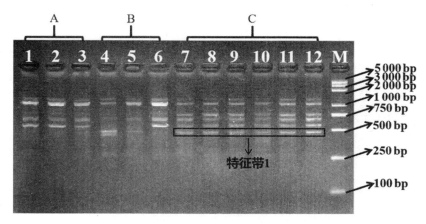

图 1–13　UBC836 的特征带

注：A，浙江磐安栽培芍药；B，安徽亳州栽培芍药；C，四川中江栽培芍药；M，DNA maker DL 5000。

1.4.2 UBC842 引物 ISSR 扩增

在引物 UBC842 的扩增结果中发现浙江磐安栽培芍药和安徽亳州栽培芍药扩增出了一条共同的特征带，再用引物 UBC842 对四川中江、浙江磐安和安徽亳州的栽培芍药进行 PCR 扩增，可以看出，浙江磐安和安徽亳州的栽培芍药在小于 500 bp 下方有一条特征带，而四川中江栽培芍药没有（图 1–14）。

1.4.3 特征条带回收、克隆与测序分析

将上述两条特征带纯化回收，再以回收产物为模板进行 TA 克隆。从长出蓝白斑的菌落中挑取生长良好的白色单菌落，接种在含有 Amp 的 LB 固体培养基上，37℃培养 8 ～ 12 h。再挑取白色单菌落分别用 UBC836 和 UBC842 引物进行扩增，结果见图 1–15

和图1-16。将条带明亮单一的对应菌落挑出，200 r/min 扩大培养 12～18 h 后送上海生工生物工程有限公司测序。

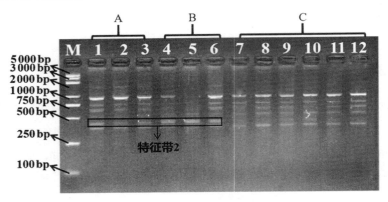

图 1-14　UBC842 的特征带

注：A，浙江磐安栽培芍药；B，安徽亳州栽培芍药；C，四川中江栽培芍药；M，DNA maker DL 5000。

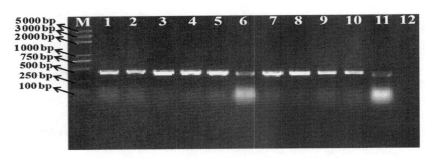

图 1-15　UBC836 重组大肠杆菌不同菌落的 PCR 结果

注：1～12，菌落；M，DNA maker DL 5000。

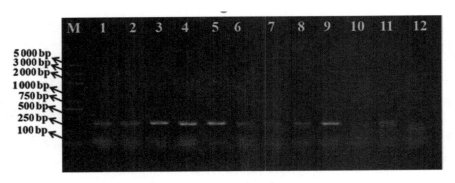

图 1-16　UBC842 重组大肠杆菌不同菌落的 PCR 结果

注：1～12，菌落；M，DNA maker DL 5000。

　　针对两条引物分别挑取 10 个菌落进行扩增测序，8 个测序成功，用 DNAMAN 比对，测得的序列一致，测序结果如图 1-17。UBC836 特征带片段大小为 445 bp；UBC842 特征带片段大小为 394 bp。将测序片段在 NCBI 里比对，发现其是未知序列。

A

GAGAGAGAGAGAGAGAT CCCGCTATGTTACTTTCTCTATTTTTGACGTCAATCCCTATGCGCCACCTTGTTT
TTAACGCCCAACTTTTACAAACCAGTTAGCGCGTGTTTGCAGGTTATTAGTTTTTTTATTTTTTTTGAGATCT
TGCATCAAACGGCTGTCATCTCTCCATCTGTTTTCTTTTGTGCTTTCCAGATCTTGCCTACCAACTAGGCTC
ACCAATCTTCACATGGCCTTGCACAAGCAACAAGGTGCATTTAATGCACCTGGCCTTTCTTTTTGTCTTGT
GGGTTATCTTTGGACCAACGGCAAAATTTCTTGTTTGCTTCTCTTTGTATTTTCCCGTTGGAGTGTCTTATTC
TCCTCCCATGGAATGCCTGAAGAAAAATTTCCTCCTTATAAATTGTGCACTATTCATTGCTTTCTTCAAGCC
TTTGAGTGGGAAAAGAGCTTCCCTTA CGTCTCTCTCTCTCTCTC

B

GAGAGAGAGAGAGAGAT GGGGGCAGGTGCTTGGCGTGGAGAAGAAAACTACAGTGGGTCTACACGGCGC
GCATCGGTAGTCGGGTAGTTTTTATTCATTCCTAGAGAGAGAAAAGAAAGGGTAGTGGTGAGCGGCCCAAC
GGAACGCACCTCTTTCTCTTTCAACTATTTTTTTAATAAATACAATTTTTGTTTGGAAACTGGCAAATATGAAT
ATGAATACGACTCAATTACTCTCTCCATCTTTGCTTGGTTATTTCGTAAATTAGAGATTACTGTCCTCTTTAAT
CTCCCTGTCCATACCATTCTCATCACATCCCTCTAACCTCTCTCTTCCTCCCATTGCTCACTCTGGGTTTTTGT
CGTCTCTCTCTCTCTCTC

图 1-17　特征条带克隆测序结果

注：A，UBC836；B，UBC842。

1.4.4 特异引物设计

根据测得的特征序列，运用 Primer 5.0 设计特异引物，共设计了 10 条特异引物（表 1-8）。

表 1-8　特异引物设计结果

引物名称	引物序列（5′→3′）	片段大小 /bp
UBC836-1	F:ACACTCCAACGGGAAAATACA R:ACGCCCAACTTTTACAAACC	280
UBC836-2	F:TTTCCCACTCAAAGGCTTGAAG R:CGCCCAACTTTTACAAACCAG	371
UBC836-3	F:TCCCGCTATGTTACTTTCTC R:TTTTCCCACTCAAAGGCT	431
UBC842-1	F:AACTACAGTGGGTCTACACGG R: TGGGAGGAAGAGAGAGGTT	296
UBC842-2	F:AACTACAGTGGGTCTACACGG R: TGAGCAATGGGAGGAAGA	303
UBC842-3	F:AACTACAGTGGGTCTACACGG R: AGTGAGCAATGGGAGGAA	305
UBC842-4	F:AACTACAGTGGGTCTACACGG R: AGAGTGAGCAATGGGAGGA	307
UBC842-5	F:CGTGATTTGTGAGAGGGAA R: ATCTGCTATGTTGTGGACCA	295
UBC842-6	F:CCTCGGTTCAGTTCAGTGA R: ATCTGCTATGTTGTGGACCA	340
UBC842-7	F:TCCTCGGTTCAGTTCAGTG R: ATCTGCTATGTTGTGGACCA	341

1.4.5 特异引物验证及 SCAR 标记转化

将这些引物分别与 30 份芍药组供试料进行 PCR 扩增。经过筛选发现只有两条引物 UBC836-3 和 UBC842-7 具有特异性。

将这两条特异引物扩增的特异性条带转化为稳定特异的 SCAR 标记：SCAR-836 和 SCAR-842，检测结果如图 1-18 和图 1-19。引物 UBC836-3 扩增的最佳退火温度为 51.8℃，引物 UBC842-7 扩增的最佳退火温度为 50.6℃。

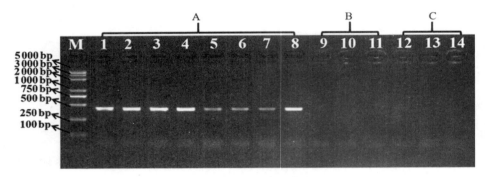

图 1-18 SCAR-836 的扩增结果

注：M，DNA maker DL 5000。A，四川中江栽培芍药；B，浙江磐安栽培芍药；C，安徽亳州栽培芍药。

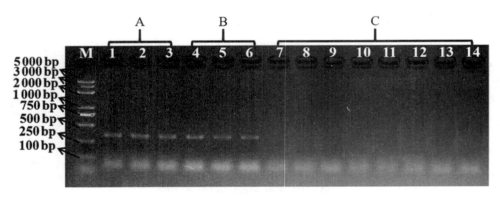

图 1-19 SCAR-842 的扩增结果

注：M，DNA maker DL 5000。A，浙江磐安栽培芍药；B，安徽亳州栽培芍药；C，四川中江栽培芍药。

综上，基于 ISSR 标记筛选出的引物 UBC836-3 和引物 UBC842-7 具有特异性。将这两条特异性引物转化为稳定特异的 SCAR 标记：SCAR-836 为四川中江芍药的特异条带；SCAR-842 为浙江杭州和安徽亳芍药的特异条带。重复验证显示，这两个标记具有很好的特异性、稳定性与可重复性。这两个 SCAR 特异分子标记可用于四川中江、浙江磐安和安徽亳州三个地区芍药的分子鉴别。

2 芍药生态环境及遗传多样性分析

不同产区同一种中药材经过生态环境与遗传变异等复杂的演变过程，化学成分组成呈现显著差异，最终导致其在临床疗效上差异显著。

笔者在广泛收集四川中江、安徽亳州、浙江磐安与山东菏泽、四川平昌等地白芍种质资源的基础上，分别从有效成分、生态环境和遗传关系分析不同产区芍药的差异特征，探讨不同产区芍药的有效成分和土壤气候等生态环境特征，阐述中药材白芍品质与其生态环境特征的相关性；利用 SCoT 分子标记技术分析不同产区芍药之间的亲缘关系与遗传多样性；从遗传关系与气候、土壤环境等栽培条件全面阐述可能影响白芍品质的因素，为后续不同产区白芍品质差异形成机制研究提供理论基础，对大宗药材白芍的产业发展具有重要意义。

2.1 不同产区芍药有效成分含量测定

按照《中华人民共和国药典》（2015 年版，一部）中白芍的制备和有效成分的测定方法，对采集于四川中江、四川平昌、安徽亳州、山东菏泽、浙江磐安、河北安国等地20 个居群 4 年生芍药根的有效成分含量进行测定。

2.1.1 线性关系考察

以 6 种有效成分（芍药苷、没食子酸、羟基芍药苷、芍药内酯苷、儿茶素、苯甲酰芍药苷）的峰面积（y）与质量分数（x，μg/mL）作线性回归分析（表 2-1），结果表明，各有效成分线性回归方程的相关系数均在 0.998 及以上，在线性范围内方程线性较好，所拟合的线性回归方程可用于不同产区白芍有效成分含量的定量分析。

表 2-1　6 种有效成分线性回归方程及线性范围

有效成分	线性回归方程	相关系数（R^2）	线性范围／（$\mu g \cdot mL^{-1}$）
没食子酸	$y=20.708x-5.041\ 1$	0.999	0.48～4.80
羟基芍药苷	$y=9.493\ 8x+0.826\ 9$	0.998	0.43～4.30
儿茶素	$y=15.967x+2.202\ 9$	0.999	0.85～8.50
芍药内酯苷	$y=7.568\ 7x+10.702$	0.999	13～130
芍药苷	$y=12.653x+18.8$	0.999	44～440
苯甲酰芍药苷	$y=18.828x+0.732\ 2$	0.999	0.78～7.80

2.1.2 有效成分质量分数测定

不同产区芍药中 6 种有效成分质量分数测定结果见表 2-2，其对照品与样品色谱图如图 2-1、图 2-2 所示。结果表明，四川中江芍药的没食子酸质量分数平均值为 0.14%；四川平昌白芍的没食子酸分数质量分数为 0.16%；安徽亳芍药的没食子酸质量分数平均值为 0.05%；浙江磐安芍药的没食子酸质量分数最低，仅为 0.03%；山东菏泽芍药的没食子酸质量分数平均值为 0.06%。

四川中江芍药的羟基芍药苷质量分数平均值为 0.08%；四川平昌芍药的羟基芍药苷质量分数为 0.05%；安徽亳芍药的羟基芍药苷质量分数平均值为 0.03%；浙江磐安芍药的羟基芍药苷质量分数为 0.04%；山东菏泽芍药的羟基芍药苷质量分数平均值为 0.10%。

四川中江芍药的儿茶素质量分数平均值为 0.10%；四川平昌芍药的儿茶素质量分数为 0.04%；安徽亳芍药的儿茶素质量分数平均值为 0.02%；浙江磐安芍药的儿茶素质量分数平均值为 0.03%；山东菏泽芍药的儿茶素质量分数平均值为 0.04%。

四川中江芍药的芍药内酯苷质量分数最高，平均值为 1.62%；四川平昌芍药的芍药内酯苷质量分数为 1.56%；安徽亳芍药的芍药内酯苷质量分数平均值为 1.24%；浙江磐安芍药的芍药内酯苷质量分数最低，仅为 0.74%；山东菏泽芍药的芍药内酯苷质量分数平均值为 1.47%。

表 2-2 不同产区白芍有效成分质量分数

序号	样品编号	采集地	有效成分质量分数 /%						
			没食子酸	羟基芍药苷	儿茶素	芍药内酯苷	芍药苷	苯甲酰芍药苷
1	SCZJ-1	四川中江	0.15 ± 0.01	0.06 ± 0.01	0.09 ± 0.01	1.90 ± 0.03	3.67 ± 0.07	0.21 ± 0.01
2	SCZJ-2	四川中江	0.13 ± 0.01	0.09 ± 0.01	0.08 ± 0.01	0.95 ± 0.01	3.62 ± 0.11	0.22 ± 0.01
3	SCZJ-3	四川中江	0.17 ± 0.01	0.08 ± 0.01	0.10 ± 0.01	2.12 ± 0.05	3.61 ± 0.16	0.29 ± 0.02
4	SCZJ-4	四川中江	0.13 ± 0.01	0.08 ± 0.01	0.11 ± 0.01	1.76 ± 0.05	3.58 ± 0.08	0.19 ± 0.02
5	SCZJ-5	四川中江	0.18 ± 0.01	0.10 ± 0.01	0.11 ± 0.01	1.88 ± 0.03	3.71 ± 0.10	0.22 ± 0.01
6	SCZJ-6	四川中江	0.11 ± 0.01	0.07 ± 0.01	0.12 ± 0.01	1.43 ± 0.03	4.81 ± 0.07	0.25 ± 0.01
7	SCZJ-7	四川中江	0.11 ± 0.01	0.08 ± 0.01	0.09 ± 0.01	0.82 ± 0.03	4.22 ± 0.08	0.23 ± 0.03
8	SCZJ-8	四川中江	0.12 ± 0.01	0.10 ± 0.01	0.12 ± 0.01	1.69 ± 0.03	4.51 ± 0.09	0.30 ± 0.02
9	SCZJ-9	四川中江	0.14 ± 0.01	0.06 ± 0.01	0.12 ± 0.01	1.53 ± 0.04	4.48 ± 0.09	0.19 ± 0.03
10	SCZJ-10	四川中江	0.16 ± 0.01	0.10 ± 0.01	0.10 ± 0.01	2.13 ± 0.09	4.69 ± 0.09	0.28 ± 0.02
11	SCPC	四川平昌	0.16 ± 0.01	0.05 ± 0.01	0.04 ± 0.00	1.56 ± 0.03	4.72 ± 0.08	0.11 ± 0.01
12	AHBZ-1	安徽亳州	0.04 ± 0.00	0.02 ± 0.00	0.03 ± 0.00	1.26 ± 0.06	2.26 ± 0.11	0.05 ± 0.00
13	AHBZ-2	安徽亳州	0.05 ± 0.01	0.02 ± 0.00	0.02 ± 0.00	1.23 ± 0.03	2.21 ± 0.06	0.05 ± 0.00
14	AHBZ-3	安徽亳州	0.06 ± 0.01	0.03 ± 0.00	0.01 ± 0.00	1.28 ± 0.03	2.36 ± 0.08	0.05 ± 0.00
15	AHBZ-4	安徽亳州	0.05 ± 0.01	0.02 ± 0.00	0.02 ± 0.00	1.19 ± 0.03	2.25 ± 0.07	0.04 ± 0.00
16	ZJPA	浙江金华	0.03 ± 0.00	0.04 ± 0.00	0.03 ± 0.00	0.74 ± 0.04	2.57 ± 0.10	0.06 ± 0.00
17	SDHZ-1	山东菏泽	0.03 ± 0.00	0.14 ± 0.01	0.04 ± 0.00	1.25 ± 0.02	2.43 ± 0.08	0.04 ± 0.00
18	SDHZ-2	山东菏泽	0.10 ± 0.01	0.19 ± 0.01	0.06 ± 0.01	2.78 ± 0.10	2.04 ± 0.04	0.02 ± 0.00
19	SDHZ-3	山东菏泽	0.06 ± 0.01	0.03 ± 0.00	0.04 ± 0.00	1.02 ± 0.03	2.26 ± 0.06	0.04 ± 0.00
20	SDHZ-4	山东菏泽	0.06 ± 0.01	0.02 ± 0.00	0.03 ± 0.00	0.81 ± 0.02	2.17 ± 0.05	0.05 ± 0.00

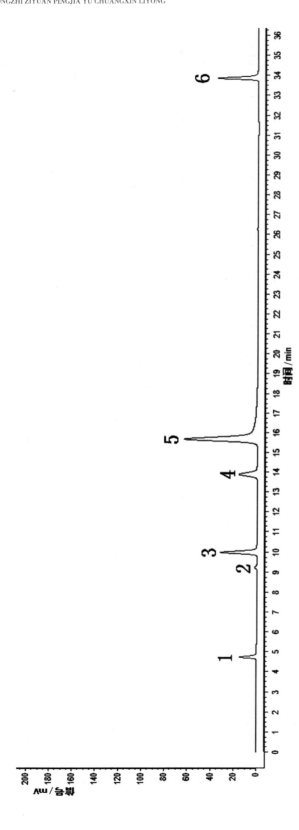

图 2-1　6 种有效成分标准品色谱图

注：1，没食子酸；2，羟基芍药苷；3，儿茶素；4，芍药内酯苷；5，芍药苷；6，苯甲酰芍药苷。

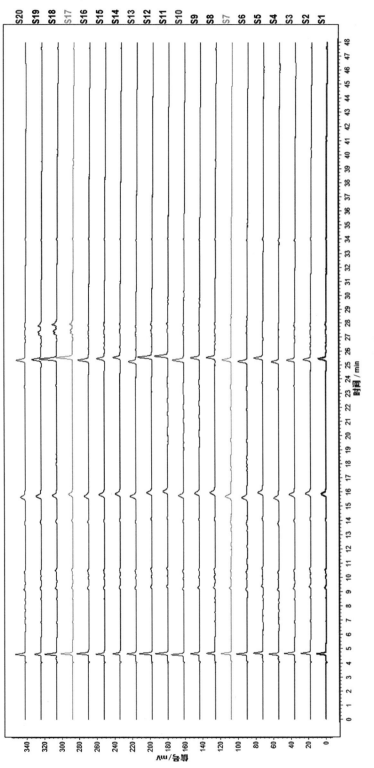

图 2-2　样品色谱图

四川中江芍药的芍药苷质量分数平均值为4.09%；四川平昌芍药的芍药苷质量分数为4.72%，高于其他产区；安徽亳芍药的芍药苷质量分数平均值为2.27%；浙江磐安芍药的芍药苷质量分数为2.57%；山东菏泽芍药的芍药苷质量分数平均值为2.23%。

四川中江芍药的苯甲酰芍药苷质量分数最高，平均值为0.24%；四川平昌芍药的苯甲酰芍药苷质量分数为0.11%；安徽亳芍药的苯甲酰芍药苷质量分数平均值为0.05%；浙江磐安芍药苯甲酰芍药苷质量分数为0.06%；山东菏泽芍药的苯甲酰芍药苷质量分数平均值为0.04%。

2.1.3 有效成分聚类分析

根据不同产区白芍中6种有效成分没食子酸、羟基芍药苷、儿茶素、芍药内酯苷、芍药苷和苯甲酰芍药苷的质量分数，运用SPSS层次聚类分析方法并通过树状图呈现不同产区白芍有效成分间的相似性（图2-3）。结果表明，20个居群的白芍样品具有不同的有效成分分布，其中，四川中江和平昌的芍药聚为第Ⅰ簇，安徽亳州、浙江磐安和山东菏泽的芍药聚为第Ⅱ簇。

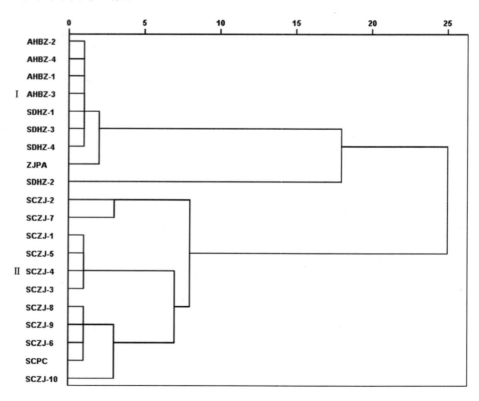

图2-3 基于有效成分的层次聚类分析树状图

注：样品编号同表2-2。

2.1.4 有效成分相关性分析

对6种有效成分进行相关性分析，发现6种有效成分间存在一定的相关性（表2-3）。没食子酸与儿茶素、芍药内酯苷、芍药苷和苯甲酰芍药苷呈极显著的正相关（$P < 0.01$）。羟基芍药苷与芍药内酯苷呈极显著的正相关（$P < 0.01$）。儿茶素与没食子酸、芍药苷和苯甲酰芍药苷呈极显著的正相关（$P < 0.01$）。芍药内酯苷与没食子酸和羟基芍药苷呈极显著的正相关（$P < 0.01$）。芍药苷与没食子酸、儿茶素和苯甲酰芍药苷呈极显著的正相关（$P < 0.01$）。苯甲酰芍药苷与没食子酸、儿茶素和芍药苷呈极显著的正相关（$P < 0.01$）。

表 2-3 有效成分的相关性

系数	没食子酸	羟基芍药苷	儿茶素	芍药内酯苷	芍药苷	苯甲酰芍药苷
没食子酸	1.000	—	—	—	—	—
羟基芍药苷	0.350	1.000	—	—	—	—
儿茶素	0.778**	0.400	1.000	—	—	—
芍药内酯苷	0.598**	0.650**	0.424	1.000	—	—
芍药苷	0.768**	0.170	0.808**	0.235	1.000	—
苯甲酰芍药苷	0.791**	0.233	0.898**	0.310	0.853**	1.000

注："*"表示呈显著相关（$P < 0.05$），"**"表示呈极显著相关（$P < 0.01$）。

2.2 不同产区芍药生境气象因子调查与分析

2.2.1 气象因子

在中国气象数据网（https://data.cma.cn）上查询四川、安徽、山东、浙江等地2015—2018年间年均气温、最高气温、最低气温、年均气压、最低气压、最高气压、年均降水量、最大降水量、日照百分率、年均日照时间（h）、年均相对湿度等气象数据，通过对比分析，多年数据均值统计结果如表2-4。不同产区的气候存在一定差异性，四川中江和平昌平均气压、日照时间（h）低于其他产区，最大降水量和平均相对湿度高于其他产区。安徽亳州的最大风速和平均2 min风速均高于其他产区。浙江磐安20—20时降水量、平均气温最大，四川中江和平昌次之，均高于安徽亳州和山东菏泽。

表 2-4 不同产区气候数据

产地	日照时间/h	20-20时降水量/mm	日照百分率/%	平均气温/℃	平均相对湿度/%	最大风速/(m·s⁻¹)	平均2min风速/(m·s⁻¹)	最低气压/hPa	最高气压/hPa	平均气压/hPa	平均水汽压/hPa	最低气温/℃	最高气温/℃	平均最低气温/℃	平均最高气温/℃	日降水量大于0.1mm时间/d	最大降水量/mm	最小相对湿度/%
四川中江	1 092.31	724.03	24.40	17.62	77.60	8.90	1.25	952.76	996.39	972.78	16.67	-1.00	38.61	14.62	21.89	130.13	120.10	17.67
四川平昌	1 512.03	1 125.46	33.20	17.33	74.37	9.90	1.17	946.99	989.30	966.05	15.73	-1.86	38.24	14.11	21.92	129.63	115.85	11.67
安徽亳州	2 075.47	747.87	47.00	14.41	67.11	10.24	2.16	991.29	1 038.10	1 012.14	14.03	-8.42	38.85	10.43	20.68	86.88	92.70	14.33
浙江磐安	1 700.19	1 639.81	38.00	18.58	70.55	9.15	1.77	986.66	1 031.25	1 008.67	16.67	-2.82	39.33	15.21	23.11	160.88	97.16	15.33
山东菏泽	2 345.76	618.77	52.80	15.31	63.32	8.86	1.71	988.85	1 036.89	1 010.90	13.17	-9.66	39.01	11.19	20.62	73.00	89.48	10.00

注：由于部分区域无气象监测站点，故引用相近站点数据。四川平昌引用四川巴中站点数据；四川中江引用四川遂宁站点数据；浙江磐安引用浙江金华站点数据。

2.2.2 气象因子与有效成分相关性分析

对不同产区白芍 6 种有效成分与 18 个气象因子进行相关性分析，结果如表 2-5 所示。结果表明，没食子酸与气象因子平均水汽压、最低温度、平均气温、平均最低气温、日降水量大于 0.1 mm 时间（d）、平均相对湿度、最小相对湿度呈极显著的正相关（$P < 0.01$），与气象因子平均 2 min 风速、最低气压、最高气压、平均气压、最高气温、日照时间（h）、日照百分率呈极显著的负相关（$P < 0.01$），与气象因子平均最高气温呈显著的正相关（$P < 0.05$）。

儿茶素与气象因子平均水汽压、最低气温、平均气温、平均最低气温、平均最高气温、日降水量大于 0.1 mm 时间（d）、最大降水量、平均相对湿度、最小相对湿度呈极显著的正相关（$P < 0.01$），与气象因子最大风速、平均 2 min 风速、最低气压、最高气压、平均气压、最高气温、日照时间（h）、日照百分率呈极显著的负相关（$P < 0.01$）。

芍药苷与气象因子平均水汽压、最低气温、平均气温、平均最低气温、平均最高气温、日降水量大于 0.1 mm 时间（d）、最大降水量、平均相对湿度、最小相对湿度呈极显著的正相关（$P < 0.01$），与气象因子平均 2 min 风速、最低气压、最高气压、平均气压、最高气温、日照时间（h）、日照百分率呈极显著的负相关（$P < 0.01$）。

苯甲酰芍药苷与气象因子平均水汽压、最低气温、平均气温、平均最低气温、平均最高气温、日降水量大于 0.1 mm 时间（d）、最大降水量、平均相对湿度、最小相对湿度呈极显著的正相关（$P < 0.01$），与气象因子平均 2 min 风速、最低气压、最高气压、平均气压、最高气温、日照时间（h）、日照百分率呈极显著的负相关（$P < 0.01$），与气象因子最大风速呈显著的负相关（$P < 0.05$）。

羟基芍药苷仅与气象因子最大风速呈显著的负相关（$P < 0.05$），与其他气象因子无显著相关性，而芍药内酯苷与所调查的气象因子均无显著相关性。

表 2-5　气象因子与有效成分的相关性

系数	没食子酸	羟基芍药苷	儿茶素	芍药内酯苷	芍药苷	苯甲酰芍药苷
最大风速	−0.436	−0.566[**]	−0.684[**]	−0.229	−0.376	−0.515[*]
平均 2 min 风速	−0.847[**]	−0.402	−0.860[**]	−0.323	−0.857[**]	−0.824[**]
最低气压	−0.896	−0.239	−0.859	−0.315	−0.934	−0.898
最高气压	−0.891	−0.224	−0.851	−0.305	−0.936	−0.896
平均气压	−0.896[**]	−0.228	−0.852[**]	−0.314	−0.936[**]	−0.897[**]
平均水汽压	0.714[**]	0.084	0.782[**]	0.151	0.825[**]	0.860[**]
最低气温	0.790	0.137	0.818	0.202	0.884	0.886
最高气温	−0.796	−0.063	−0.578	−0.322	−0.806	−0.675

续表

系数	没食子酸	羟基芍药苷	儿茶素	芍药内酯苷	芍药苷	苯甲酰芍药苷
平均气温	0.684**	0.248	0.766**	0.150	0.780**	0.771**
平均最低气温	0.728	0.230	0.800	0.172	0.822	0.821
平均最高气温	0.536	0.074	0.593	0.029	0.683	0.650
20—20 时降水量	−0.134	−0.251	−0.218	−0.286	0.055	−0.127
日降水量大于 0.1 mm 时间	0.601**	0.030	0.639**	0.061	0.747**	0.724**
最大降水量	0.866**	0.191	0.878**	0.287	0.917**	0.934**
日照百分率	−0.809**	−0.142	−0.863**	−0.238	−0.881**	−0.931**
日照时间	−0.805**	−0.139	−0.864**	−0.237	−0.876**	−0.932**
平均相对湿度	0.810**	0.112	0.841**	0.235	0.885**	0.921**
最小相对湿度	0.583**	−0.029	0.724**	0.135	0.665**	0.828**

注："*"表示呈显著相关（$P < 0.05$），"**"表示呈极显著相关（$P < 0.01$）。

2.3 不同产区芍药根际土壤理化性质测定

2.3.1 根际土壤质地分析

不同产区芍药根际土壤质地如表 2-6。四川中江和平昌芍药根际土壤为粉壤土，砂质和黏质土粒均匀，具备一定可塑性。安徽亳芍药根际土壤为砂粉土，主要为砂质土粒，黏质土粒极少，基本不具备可塑性。浙江磐安芍药根际土壤为黏壤土，主要由黏质土粒组成，含有极少砂粒，可塑性良好。山东菏泽芍药根际土壤为粉土，砂质土粒较黏质土粒多，可塑性较差。

2.3.2 根际土壤 pH 值测定

不同产区芍药根际土壤 pH 值结果如图 2-4。四川中江芍药根际土壤 pH 值平均为 7.88，呈弱碱性；四川平昌芍药根际土壤 pH 值为 7.82，呈弱碱性；安徽亳芍药根际土壤 pH 值平均为 7.16，呈弱碱性；浙江磐安芍药根际土壤 pH 值为 8.83 左右，呈碱性；山东菏泽芍药根际土壤 pH 值平均为 7.34，呈弱碱性。

表 2-6　不同产区芍药根际土壤质地

样品编号	土壤质地	样品编号	土壤质地
SCZJ-1	粉壤土	SCPC	粉壤土
SCZJ-2	粉壤土	AHBZ-1	砂粉土
SCZJ-3	粉壤土	AHBZ-2	砂粉土
SCZJ-4	粉壤土	AHBZ-3	砂粉土
SCZJ-5	粉壤土	AHBZ-4	砂粉土
SCZJ-6	粉壤土	SDHZ-1	粉土
SCZJ-7	粉壤土	SDHZ-2	粉土
SCZJ-8	粉壤土	SDHZ-3	粉土
SCZJ-9	粉壤土	SDHZ-4	粉土
SCZJ-10	粉壤土	ZJPA	黏壤土

注：样品编号同表 2-2。

2.3.3 根际土壤阳离子交换量测定

不同产区芍药根际土壤阳离子交换量结果如图 2-5。四川中江芍药根际土壤阳离子交换量平均值为 12.87 cmol（+）/kg；四川平昌芍药根际土壤阳离子交换量为 13.33 cmol（+）/kg；安徽亳芍药根际土壤阳离子交换量最低，平均值为 4.91 cmol（+）/kg；浙江磐安芍药根际土壤阳离子交换量为 10.69 cmol（+）/kg；山东菏泽白芍根际土壤阳离子交换量平均值为 8.13 cmol（+）/kg。四川中江和平昌芍药根际土壤阳离子交换量均高于安徽亳州、浙江磐安和山东菏泽。

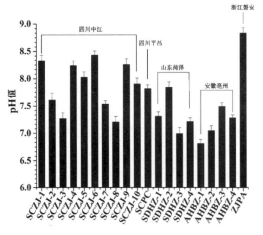

图 2-4　不同产区芍药根际土壤 pH 值

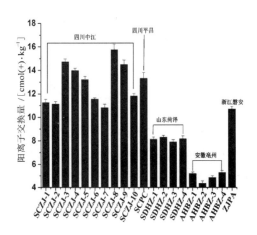

图 2-5　不同产区芍药根际土壤阳离子交换量

2.3.4 根际土壤有机质质量分数测定

不同产区芍药根际土壤有机质质量分数如图 2-6。四川中江芍药根际土壤有机质质量分数平均值为 36.08 g/kg；四川平昌芍药根际土壤有机质质量分数为 25.75 g/kg；安徽亳芍药根际土壤有机质质量分数平均值为 41.15 g/kg；浙江磐安芍药根际土壤有机质质量分数为 51.16 g/kg；山东菏泽芍药根际土壤有机质质量分数平均值为 50.36 g/kg。其中，四川平昌芍药根际土壤有机质较低，山东菏泽芍药根际土壤有机质质量分数较高。

2.3.5 根际土壤全氮和碱解氮质量分数测定

不同产区芍药根际土壤全氮质量分数如图 2-7。四川中江芍药根际土壤全氮质量分数平均值为 1.24 g/kg；四川平昌芍药根际土壤全氮质量分数为 1.22 g/kg；安徽亳芍药根际土壤全氮质量分数平均值为 0.98 g/kg；浙江磐安芍药根际土壤全氮质量分数平均值为 1.43 g/kg；山东菏泽芍药根际土壤全氮质量分数平均值为 1.34 g/kg。其中，安徽亳芍药根际土壤全氮质量分数平均值最低，四川中江芍药根际土壤全氮质量分数平均值最高。

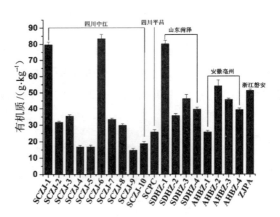

图 2-6 不同产区芍药根际土壤有机质质量分数

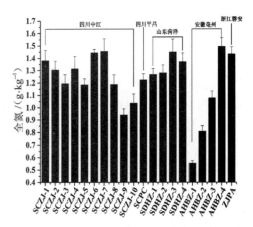

图 2-7 不同产区芍药根际土壤全氮质量分数

不同产区芍药根际土壤碱解氮质量分数如图 2-8。四川中江芍药根际土壤碱解氮质量分数平均值为 63.75 mg/kg；四川平昌芍药根际土壤碱解氮质量分数达到了 87.33 mg/kg；安徽亳芍药根际土壤碱解氮质量分数最低，平均值为 42.74 mg/kg；浙江磐安芍药根际土壤碱解氮质量分数最高，达到了 130 mg/kg；山东菏泽芍药根际土壤碱解氮质量分数平均值为 66.05 mg/kg。

2.3.6 土壤全磷和有效磷质量分数测定

不同产区芍药根际土壤全磷质量分数如图 2-9。四川中江芍药根际土壤全磷质量分数平均值为 0.67 g/kg；四川平昌芍药根际土壤全磷质量分数为 0.52 g/kg；安徽亳芍药根际土壤全磷质量分数平均值为 0.76 g/kg；浙江磐安芍药根际土壤全磷质量分数为 0.54 g/kg；山东菏泽芍药根际土壤全磷质量分数最高，平均值为 1.28 g/kg。

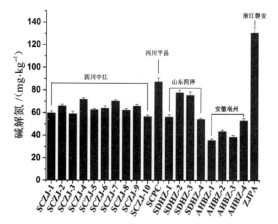
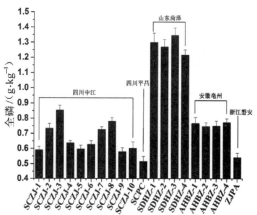

图 2-8　不同产区芍药根际土壤碱解氮质量分数　　图 2-9　不同产区芍药根际土壤全磷质量分数

不同产区芍药根际土壤有效磷质量分数如图 2-10。四川中江芍药根际土壤有效磷质量分数平均值为 24.74 mg/kg；四川平昌芍药根际土壤有效磷质量分数为 28.67 mg/kg；安徽亳芍药根际土壤有效磷质量分数为 20.14 mg/kg；浙江磐安芍药根际土壤有效磷质量分数平均值为 43.72 mg/kg；山东菏泽芍药根际土壤有效磷质量分数均较高，平均值为 62.51 mg/kg。

2.3.7 根际土壤全钾和速效钾质量分数测定

不同产区芍药根际土壤全钾质量分数如图 2-11。四川中江芍药根际土壤全磷质量分数较低，平均值为 1.06 g/kg；四川平昌芍药根际土壤全磷质量分数为 1.25 g/kg；安徽亳芍药根际土壤全钾质量分数平均值为 1.53 g/kg；浙江磐安芍药根际土壤全钾质量分数最高，达 2.07 g/kg；山东菏泽芍药根际土壤全钾质量分数平均值为 1.48 g/kg。

不同产区芍药根际土壤速效钾质量分数如图 2-12。四川中江芍药根际土壤速效钾质量分数最低，平均值为 66.38 mg/kg；四川平昌芍药根际土壤速效钾质量分数为 79.34 mg/kg；安徽亳芍药根际土壤速效钾质量分数平均值为 188.62 mg/kg；浙江磐安芍药根际土壤速效钾质量分数为 293.60 mg/kg；山东菏泽芍药根际土壤速效钾质量分数平均值为 245.12 mg/kg。

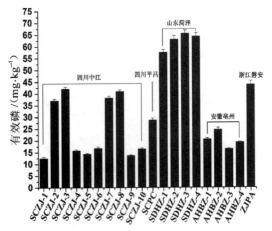

图2-10　不同产区芍药根际土壤有效磷质量分数

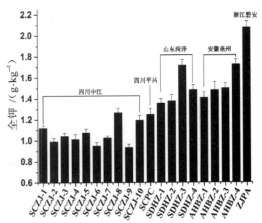

图2-11　不同产区芍药根际土壤全钾质量分数

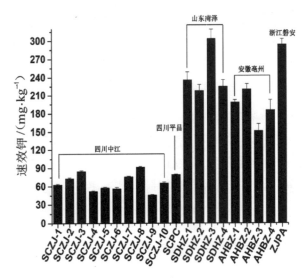

图2-12　不同产区芍药根际土壤速效钾质量分数

2.3.8 根际土壤无机元素质量分数测定

不同产区芍药根际土壤中无机元素质量分数如表2-7。四川中江芍药根际土壤硼质量分数平均值为1.84 mg/kg；四川平昌芍药根际土壤硼质量分数为2.93 mg/kg；安徽亳芍药根际土壤硼质量分数平均值为2.25 mg/kg；浙江磐安芍药根际土壤硼质量分数为1.54 mg/kg；山东菏泽芍药根际土壤硼质量分数平均值为3.17 mg/kg。其中，山东菏泽样品硼质量分数最高，而四川中江最低。

表 2-7 不同产区芍药根际土壤中无机元素质量分数

样品编号	硼/(mg·kg⁻¹)	钙/(g·kg⁻¹)	铜/(mg·kg⁻¹)	铁/(mg·kg⁻¹)	镁/(mg·kg⁻¹)	锰/(mg·kg⁻¹)	硅/(mg·kg⁻¹)	锌/(mg·kg⁻¹)
				无机元素质量分数				
SCZJ-1	0.81±0.03	5.57±0.09	30.72±0.51	23.40±0.69	816.63±13.85	424.933±21.19	85.77±1.26	128.03±5.47
SCZJ-2	1.52±0.05	1.16±0.09	28.34±0.51	32.47±0.38	351.17±14.91	474.37±14.13	53.20±1.69	125.83±5.92
SCZJ-3	2.12±0.09	1.54±0.07	25.89±0.39	29.49±0.99	314.47±11.67	582.90±12.84	49.20±1.59	130.20±4.57
SCZJ-4	2.46±0.09	1.72±0.03	32.20±0.69	25.08±0.71	382.77±19.42	354.50±15.89	51.17±2.07	128.33±6.05
SCZJ-5	2.49±0.05	1.24±0.03	24.19±0.29	29.40±0.52	426.40±14.26	572.07±14.06	49.97±1.01	156.47±5.91
SCZJ-6	1.47±0.07	4.35±0.11	30.14±0.91	23.28±1.33	411.20±10.97	401.83±10.80	56.80±1.42	92.33±3.67
SCZJ-7	1.27±0.07	0.81±0.08	34.48±0.44	26.62±1.13	389.40±11.07	605.93±14.49	40.77±1.87	135.83±2.87
SCZJ-8	1.94±0.05	1.14±0.11	27.27±0.41	31.84±1.50	288.70±11.32	488.57±9.96	57.48±1.83	114.97±4.74
SCZJ-9	2.41±0.09	1.52±0.11	26.72±0.47	27.39±1.25	474.87±22.34	439.67±19.39	46.48±1.45	175.70±3.77
SCZJ-10	1.86±0.05	1.34±0.07	18.27±0.55	27.91±0.63	298.50±12.11	434.47±19.49	55.42±1.78	144.77±5.15
SCPC	2.93±0.07	0.55±0.08	31.85±1.21	28.13±0.83	836.03±18.03	357.27±7.15	51.75±1.12	93.27±1.72
AHBZ-1	3.15±0.06	8.58±0.08	33.39±1.37	32.54±1.26	1 482.67±59.64	614.93±10.88	15.68±0.71	112.50±2.37
AHBZ-2	1.87±0.06	13.43±0.26	33.50±1.05	35.48±1.18	1 744.07±40.85	653.90±9.67	113.73±4.57	132.40±5.43
AHBZ-3	3.13±0.08	10.27±0.18	34.71±0.84	31.56±1.16	1 334.27±41.38	555.30±17.69	51.45±1.22	106.80±1.02
AHBZ-4	0.85±0.03	16.86±0.26	30.47±1.11	29.79±0.89	2 166.33±56.79	573.57±5.572	98.18±0.81	163.77±4.86
ZJPA	1.54±0.05	1.12±0.07	8.64±0.27	30.72±1.47	469.30±17.97	710.60±12.81	54.74±1.55	161.83±5.37
SDHZ-1	5.32±0.11	6.51±0.09	28.29±1.06	26.57±1.20	827.50±21.56	489.13±8.82	101.54±1.96	125.63±4.49
SDHZ-2	2.44±0.05	7.64±0.09	27.24±0.87	27.86±0.87	1 048.13±31.70	523.10±12.61	58.33±1.34	133.40±4.88
SDHZ-3	2.14±0.05	15.66±0.65	28.53±1.23	26.85±1.04	1 862.90±45.12	515.27±16.13	57.12±1.30	107.03±4.13
SDHZ-4	2.77±0.09	9.33±0.19	27.39±1.29	27.73±0.88	1 677.83±47.98	490.27±16.90	55.47±1.172	109.20±5.76

注: 样品编号同表 2-2。

四川中江芍药根际土壤钙质量分数平均值为 2.04 g/kg；四川平昌芍药根际土壤钙质量分数为 0.55 g/kg；安徽亳芍药根际土壤钙质量分数平均值为 12.29 g/kg；浙江磐安芍药根际土壤钙质量分数为 1.12 g/kg；山东菏泽芍药根际土壤钙质量分数平均值为 9.79 g/kg。结果表明，安徽亳州样品钙质量分数最高，而四川平昌样品钙质量分数最低。

四川中江芍药根际土壤铜质量分数平均值为 27.82 mg/kg；四川平昌芍药根际土壤铜质量分数为 31.85 mg/kg；安徽亳芍药根际土壤铜质量分数平均值为 33.02 mg/kg；浙江磐安芍药根际土壤铜质量分数为 8.64 mg/kg；山东菏泽芍药根际土壤铜质量分数平均值为 27.86 mg/kg。结果表明，浙江磐安样品铜质量分数最低。

四川中江芍药根际土壤铁质量分数平均值为 27.69 mg/kg；四川平昌芍药根际土壤铁质量分数为 28.13 mg/kg；安徽亳芍药根际土壤铁质量分数平均值为 32.34 mg/kg；浙江磐安芍药根际土壤铁质量分数为 30.72 mg/kg；山东菏泽芍药根际土壤铁质量分数平均值为 27.25 mg/kg。

四川中江芍药根际土壤镁质量分数平均值为 415.41 mg/kg；四川平昌芍药根际土壤镁质量分数为 836.03 mg/kg；安徽亳芍药根际土壤镁质量分数平均值为 1 681.83 mg/kg；浙江磐安芍药根际土壤镁质量分数为 469.30 mg/kg；山东菏泽芍药根际土壤镁质量分数平均值为 1 354.09 mg/kg。四川中江和平昌、浙江磐安样品镁质量分数显著低于山东菏泽和安徽亳州，且安徽亳州样品镁质量分数最高。

四川中江芍药根际土壤锰质量分数平均值为 477.92 mg/kg；四川平昌芍药根际土壤锰质量分数为 357.27 mg/kg；安徽亳芍药根际土壤锰质量分数平均值为 599.43 mg/kg；浙江磐安芍药根际土壤锰质量分数为 710.60 mg/kg；山东菏泽芍药根际土壤锰质量分数平均值为 504.44 mg/kg。结果表明，浙江磐安样品锰质量分数显著高于其他产区，达到了 710.60 mg/kg。

四川中江芍药根际土壤硅质量分数平均值为 54.62 mg/kg；四川平昌芍药根际土壤硅质量分数为 51.75 mg/kg；安徽亳芍药根际土壤硅质量分数平均值为 69.76 mg/kg；浙江磐安芍药根际土壤硅质量分数为 54.74 mg/kg；山东菏泽芍药根际土壤硅质量分数平均值为 68.12 mg/kg。

四川中江芍药根际土壤锌质量分数平均值为 133.25 mg/kg；四川平昌芍药根际土壤锌质量分数为 93.27 mg/kg；安徽亳芍药根际土壤锌质量分数平均值为 128.87 mg/kg；浙江磐安芍药根际土壤锌质量分数为 161.83 mg/kg；山东菏泽芍药根际土壤锌质量分数平均值为 118.82 mg/kg。

2.3.9 根际土壤水溶性盐质量分数测定

不同产区芍药根际土壤水溶性盐质量分数如表 2-8。四川中江土壤样品中水溶性盐总质量分数平均值为 1 352.61 mg/kg；四川平昌土壤样品中水溶性盐总质量分数为 775.53 mg/kg；安徽亳州土壤样品中水溶性盐总质量分数平均值为 843.32 mg/kg；浙江磐安土壤样品中水溶性盐总质量分数为 574.57 mg/kg；山东菏泽土壤样品中水溶性盐总质量分数为 865.95 mg/kg。结果表明，四川中江土壤样品中水溶性盐总质量分数显著高于其他产区，最高达到了 1 782.14 mg/kg。

四川中江土壤样品中碳酸氢根质量分数平均值为 483.90 mg/kg；四川平昌土壤样品中碳酸氢根质量分数为 329.71 mg/kg；安徽亳州土壤样品中碳酸氢根质量分数平均值为 599.85 mg/kg；浙江磐安土壤样品中碳酸氢根质量分数为 285.75 mg/kg；山东菏泽土壤样品中碳酸氢根质量分数平均值为 643.07 mg/kg。

四川中江土壤样品中氯离子质量分数平均值为 30.63 mg/kg；四川平昌土壤样品中氯离子质量分数为 8.25 mg/kg；安徽亳州土壤样品中氯离子质量分数平均值为 26.01 mg/kg；浙江磐安土壤样品中氯离子质量分数为 91.35 mg/kg；山东菏泽土壤样品中氯离子质量分数平均值为 38.78 mg/kg。结果表明，四川平昌土壤样品最低，仅为 8.25 mg/kg。

四川中江土壤样品中硫酸根质量分数平均值为 12.45 mg/kg；四川平昌土壤样品中硫酸根质量分数为 69.30 mg/kg；安徽亳州土壤样品中硫酸根质量分数平均值为 15.21 mg/kg；浙江磐安土壤样品中硫酸根质量分数为 58.31 mg/kg；山东菏泽土壤样品中硫酸根质量分数平均值为 41.88 mg/kg。结果表明，四川中江土壤样品硫酸根质量分数较低，四川平昌、浙江磐安和山东菏泽皇镇乡土壤样品硫酸根质量分数较高，最高达到了 95.61 mg/kg。

表 2-8　不同产区白芍根际土壤中水溶性盐质量分数

样品编号	水溶性盐 / (mg·kg⁻¹)			
	总量	碳酸氢根	氯离子	硫酸根
SCZJ-1	1 515.63 ± 30.92	466.52 ± 13.92	42.05 ± 1.59	23.46 ± 1.30
SCZJ-2	1 175.08 ± 33.17	501.67 ± 9.74	11.06 ± 0.39	14.45 ± 0.47
SCZJ-3	1 636.96 ± 37.20	562.46 ± 9.97	41.61 ± 0.52	4.60 ± 0.15
SCZJ-4	1 187.08 ± 51.60	449.60 ± 8.51	38.06 ± 0.85	7.401 ± 0.27
SCZJ-5	1 077.77 ± 42.75	424.18 ± 12.29	15.79 ± 0.36	14.39 ± 0.66
SCZJ-6	1 665.56 ± 31.53	460.34 ± 8.59	43.26 ± 2.32	26.56 ± 1.25
SCZJ-7	1 062.72 ± 29.79	520.54 ± 8.14	14.14 ± 0.69	15.25 ± 0.82
SCZJ-8	1 782.14 ± 16.57	575.57 ± 6.89	44.55 ± 1.22	3.25 ± 0.21
SCZJ-9	1 261.10 ± 46.862	451.13 ± 6.68	38.49 ± 0.42	3.70 ± 0.26
SCZJ-10	1 162.02 ± 42.55	426.96 ± 9.99	17.26 ± 0.46	11.44 ± 0.59
SCPC	775.53 ± 7.87	329.71 ± 6.92	8.25 ± 0.27	69.30 ± 1.68
AHBZ-1	887.30 ± 7.36	635.71 ± 12.37	15.75 ± 0.58	13.39 ± 0.93
AHBZ-2	775.03 ± 8.79	546.39 ± 6.238	38.43 ± 0.70	15.66 ± 0.26
AHBZ-3	874.93 ± 9.06	580.57 ± 7.49	37.84 ± 0.85	14.04 ± 0.46

续表

样品编号	水溶性盐 / (mg·kg⁻¹)			
	总量	碳酸氢根	氯离子	硫酸根
AHBZ-4	836.03 ± 8.58	636.74 ± 6.27	12.02 ± 0.98	17.77 ± 0.23
ZJPA	574.57 ± 12.70	285.75 ± 3.40	91.35 ± 2.07	58.31 ± 2.04
SDHZ-1	861.38 ± 6.77	661.08 ± 6.90	41.90 ± 1.15	95.61 ± 3.29
SDHZ-2	906.55 ± 8.31	737.13 ± 7.34	48.82 ± 0.76	17.96 ± 1.21
SDHZ-3	875.32 ± 9.30	595.12 ± 9.46	31.03 ± 0.85	30.91 ± 0.88
SDHZ-4	820.57 ± 6.57	578.97 ± 10.21	33.36 ± 0.87	23.02 ± 1.83

注：样品编号同表 2-2。

2.3.10 土壤因子与有效成分相关性分析

对不同产区芍药 6 种有效成分与土壤理化性质进行相关性分析，结果如表 2-9 所示。结果表明，没食子酸与土壤阳离子交换量、水溶性盐总量呈极显著的正相关（$P < 0.01$），与土壤全钾、速效钾、镁含量呈极显著的负相关（$P < 0.01$），与土壤全磷、锰含量呈显著的负相关（$P < 0.05$）。

儿茶素与土壤阳离子交换量、水溶性盐总量呈极显著的正相关（$P < 0.01$），与土壤全钾、速效钾、钙、镁含量呈极显著的负相关（$P < 0.01$），与土壤 pH 呈显著正相关（$P < 0.05$），与土壤铁、锰含量呈显著负相关（$P < 0.05$）。

芍药苷与土壤阳离子交换量、水溶性盐总量呈极显著的正相关（$P < 0.01$），与土壤全钾、速效钾、全磷、碳酸氢根、钙、镁含量呈极显著的负相关（$P < 0.01$），与土壤有效磷、锰含量呈显著的负相关（$P < 0.05$）。

苯甲酰芍药苷与土壤阳离子交换量、水溶性盐总量呈极显著的正相关（$P < 0.01$），土壤全钾、速效钾、钙、镁含量呈极显著的负相关（$P < 0.01$），与土壤全磷含量呈显著的负相关（$P < 0.05$）。

羟基芍药苷仅与土壤镁含量呈显著的负相关（$P < 0.05$），而芍药内酯苷与土壤理化性质均无显著相关性。

2.4 基于 SCoT 分子标记分析不同产区芍药遗传多样性

利用 SCoT 分子标记分析采集于四川中江、四川平昌、安徽亳州、山东菏泽、浙江磐安、河北安国等地的 24 个居群芍药（表 2-10）的遗传多样性。

表 2-9 土壤理化性质与有效成分的相关性

系数	pH值	阳离子交换量	有机质	碳解氮	全氮	有效磷	全磷	速效钾	全钾	水溶性盐总量
没食子酸	0.381	0.789**	-0.408	0.048	0.046	-0.381	-0.468*	-0.851**	-0.759**	0.601**
羟基芍药苷	0.209	0.350	-0.016	0.149	0.147	0.275	0.271	-0.188	-0.362	0.240
儿茶素	0.446*	0.843**	-0.208	0.077	0.137	-0.313	-0.374	-0.785**	-0.775**	0.820**
芍药内酯苷	0.191	0.352	-0.195	-0.105	-0.162	-0.155	-0.022	-0.377	-0.390	0.413
芍药苷	0.439	0.805**	-0.210	0.137	0.072	-0.447*	-0.620**	-0.845**	-0.706**	0.650**
苯甲酰芍药苷	0.295	0.800**	-0.200	-0.020	0.085	-0.374	-0.503**	-0.832**	-0.733**	0.842**

系数	碳酸氢根	氯离子	硫酸根	硼	钙	铜	铁	镁	锰	硅	锌
没食子酸	-0.417	-0.314	-0.364	-0.274	-0.676**	-0.045	-0.314	-0.665**	-0.513*	-0.292	0.107
羟基芍药苷	0.240	0.095	0.130	0.265	-0.406	-0.165	-0.261	-0.505*	-0.227	0.033	0.121
儿茶素	-0.322	-0.041	-0.418	-0.303	-0.682**	-0.118	-0.444*	-0.788**	-0.473*	-0.277	0.148
芍药内酯苷	0.149	0.007	-0.272	0.019	-0.235	-0.040	-0.218	-0.307	-0.331	-0.033	0.085
芍药苷	-0.583**	-0.226	-0.160	-0.268	-0.752**	-0.058	-0.357	-0.757**	-0.558*	-0.290	-0.029
苯甲酰芍药苷	-0.383	-0.152	-0.429	-0.381	-0.714**	-0.109	-0.239	-0.794**	-0.349	-0.268	0.063

注："*"表示呈显著相关（$P < 0.05$），"**"表示呈极显著相关（$P < 0.01$）。

芍药/种质资源评价与创新利用
SHAOYAO ZHONGZHI ZIYUAN PINGJIA YU CHUANGXIN LIYONG

表 2-10　用于材料 SCoT 分子标记分析的芍药采集信息

序号	样品编号	采集地	序号	样品编号	采集地
1	SCZJ-1	四川中江	13	AHBZ-1	安徽亳州
2	SCZJ-2	四川中江	14	AHBZ-2	安徽亳州
3	SCZJ-3	四川中江	15	AHBZ-3	安徽亳州
4	SCZJ-4	四川中江	16	AHBZ-4	安徽亳州
5	SCZJ-5	四川中江	17	SDHZ-1	山东菏泽
6	SCZJ-6	四川中江	18	SDHZ-2	山东菏泽
7	SCZJ-7	四川中江	19	SDHZ-3	山东菏泽
8	SCZJ-8	四川中江	20	SDHZ-4	山东菏泽
9	SCZJ-9	四川中江	21	NMCF	内蒙古赤峰
10	SCZJ-10	四川中江	22	HBAG	河北安国
11	SCPC	四川平昌	23	SXJX	山西绛县
12	ZJPA	浙江磐安	24	SXQW	山西曲沃

2.4.1 DNA 提取

提取不同产区 24 个居群芍药的 DNA，利用 1% 琼脂凝胶进行电泳检测，结果如图 2-13。结果表明，24 份不同产区芍药的 DNA 电泳条带清晰明亮、无拖尾现象且无 RNA、无降解，所提 DNA 符合 SCoT 分子标记试验的要求。

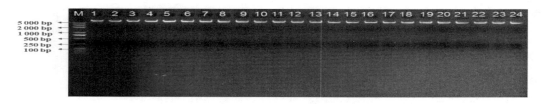

图 2-13 不同产区白芍 DNA 提取图

注：M，5 000 bp marker；1～24，材料序号（同表 2-10）。

2.4.2 引物筛选与退火温度优化

对 36 条 SCoT 分子标记引物进行筛选并梯度优化退火温度，最终选出 14 条可扩增出清晰、多态性高的条带的引物，并优化出最优退火温度（表 2-11）。

表 2-11 引物多态性和遗传多样性指标

引物编号	序列 (5'—3')	退火温度 TM/℃	扩增条带数 TB	多态性条带数 PB	多态性比率 PPB/%	Na	Ne	H	I
3	CAACAATGGCTACCACCG	54.9	6	4	66.7	1.666 7	1.562 1	0.303 8	0.431 9
6	CAACAATGGCTACCACGC	54.9	7	6	85.7	1.857 1	1.479 1	0.288 7	0.435 2
9	CAACAATGGCTACCAGCA	52.6	11	9	81.8	1.818 2	1.513 0	0.288 2	0.425 5
14	ACGACATGGCGACCACGC	54.5	10	9	90.0	1.900 0	1.504 0	0.304 2	0.459 9
15	ACGACATGGCGACCGCGA	54.5	7	5	71.4	1.714 3	1.486 4	0.272 8	0.400 6
18	ACCATGGCTACCACCGCC	59.5	6	4	66.7	1.666 7	1.376 3	0.216 4	0.325 0
21	ACGACATGGCGACCCACA	57.2	8	7	87.5	1.875 0	1.649 7	0.361 6	0.525 1
22	AACCATGGCTACCACCAC	54.9	6	2	33.3	1.333 3	1.211 0	0.119 2	0.177 8
23	CACCATGGCTACCACCAG	57.2	6	3	50.0	1.500 0	1.069 2	0.174 2	0.263 0
24	CACCATGGCTACCACCAT	51.9	6	2	33.3	1.500 0	1.399 1	0.220 5	0.316 2
28	CCATGGCTACCACCGCCA	59.5	7	4	57.1	1.714 3	1.447 1	0.266 9	0.397 7
31	CCATGGCTACCACCGCCT	59.5	6	6	100	1.833 3	1.528 1	0.309 2	0.460 1
33	CCATGGCTACCACCGCAG	59.5	7	6	85.7	1.857 1	1.470 2	0.275 8	0.416 6
36	GCAACAATGGCTACCACC	51.5	9	5	55.6	1.555 6	1.284 7	0.184 8	0.284 3
合计		—	102	72	—	—	—	—	—
平均值		—	7.29	5.14	70.59	1.705 9	1.431 6	0.251 6	0.375 3

2.4.3 多态性分析

从 36 条引物中筛选出 14 条引物，分别对 24 份材料进行 SCoT 扩增（图 2-14），共获得总条带 102 条，其中 72 条是多态性条带。利用 POPGENE3.2 软件计算得到 14 条引物的 Nei's 遗传多样性指数（H）、shannon 信息指数（I）、观察等位基因数（Na）、有效等位基因数（Ne）。结果表明，多态性比率范围为 33.3% ～ 100%，其中，22 和 24 号引物多态性比率最低，仅为 33.3%；31 号引物多态性比率最高，达到了 100%；引物平均多态性比率为 70.59%。Na 范围为 1.333 3 ～ 1.900 0，平均值为 1.705 9；Ne 范围为 1.069 2 ～ 1.649 7，平均值为 1.431 6；H 范围为 0.119 2 ～ 0.361 6，平均值为 0.251 6；I 范围为 0.177 8 ～ 0.460 1，平均值为 0.375 3（表 2-11）。

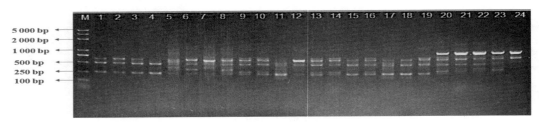

图 2-14 引物扩增图

注：M，5 000 bp marker；1 ～ 24，材料序号（同表 2-10）。

2.4.4 遗传一致度和遗传距离分析

遗传一致度与遗传距离是研究分析居群遗传分化的重要参数，能反映出居群间的遗传差异。遗传距离越大，遗传一致度越小，说明其遗传分化大，其遗传差异越大，则亲缘关系远，反之则居群间亲缘关系近。

不同产区芍药间的遗传距离与遗传一致度如表 2-12。在 Nei's 遗传一致度中，四川中江（SCZJ-1、SCZJ-2）居群间遗传一致度为 0.990 2；安徽亳州（AHBZ-3、AHBZ-4）居群间遗传一致度为 0.951；安徽亳州（AHBZ-3、AHBZ-2）居群间遗传一致度为 0.941 2；四川中江（SCZJ-1、SCZJ-3）居群间遗传一致度为 0.931 4，以上居群间遗传一致度较高。四川中江（SCZJ-7、SCZJ-9）居群间遗传一致度为 0.141 1；四川中江（SCZJ-8、SCZJ-10）居群间遗传一致度为 0.125 2；四川中江（SCZJ-1、SCZJ-9）居群间遗传一致度为 0.136 3。结果表明以上居群间遗传一致度较低。

表2-12 不同产区芍药间遗传一致度和遗传距离

样品	SCZJ-1	SCZJ-2	SCZJ-3	SCZJ-4	SCZJ-5	SCZJ-6	SCZJ-7	SCZJ-8	SCZJ-9	SCZJ-10	SCPC	NMCF	SXJX	HBAG	SXQW	SDHZ-1	SDHZ-2	SDHZ-3	SDHZ-4	AHBZ-1	AHBZ-2	AHBZ-3	AHBZ-4	ZJPA
SCZJ-1	****	0.990 2	0.931 4	0.892 2	0.803 9	0.882 4	0.921 6	0.862 7	0.136 3	0.882 4	0.794 1	0.705 9	0.656 9	0.696 1	0.656 9	0.637 1	0.568 6	0.598 5	0.578 4	0.715 7	0.745 1	0.754 9	0.764 9	0.764 7
SCZJ-2	0.009 9	****	0.921 6	0.902	0.813 7	0.892 2	0.911 8	0.872 5	0.147 6	0.872 5	0.784 3	0.715 7	0.666 7	0.705 9	0.666 7	0.647 1	0.578 4	0.607 8	0.588 2	0.725 5	0.754 9	0.764 7	0.774 5	0.754 9
SCZJ-3	0.071 1	0.081 7	****	0.872 5	0.813 7	0.833 3	0.892 2	0.794 1	0.170 6	0.872 5	0.803 9	0.637 3	0.686 3	0.666 7	0.627 5	0.647 1	0.578 4	0.607 8	0.705 9	0.735 3	0.745 1	0.754 9	0.754 9	
SCZJ-4	0.114 1	0.103 2	0.862 7	****	0.813 7	0.813 7	0.852 9	0.813 7	0.218 3	0.852 9	0.784 3	0.676 5	0.676 5	0.715 7	0.696 1	0.676 5	0.607 8	0.637 3	0.705 9	0.735 3	0.745 1	0.754 9	0.754 9	
SCZJ-5	0.218 3	0.206 1	0.206 1	0.206 1	****	0.242 9	0.170 6	0.194 2	0.159 1	0.194 2														
SCZJ-6	0.125 2	0.114 1	0.182 3	0.206 1	0.784 3	****	0.862 7	0.843 1	0.206 1	0.823 5	0.813 7	0.725 5	0.696 1	0.696 1	0.676 5	0.656 9	0.696 1	0.676 5	0.656 9	0.754 9	0.764 9	0.784 3	0.794 1	0.705 9
SCZJ-7	0.081 7	0.092 4	0.114 1	0.159 1	0.843 1	0.147 6	****	0.803 9	0.114 1	0.862 7	0.794 1	0.647 1	0.637 1	0.617 6	0.598 5	0.656 9	0.549	0.578 4	0.578 4	0.715 7	0.725 5	0.735 3	0.745 1	0.705 9
SCZJ-8	0.147 6	0.136 3	0.230 5	0.206 1	0.823 5	0.170 6	0.218 3	****	0.206 1	0.125 2	0.813 7	0.705 9	0.676 5	0.735 3	0.637 1	0.696 1	0.666 7	0.676 5	0.637 3	0.715 7	0.754 9	0.764 7	0.774 5	0.725 5
SCZJ-9	0.872 5	0.862 7	0.843 1	0.803 9	0.852 9	0.813 7	0.892 2	0.813 7	****	0.892 2	0.764 7	0.637 3	0.647 1	0.627 5	0.647 1	0.705 9	0.578 4	0.627 5	0.607 8	0.715 7	0.676 5	0.696 1	0.745 1	0.754 9
SCZJ-10	0.125 2	0.136 3	0.136 3	0.159 1	0.823 5	0.194 2	0.147 6	0.114 1	0.892 2	****	0.794 1	0.647 1	0.656 9	0.676 5	0.637 3	0.686 3	0.676 5	0.686 3	0.676 5	0.637 3	0.686 3	0.647 1		
SCPC	0.230 5	0.242 9	0.218 3	0.242 9	0.182 3	0.206 1	0.230 5	0.206 1	0.230 5	0.230 5	****	0.696 1	0.666 7	0.666 7	0.656 9	0.833 3	0.715 7	0.705 9	0.676 5	0.715 7	0.735 3	0.686 3	0.735 3	0.686 3
NMCF	0.348 3	0.334 5	0.450 6	0.390 9	0.376 5	0.320 9	0.435 3	0.348 3	0.450 6	0.435 3	0.362 3	****	0.852 9	0.872 5	0.833 3	0.715 7	0.705 9	0.676 5	0.715 7	0.735 3	0.686 3	0.735 3	0.686 3	0.647 1
SXJX													****											
HBAG														****										
SXQW															****									
SDHZ-1																****								
SDHZ-2																	****							
SDHZ-3																		****						
SDHZ-4																			****					
AHBZ-1																				****				
AHBZ-2																					****			
AHBZ-3	0.281 2	0.268 3	0.294 2	0.348 3	0.255 5	0.230 5	0.307 5	0.281 2	0.268 3	0.348 3	0.281 2	0.242 9	0.268 3							0.103 2	0.092 4	****	0.951	0.813 7
AHBZ-4	0.268 3	0.255 5	0.281 2	0.334 5	0.242 9	0.242 9	0.294 2	0.268 3	0.255 5	0.348 3	0.255 5	0.268 3	0.281 2							0.114	0.060 6	0.050 2	****	0.803 9
ZJPA	0.268 3	0.281 2	0.281 2	0.307 5	0.320 9	0.348 3	0.320 9	0.281 2	0.268 3	0.348 3	0.320 9	0.307 5	0.362 3							0.334 5	0.294 2	0.206 1	0.218 3	****

注：材料编码同表2-10；对角线上方为遗传一致度，下方为遗传距离。

芍药

表 2-12 不同产区芍药间遗传一致度和遗传距离（续）

样品	SCZJ-1	SCZJ-2	SCZJ-3	SCZJ-4	SCZJ-5	SCZJ-6	SCZJ-7	SCZJ-8	SCZJ-9	SCZJ-10	SCPC	NMCF	SXJX	HBAG	SXQW	SDHZ-1	SDHZ-2	SDHZ-3	SDHZ-4	AHBZ-1	AHBZ-2	AHBZ-3	AHBZ-4	ZJPA
SXJX		0.4203	0.4055	0.3765	0.3075	0.3623	0.4506	0.3909	0.4353	0.4203	0.4055	0.1591	****	0.8824	0.8431	0.7255	0.6961	0.6667	0.7059	0.7647	0.7353	0.6765		
HBAG	0.3623	0.3483	0.4055	0.3483	0.4203	0.3623	0.4818	0.3079	0.4051	0.3909	0.4055	0.1363	0.1252	****	0.8627	0.6667	0.6569	0.6471	0.6275	0.6863	0.6961	0.7059	0.6961	0.6765
SXQW		0.4203	0.4055	0.4661	0.3765	0.4203	0.3903	0.4506	0.4661	0.4503	0.4503	0.3623	0.4053	0.3483	****	0.7059	0.6961	0.6863	0.6471	0.7059	0.6569	0.7255	0.6769	0.6569
SDHZ-1	0.4506	0.4353	0.4353	0.4978	0.2812	0.4203	0.4055	0.3345	0.3209	0.4053	0.4055	0.3343	0.3209	0.4055	0.3483	****	0.8333	0.7843	0.7647	0.7451	0.7549	0.7843	0.7745	0.6961
SDHZ-2	0.5645	0.5474	0.5474	0.5819	0.4355	0.3765	0.5996	0.4055	0.5474	0.3906	0.3623	0.3483	0.3623	0.4203	0.3623	0.1823	****	0.9314	0.8922	0.7549	0.7059	0.7549	0.7843	0.7745
SDHZ-3	0.4978	0.4978	0.5306	0.3909	0.3345	0.5474	0.3909	0.4661	0.3909	0.3765	0.3905	0.4353	0.3483	0.4203	0.3765	0.2429	0.0711	****	0.9216	0.8039	0.7549	0.7843	0.7745	
SDHZ-4	0.5474	0.5306	0.4978	0.5996	0.3909	0.3623	0.5474	0.4506	0.4978	0.4818	0.4055	0.3345	0.3483	0.4661	0.4353	0.2683	0.1141	0.0817	****	0.8431	0.7745	0.7647	0.7549	0.6961
AHBZ-1	0.3209	0.3483	0.4055	0.2812	0.2305	0.3345	0.2812	0.3209	0.3623	0.3075	0.3483	0.3075	0.2429	0.3765	0.2812	0.2942	0.2812	0.2183	0.1706	****	0.9118	0.902	0.8922	0.7157
AHBZ-2	0.2942	0.2812	0.3075	0.3909	0.2683	0.2429	0.3209	0.2812	0.2942	0.3765	0.3075	0.2683	0.3075	0.2812	0.3623	0.2812	0.3483	0.2812	0.2555	0.0924	****	0.9114	0.9412	0.7451
AHBZ-3		0.2812	0.2683	0.2942	0.3483	0.2555	0.2305	0.3075	0.2683	0.2812	0.3765	0.3075	0.2683	0.3075	0.2683	0.3483	0.3209	0.2429	0.2683	0.1032	0.0924	****	0.951	0.8137
AHBZ-4		0.2683	0.2555	0.2812	0.3345	0.2429	0.2942	0.2683	0.2555	0.2683	0.3909	0.3075	0.2683	0.3075	0.2555	0.3483	0.3075	0.2555	0.2812	0.1141	0.0606	0.0503	****	0.8039
ZJPA					0.2683	0.2812	0.2812	0.3075	0.3209	0.3483	0.3483	0.4506	0.4353	0.3909	0.3909	0.4203	0.3209	0.3075	0.3623	0.3345	0.2942	0.2063	0.2183	****

注：材料编码同表 2-10；对角线上方为遗传一致度，下方为遗传距离。

四川中江（SCZJ-9）居群与其他居群间平均遗传一致度为 0.516 0，该居群与其他居群间平均遗传一致度相对较小，说明其与其他居群间遗传距离远、遗传一致度低、相似性程度小。安徽亳州（AHBZ-1～4）4 个居群与其他居群间平均遗传一致度在 0.756 6～0.775 4 范围内。安徽亳州 4 个居群（AHBZ-1～4）与其他居群间平均遗传一致度较大，说明其与其他居群间遗传距离近、遗传一致度高、相似性程度大。

在遗传距离中，四川中江（SCZJ-1、SCZJ-2）居群间遗传距离为 0.009 9；四川中江（SCZJ-1、SCZJ-3）居群间遗传距离为 0.071 1；安徽亳州（AHBZ-3、AHBZ-4）居群间遗传距离为 0.050 3；表明以上居群间遗传距离较近。

四川中江（SCZJ-7、SCZJ-9）居群间遗传距离为 0.892 2；四川中江（SCZJ-8、SCZJ-10）居群间遗传距离为 0.882 4；表明以上居群间遗传距离较远。

四川中江（SCZJ-9）居群与其他居群间平均遗传距离较大，为 0.530 0；安徽亳州（AHBZ-3、AHBZ-4）居群与其他居群间平均遗传距离较小，分别为 0.257 6、0.266 2。四川中江（SCZJ-9）居群间平均遗传距离较大，表明该居群与其他居群间遗传距离较远；安徽亳州（AHBZ-3、AHBZ-4）居群间平均遗传距离较小，表明这两个居群与其他居群间遗传距离较近。

综上，安徽亳州（AHBZ-3、AHBZ-4）居群与山东菏泽、浙江磐安、内蒙古赤峰、河北安国、山西绛县居群之间的遗传一致度较高，遗传距离较近，由于这两个居群处于安徽亳州，为我国白芍分布相对较广泛的区域，居群间遗传多样性高，居群间基因流扩散能力比较强，导致其与其他居群之间的遗传距离较近。四川中江（SCZJ-9）居群与安徽亳州、山东菏泽、浙江磐安居群之间的遗传一致度较低，遗传距离较远，该居群地处四川中江，长期的生长环境影响导致其不育并长期采用无性繁殖，与其他居群间的交流能力不强，导致遗传距离较远。

2.4.5 聚类分析

运用 NTSYS2.1 构建样品基于 SCoT 的 UPGMA 聚类树状图，结果如图 2-15。结果表明，24 个居群两两之间的相似系数为 0.69～0.99，以相似系数 0.76 为阈值可将 24 个居群划分为 4 簇，四川中江 10 个居群（SCZJ-1～10）和四川平昌 1 个居群（SCPC）聚为第 I 簇；山西绛县（SXJX）、山西曲沃（SXQW）、河北安国（HBAG）和内蒙古赤峰（NMCF）聚为第 II 簇；山东菏泽 4 个居群（SDHZ-1～4）和安徽亳州 4 个居群（AHBZ-1～4）聚为第 III 簇；浙江磐安（ZJPA）单独聚为第 IV 簇。

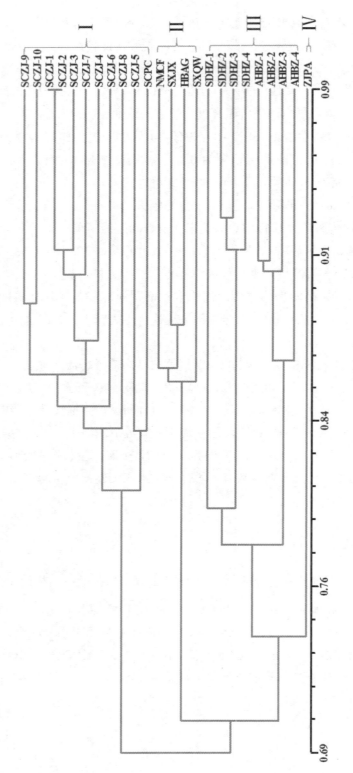

图 2-15 不同产区白芍基于 SCoT 分子标记的 UPGMA 聚类分析树状图

注：样品编号同表 2-10。

2.4.6 主坐标分析

主坐标分析（PCoA）是分析数据间差异或相似性的方法，可以直接看出个体或种群的差异。基于 OmicStudio tools 云平台，用主坐标分析法对不同产区芍药进行分析，建立空间位置二维图。

基于 SCoT 标记的主坐标分析结果如图 2-16。结果表明，第一个主坐标（PCoA1）解释了总变异的 43.91%，第二主坐标（PCoA2）解释了总变异的 20.3%，第Ⅰ组由四川中江（SCZJ-1～10）和四川平昌（SCPC）共 11 个居群组成，这 11 个居群地理位置均处于我国西南地区四川。第Ⅱ组由山西绛县（SXJX）、山西曲沃（SXQW）、河北安国（HBAG）、内蒙古赤峰（NMCF）共 4 个居群组成，这 4 个居群地理位置处于我国华北地区山西、河北、内蒙古。第Ⅲ组由安徽亳州（AHBZ-1～4）、山东菏泽（SDHZ-1～4）、浙江磐安（ZJPA）共 9 个居群组成，这 9 个居群地理位置处于我国华东地区浙江、安徽、山东。

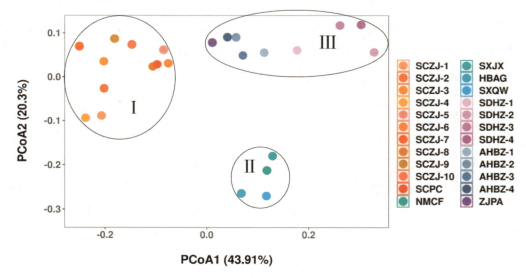

图 2-16 基于 SCoT 分子标记的主坐标分析

注：样品编号同表 2-10。

3

不同品系芍药抗逆性评价

由于川芍药只开花不结实，常采用芍头繁殖，长期单一的无性繁殖方式，以及品种选育工作滞后，只种不选，导致栽培群体混杂，严重影响了药材的产量和质量的稳定性。选育道地性强、药效明显、质量稳定的新品种是中药材产业可持续发展的基础，也是确保临床用药安全的根本。因此，开展优质、抗逆性强的芍药新品种的选育对川芍药的提纯复壮，保证其质量稳定、可控具有重要意义。

农业农村部发布的《非主要农作物品种登记指南》中特别指出，品种特性应包括品种的抗逆性和抗病性研究。四川芍药主要有白花和红花两种类型，在川芍药新品种选育工作中，本研究以选育的白花川芍药（CSY-B）和红花川芍药（CSY-H）新品系及引种亳芍药（BSY）和杭芍药（HSY）形成的稳定品系为研究对象，通过盐胁迫和碱胁迫处理，以及灰霉病和叶霉病病原菌接种，观察胁迫后芍药植株形态变化及测定相关生理生化指标，比较不同品系芍药在耐盐碱能力和抗病方面的差异，为川芍药新品种选育提供基础资料。

3.1 不同品系芍药对水分胁迫的抗性评价

水分胁迫处理：芍药土壤水的饱和质量分数为 33%，设置土壤水的质量分数为土壤水的饱和质量分数的 15%（土壤水的质量分数 4.95%，T1）、30%（土壤水的质量分数 9.90%，T2）、45%（土壤水的质量分数 14.85%，T3）和 60%（土壤水的质量分数 19.80%，T4）。此外还设置水淹没土层 50%（T5）和水淹没土层 100%（T6），试验共计 6 个梯度，以土壤水的质量分数 33% 为对照（CK），每个处理重复 3 次。

3.1.1 超氧化物歧化酶（SOD）活性测定

图 3-1 所示，SOD 活性随着水分胁迫的加重而逐渐升高。Duncan 方差分析结果表明，在 T1 处理条件下，杭芍药的 SOD 活性最低，且低于 CK，说明在该条件下杭芍药已经无法通过调节 SOD 活性来抵御外界的干旱胁迫。重度干旱胁迫条件（T1、T2）下，亳芍药的 SOD 活性高于其他 3 个芍药品系。T3 条件下两个川芍药 SOD 活性无显著差异（$P > 0.05$），杭芍药与亳芍药 SOD 活性无显著差异（$P > 0.05$）。T5 条件下两个川芍药 SOD 活性无显著差异（$P > 0.05$），杭芍药与亳芍药 SOD 活性无显著差异（$P > 0.05$）。T6 条件下红花川芍药、杭芍药与亳芍药 SOD 活性差异不显著。

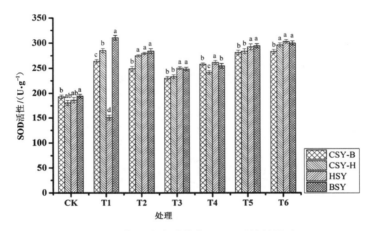

图 3-1　水分胁迫对芍药 SOD 活性的影响

注：不同小写字母表示同一条件下不同品系芍药之间差异显著（$P < 0.05$）。

3.1.2 活性测定

图 3-2 显示了 CAT 活性与水分胁迫的关系。无论是干旱胁迫还是涝胁迫，均可以使 4 个品系芍药幼苗的 CAT 活性高于 CK 组。重度干旱条件（T1、T2）下的 CAT 活性最高，其次是轻度干旱（T3、T4），涝胁迫条件（T5、T6）下对 CAT 活性影响最低。轻度干旱条件（T3、T4）下亳芍药 CAT 活性则显著高于其他 3 个品系芍药（$P < 0.05$）。涝胁迫时，4 个品系芍药的 CAT 活性均存在显著差异（$P < 0.05$）。

3.1.3 丙二醛（MDA）浓度测定

图 3-3 所示，4 个品系芍药幼苗在受到水分胁迫时，其 MDA 浓度均高于其 CK 组。Duncan 方差分析显示，重度干旱胁迫条件（T1、T2）下，4 个品系芍药幼苗 MDA 浓度最高，T2 条件下两个川芍药品系与杭芍药 MDA 浓度无显著差异（$P > 0.05$），轻度干

旱胁迫与涝胁迫时，4 个品系芍药 MDA 浓度变化不明显，T6 条件下 4 个品系芍药 MDA 浓度差异不显著（$P > 0.05$）。

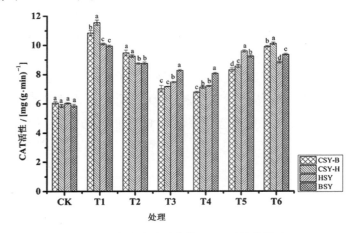

图 3-2　水分胁迫对芍药 CAT 活性的影响

注：不同小写字母表示同一条件下不同品系芍药之间差异显著（$P < 0.05$）。

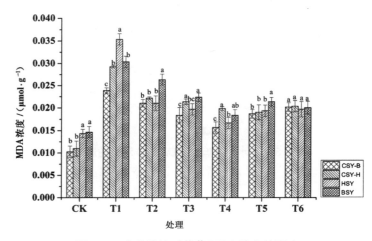

图 3-3　水分胁迫对芍药 MDA 浓度的影响

注：不同小写字母表示同一条件下不同品系芍药之间差异显著（$P < 0.05$）。

3.1.4 总酚酸质量分数测定

根据总酚酸标准曲线（$y=3.82x-0.026$，$r=0.999\,1$）计算水分胁迫芍药叶片总酚酸质量分数。图 3-4 所示，4 个品系芍药总酚酸质量分数在重度干旱（T1、T2）胁迫时质量分数有所下降，仅为 CK 组的一半左右。轻度干旱胁迫（T3、T4）与涝胁迫（T5、T6）条件下的总酚酸质量分数略低于 CK 组，表明在此条件下，芍药细胞受过氧化伤害较小。此外，在 T4、T5、T6 条件下，红花川芍药的酚酸质量分数显著高于其他 3 个品系（$P < 0.05$）。

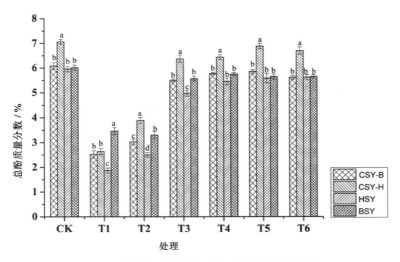

图 3-4 水分胁迫对芍药总酚酸质量分数的影响

注：不同小写字母表示同一条件下不同品系芍药之间差异显著（$P < 0.05$）。

3.1.5 可溶性蛋白质量分数测定

根据蛋白标准曲线（$y=1.72x+0.013$，$r=0.998\,4$）计算水分胁迫芍药叶片可溶性蛋白质量分数。水分胁迫对 4 个品系芍药均有一定的影响（图 3-5），随着胁迫程度的不断加重，其可溶性蛋白质量分数均有不同程度的增加。T1 条件下，芍药幼苗可溶性蛋白质量分数最高。T5 条件下，4 个品系芍药可溶性蛋白质量分数与 CK 组接近，表明此时的芍药细胞失水不严重。T6 条件时，4 个品系芍药的可溶性蛋白质量分数差异不显著（$P > 0.05$）。

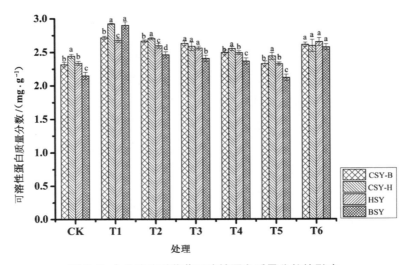

图 3-5 水分胁迫对芍药可溶性蛋白质量分数的影响

注：不同小写字母表示同一条件下不同品系芍药之间差异显著（$P < 0.05$）。

3.1.6 可溶性糖质量分数测定

根据葡萄糖标准曲线（$y=6.02x-0.037$，$r=0.999\ 0$）计算水分胁迫芍药叶片可溶性糖质量分数。水分胁迫均使芍药幼苗可溶性糖质量分数上升，在 T1 条件下达到最大，且杭芍药可溶性糖质量分数显著高于其他品系（$P<0.05$）。T1、T2 条件下可溶性糖质量分数高于其他处理，其次为涝胁迫处理组（T5、T6），轻度干旱（T3、T4）处理时可溶性糖质量分数最低（图 3-6）。

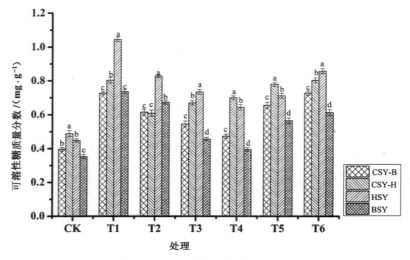

图 3-6 水分胁迫对芍药可溶性糖质量分数的影响

注：不同小写字母表示同一条件下不同品系芍药之间差异显著（$P<0.05$）。

3.1.7 脯氨酸质量分数测定

脯氨酸对于维持细胞水分有着极其重要的作用，根据脯氨酸标准曲线（$y=4.81x-0.025$，$r=0.998\ 1$）计算水分胁迫芍药叶片脯氨酸质量分数。水分胁迫对 4 个品系芍药幼苗脯氨酸质量分数如图 3-7 所示。CK 组的 4 个品系芍药脯氨酸质量分数均在 0.05% 以下，重度干旱（T1、T2）时，两个品系川芍药及亳芍药脯氨酸质量分数增长了 10～12 倍，杭芍药则增长了 4 倍以上，且杭芍药脯氨酸质量分数显著低于其他品系脯氨酸质量分数（$P<0.05$）。轻度干旱胁迫（T3、T4）和涝胁迫（T5、T6）与重度干旱胁迫相比，脯氨酸质量分数降低，但仍高于 CK 组，表明此时的细胞受不同程度的失水影响。

3.1.8 叶绿素质量分数测定

水分胁迫对 4 个品系芍药幼苗叶绿素质量分数的影响如图 3-8 所示。随着胁迫程度的加强，其叶绿素质量分数逐渐下降。杭芍药在各个处理条件下，其叶绿素质量分数均显著低于其他品系芍药（$P < 0.05$），T1 条件下杭芍药叶绿素质量分数仅为 0.095 mg/g 左右，此时叶片严重萎缩，呈现枯黄色，其光合作用受到严重影响。总体来看，涝胁迫对芍药幼苗叶绿素质量分数影响小于干旱胁迫。

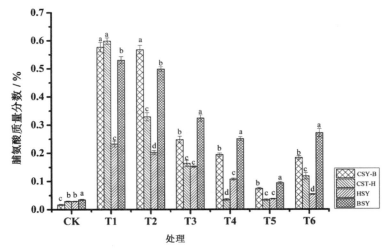

图 3-7　水分胁迫对芍药脯氨酸质量分数的影响

注：不同小写字母表示同一条件下不同品系芍药之间差异显著（$P < 0.05$）。

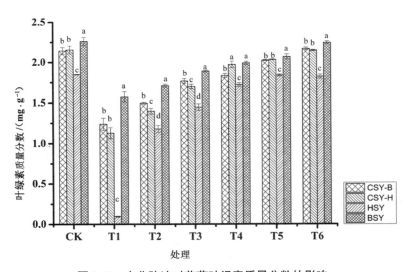

图 3-8　水分胁迫对芍药叶绿素质量分数的影响

注：不同小写字母表示同一条件下不同品系芍药之间差异显著（$P < 0.05$）。

3.1.9 综合评价

对 SOD、CAT 活性，MDA、总酚酸、可溶性蛋白、可溶性糖、脯氨酸及叶绿素质量分数进行主成分分析（表 3-1），结果表明前 3 个主成分贡献率达到 86.765%，因此以前 3 个主成分评价各品系芍药抗水分胁迫能力。经分析，4 个品系芍药抗水分胁迫强弱排序为：亳芍药＞白花川芍药＞杭芍药＞红花川芍药（表 3-2）。

表 3-1 水分胁迫下 4 个品系芍药生理指标特征根及贡献率

主成分	初始特征值			提取平方和载入		
	特征根	贡献率 /%	累积贡献率 /%	特征根	贡献率 /%	累积贡献率 /%
1	3.472	43.397	43.397	3.472	43.397	43.397
2	1.539	19.244	62.641	1.539	19.244	62.641
3	1.130	14.124	86.765	1.130	14.124	86.765
4	0.956	11.955	88.720			
5	0.510	6.369	95.089			
6	0.188	2.354	97.443			
7	0.165	2.066	99.509			
8	0.039	0.491	100.000			

表 3-2 4 个品系芍药抗水分胁迫综合评价

品系	主成分 1	主成分 2	主成分 3	综合得分	排名
CSY-B	2.012 845	6.525 154	-2.940 240	2.232 265	2
CSY-H	-2.737 750	-9.122 600	4.872 306	-2.937 540	4
HSY	-2.084 640	0.949 822	-6.252 430	-2.091 080	3
BSY	2.809 546	1.647 627	4.320 358	2.796 360	1

3.2 不同品系芍药对盐胁迫的抗性评价

3.2.1 不同品系芍药对单盐胁迫的抗性评价

单盐胁迫材料处理：设置盐（NaCl）浓度分别为 50 mmol/L（S1）、100 mmol/L（S2）、200 mmol/L（S3）、300 mmol/L（S4）、400 mmol/L（S5）和 500 mmol/L（S6）。6 个处理组每 3 d 浇灌 200 mL，盆底部漏出的溶液倒回。以蒸馏水为对照（CK），每个处理重复 3 次。

3.2.1.1 SOD 活性测定

如图 3-9 所示，SOD 活性随着盐浓度升高而升高。盐浓度为 S1 和 S2 时，酶活上升较慢，当盐浓度达到 S3 时，SOD 活性上升较快，至高浓度盐胁迫时（S5、S6），SOD 活性基本不再变化，且 4 个品系芍药中杭芍药 SOD 活性最高，白花川芍药 SOD 活性最低，经 Duncan 方差分析，4 个品系芍药 SOD 活性具有显著差异（$P < 0.05$）。

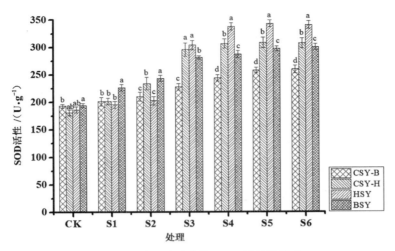

图 3-9　盐胁迫对芍药 SOD 活性的影响

注：不同小写字母表示同一条件下不同品系芍药之间差异显著（$P < 0.05$）。

3.2.1.2 CAT 活性测定

由图 3-10 可知，CAT 活性随盐浓度的升高而升高。在 S1 和 S2 浓度时，CAT 活性上升缓慢，当盐浓度达到 S3 时 CAT 活性迅速升高，表明此时盐浓度已经对芍药幼苗有了较大的伤害，导致其 CAT 酶活性升高。盐浓度达到 S5 和 S6 时，CAT 活性几乎不再变化。

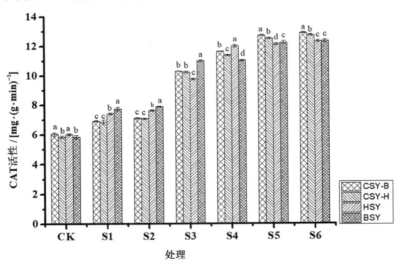

图 3-10　盐胁迫对芍药 CAT 活性的影响

注：不同小写字母表示同一条件下不同品系芍药之间差异显著（$P < 0.05$）。

3.2.1.3 MDA 浓度测定

随着盐浓度升高，芍药幼苗脂质过氧化程度不断加深，MDA 浓度不断升高（图3-11）。S1、S2 和 S3 条件处理下 MDA 浓度基本不变，当盐浓度由 S3 时升高至 S4 和

S5 时，MDA 浓度迅速升高，盐浓度达到 S5 和 S6，芍药幼苗 MDA 浓度达到最大值，此时 MDA 浓度是 CK 组的 2 倍以上，植物细胞过氧化作用最强。

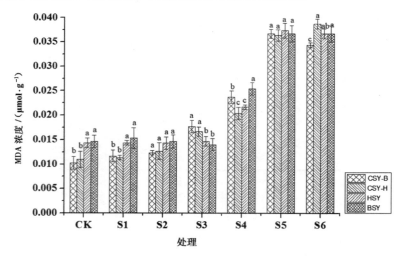

图 3-11　盐胁迫对芍药 MDA 浓度的影响

注：不同小写字母表示同一条件下不同品系芍药之间差异显著（$P < 0.05$）。

3.2.1.4 总酚酸质量分数测定

随着盐浓度的升高，芍药幼苗总酚酸质量分数总体上逐渐降低（图 3-12）。当盐浓度为 S1 时，白花川芍药、亳芍药和杭芍药总酚酸质量分数略有上升，但差异不显著（$P > 0.05$），可能是由于低浓度盐可以促进酚类物质的合成所致。此后随着盐浓度继续升高，总酚酸质量分数逐渐下降。当盐浓度达到 S6 时，4 个品系芍药总酚酸质量分数均下降到最低值。

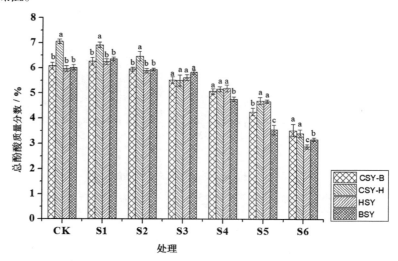

图 3-12　盐胁迫对芍药总酚酸质量分数的影响

注：不同小写字母表示同一条件下不同品系芍药之间差异显著（$P < 0.05$）。

3.2.1.5 可溶性蛋白质量分数测定

图 3–13 显示了盐浓度对可溶性蛋白的影响。可溶性蛋白质量分数随着盐浓度的升高而升高。盐浓度为 S1 和 S2 时，可溶性蛋白质量分数几乎不变，高浓度盐时，芍药幼苗可溶性蛋白质量分数上升较快，表明低浓度盐胁迫对芍药细胞造成的损伤较小，细胞含水量维持在一个相对正常的水平内。高浓度盐胁迫下，芍药细胞含水量降低，导致可溶性蛋白质量分数增加。

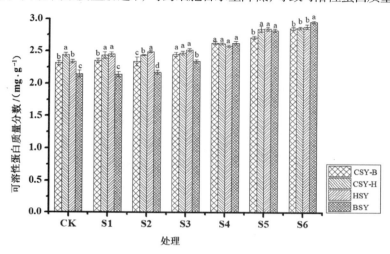

图 3–13　盐胁迫对芍药可溶性蛋白质量分数的影响

注：不同小写字母表示同一条件下不同品系芍药之间差异显著（$P < 0.05$）。

3.2.1.6 可溶性糖质量分数测定

由图 3–14 可知，当盐浓度为 S1 和 S2 时，可溶性糖质量分数上升缓慢，当盐浓度升高至 S4 时，土壤水势下降，芍药细胞吸水困难，为降低细胞水势，可溶性糖质量分数

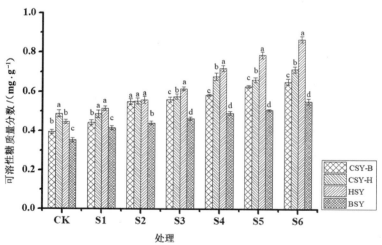

图 3–14　盐胁迫对芍药可溶性糖质量分数的影响

注：不同小写字母表示同一条件下不同品系芍药之间差异显著（$P < 0.05$）。

迅速上升。Duncan 方差分析结果表明，高浓度盐胁迫条件下（S5、S6），杭芍药可溶性糖质量分数显著高于其他品系（$P < 0.05$）。

3.2.1.7 脯氨酸质量分数测定

由图 3-15 可知，芍药幼苗脯氨酸质量分数随着盐浓度升高而升高。盐浓度为 S1 时脯氨酸质量分数与 CK 组接近。当盐浓度由 S2 升高至 S6 时，芍药幼苗脯氨酸质量分数迅速升高，并在 T6 条件下达到最大值，约为 CK 组的 14 倍。Duncan 方差分析结果表明，此时 4 个芍药品系之间差异显著。

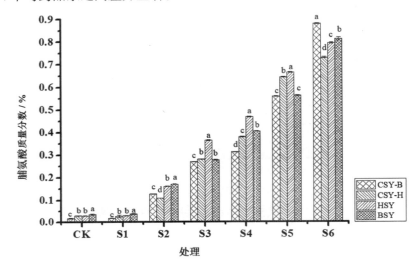

图 3-15　盐胁迫对芍药脯氨酸质量分数的影响

注：不同小写字母表示同一条件下不同品系芍药之间差异显著（$P < 0.05$）。

3.2.1.8 叶绿素质量分数测定

如图 3-16 所示，高浓度盐处理下叶绿素质量分数明显降低。当盐浓度为 S1 时，叶绿素质量分数较 CK 组略有上升，此后随着盐浓度升高，其叶绿素质量分数逐渐下降，说明低浓度的盐胁迫有利于提高植物光合作用，但高浓度盐胁迫仍会抑制叶绿素合成。同一盐浓度下亳芍药叶绿素显著高于其他品系（$P < 0.05$），当盐浓度达到 S6 时，两个川芍药品系叶绿素质量分数差异不显著。

3.2.1.9 综合评价

对 SOD、CAT 活性，MDA、总酚酸、可溶性蛋白、可溶性糖、脯氨酸及叶绿素质量分数进行主成分分析（表 3-3），结果表明前两个主成分贡献率达到 82.903%，因此以前两个主成分评价各品系芍药的抗水分胁迫能力。经分析，4 个品系芍药抗盐胁迫能力强弱排序为：杭芍药＞亳芍药＞白花川芍药＞红花川芍药（表 3-4）。

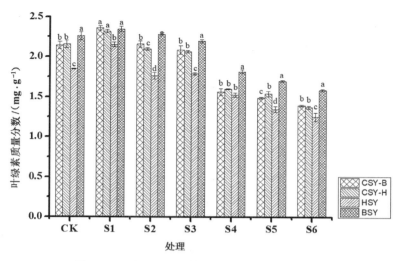

图 3-16　盐胁迫对芍药叶绿素质量分数的影响

注：不同小写字母表示同一条件下不同品系芍药之间差异显著（$P < 0.05$）。

表 3-3　盐胁迫下 4 个品系芍药生理指标特征根及贡献率

主成分	初始特征值			提取平方和载入		
	特征根	贡献率 /%	累积贡献率 /%	特征根	贡献率 /%	累积贡献率 /%
1	4.475	55.931	55.931	4.475	55.931	55.931
2	1.838	22.971	82.903	1.838	22.971	82.903
3	0.940	11.754	90.656			
4	0.355	4.433	95.089			
5	0.177	2.207	97.297			
6	0.143	1.782	99.078			
7	0.051	0.635	99.713			
8	0.023	0.287	100.000			

表 3-4　4 个品系芍药抗盐胁迫综合评价

品系	主成分 1	主成分 2	综合得分	排名
CSY-B	-1.142 34	2.548 81	-0.07	3
CSY-H	-0.860 89	-9.713 35	-3.44	4
HSY	2.646 10	1.475 52	2.30	1
BSY	-0.642 88	5.689 02	1.19	2

3.2.2 不同品系芍药对复合盐胁迫的抗性评价

采用盆栽试验模拟符合盐胁迫，培养盆为下底直径 18 cm，上口直径 25 cm，高

27.5 cm 的塑料培养盆，盆底铺层沙砾，底部有接水盘，每盆土壤 3 kg，种植大小及芽数一致的芍头，待次年幼苗绿叶完全展开时予以胁迫处理。

参考 Li 等（2010）的方法，模拟自然条件下的盐碱地，将 2 种中性盐 Na_2SO_4、NaCl 按 1：1 的摩尔比，分别配置成总盐浓度为 100 mmol/L、200 mmol/L、300 mmol/L 和 400 mmol/L 的盐液，以蒸馏水为对照（CK）。

胁迫开始计为第 0 d，每 3 d 浇灌 300 mL 盐液，盆底露出的溶液倒回盆中，第 15 d 最后一次浇灌。试验设 3 次重复，取平均值。第 18 d 观测 4 个品系芍药的表型性状，记录得分，并采集叶片放入 −80℃冰箱中保存，测定其脯氨酸、可溶性糖、SOD、过氧化物酶（POD）活性及叶绿素、丙二醛质量分数。运用 Excel 2016 进行数据整理，结合 SPSS 22.0 进行显著性分析、方差分析和主成分分析，运用 Origin 9.1 进行绘图。

参考王琪等（2013）的评价系统，根据盐碱胁迫对芍药的伤害程度将芍药表型性状分为 5 个等级（表 3-5）。

表 3-5　盐碱胁迫条件下芍药表型性状的评价体系

级数	植株外部形态	得分
Ⅰ	无明显胁迫症状	1
Ⅱ	少部分叶片萎蔫下垂，叶尖、叶缘变黄	2
Ⅲ	约 1/2 叶片叶尖、叶缘变黄，卷曲发干	3
Ⅳ	大部分叶片卷曲干枯	4
Ⅴ	叶枯、枝枯直至整棵植株死亡	5

3.2.2.1 表型性状测定

根据受害程度将 4 个品系芍药表型性状分为不同等级，计算平均得分，得分越高表明芍药受损害程度越大。结果表明，随着盐胁迫的加重，芍药叶片下垂，叶尖、叶缘褪绿或变黄。盐胁迫对芍药表型性状的影响如图 3-17 所示。随着盐浓度的增加，芍药表型性状得分逐渐增加。当盐浓度为 100 mmol/L 和 200 mmol/L 时，各品系芍药表型性状没有显著变化（$P > 0.05$），当盐浓度升至 300 mmol/L 和 400 mmol/L 时，其表型性状得分显著增加（$P < 0.05$）。当盐浓

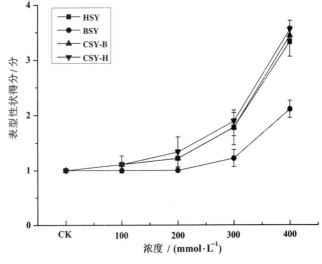

图 3-17　盐胁迫对芍药表型性状的影响

度为 200 mmol/L、300 mmol/L 和 400 mmol/L 时，杭芍药、白花川芍药和红花川芍药得分显著高于亳芍药（$P < 0.05$），说明杭芍药和川芍药受害程度高于亳芍药。

3.2.2.2 叶片生理特性测定

（1）脯氨酸和可溶性糖质量分数测定

盐胁迫对芍药叶片脯氨酸质量分数的影响如图 3-18A 所示。随着盐浓度的增加，杭芍药、亳芍药、白花川芍药和红花川芍药脯氨酸质量分数逐渐上升。杭芍药、亳芍药、白花川芍药和红花川芍药的脯氨酸质量分数在 100 mmol/L 处理时，与 CK 组没有显著差异（$P > 0.05$），在 200～400 mmol/L 处理时，其脯氨酸质量分数显著上升（$P < 0.05$）。高浓度（300 mmol/L 和 400 mmol/L）处理下，杭芍药和亳芍药脯氨酸质量分数显著高于白花川芍药和红花川芍药。

盐胁迫对芍药叶片可溶性糖质量分数的影响如图 3-18B 所示。盐胁迫处理后，杭芍药和红花川芍药可溶性糖质量分数呈上升趋势，亳芍药和白花川芍药则先升后降。亳芍药和白花川芍药可溶性糖质量分数在 300 mmol/L 处理时最高，在 400 mmol/L 处理时下降，但显著高于 CK 组（$P < 0.05$）。在高浓度（300 mmol/L 和 400 mmol/L）处理下，红花川芍药可溶性糖质量分数显著高于杭芍药、亳芍药和白花川芍药（$P < 0.05$）。

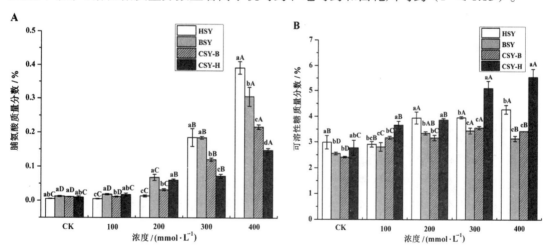

图 3-18　盐胁迫对芍药叶片脯氨酸质量分数（A）和可溶性糖质量分数（B）的影响

注：不同小写字母表示同一条件下不同品系芍药之间差异显著（$P < 0.05$），不同大写字母表示同一品系芍药不同浓度处理间差异显著（$P < 0.05$）。

（2）SOD 和 POD 活性测定

盐胁迫对芍药叶片 SOD 活性的影响如图 3-19A 所示。随着盐浓度的增加，杭芍药叶片 SOD 活性逐渐增强，亳芍药、白花川芍药和红花川芍药则先升后降。白花川芍药和红花川芍药 SOD 活性分别在 200 mmol/L 和 300 mmol/L 处理时最大，显著高于 CK 组（$P < 0.05$），在 400 mmol/L 处理时与 CK 组无显著差异（$P > 0.05$）。亳芍药 SOD 活性在

300 mmol/L 处理时最大,在 400 mmol/L 处理时有所下降,但显著高于 CK 组($P < 0.05$)。在高浓度(300 mmol/L 和 400 mmol/L)处理下,杭芍药和亳芍药能保持较高 SOD 活性。

盐胁迫对芍药叶片 POD 活性的影响如图 3-19B 所示。总体来说,随着盐浓度的增加,芍药叶片 POD 活性先下降后上升。杭芍药、亳芍药和白花川芍药 POD 活性在盐浓度为 200 mmol/L 时达到最低值,随后开始上升,在 400 mmol/L 时达到最大值。红花川芍药 POD 活性在 100 mmol/L 处理时显著增强($P < 0.05$),随后趋于平缓,在 400 mmol/L 处理时又显著升高($P < 0.05$)。在低盐浓度(100 mmol/L 和 200 mmol/L)处理下,白花川芍药 POD 活性低于其他品系芍药,而在高浓度(300 mmol/L 和 400 mmol/L)处理下高于其他品系芍药。

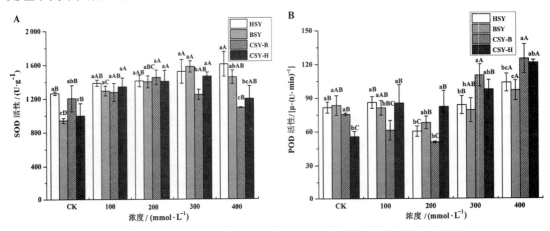

图 3-19　盐胁迫对芍药叶片 SOD 活性(A)和 POD 活性(B)的影响

注:不同小写字母表示同一条件下不同品系芍药之间差异显著($P < 0.05$),不同大写字母表示同一品系芍药不同浓度处理间差异显著($P < 0.05$)。

（3）叶绿素质量分数测定

盐胁迫对芍药叶片叶绿素质量分数的影响如图 3-20 所示。随着盐浓度的增加,亳芍药、白花川芍药和红花川芍药叶绿素质量分数逐渐下降,杭芍药的叶绿素质量分数先降低后升高。亳芍药叶绿素质量分数在低浓度(100 mmol/L 和 200 mmol/L)处理下与CK 组没有显著差异($P > 0.05$),杭芍药、白花川芍药和红花川芍药叶绿素质量分数在低浓度(100 mmol/L 和 200 mmol/L)处理下显著低于 CK 组($P < 0.05$)。当盐浓度为 400 mmol/L 时,杭芍药、亳芍药、白花川芍药和红花川芍药叶绿素质量分数较 CK 组分别下降了 13.18%、12.16%、14.17% 和 20.07%。

（4）MDA 浓度测定

盐胁迫对芍药叶片 MDA 浓度的影响如图 3-21 所示。随盐浓度的增加,杭芍药、亳芍药、白花川芍药和红花川芍药 MDA 浓度逐渐上升。杭芍药和红花川芍药 MDA 浓度在 400 mmol/L 时显著增加($P < 0.05$),而 100 mmol/L、200 mmol/L 和 300 mmol/L 处理

组与 CK 组差异不显著（$P > 0.05$）。亳芍药和白花川芍药 MDA 质量分数在 200 mmol/L、300 mmol/L 和 400 mmol/L 处理时显著高于 CK 组（$P < 0.05$），但 200 mmol/L、300 mmol/L 和 400 mmol/L 处理组之间无显著差异（$P > 0.05$）。当盐浓度为 400 mmol/L 时，杭芍药、亳芍药、白花川芍药和红花川芍药的 MDA 浓度较 CK 组分别上升了 40.37%、28.45%、38.72% 和 59.84%。

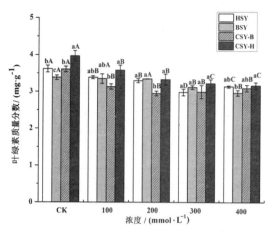

图 3-20　盐胁迫对芍药叶片叶绿素质量分数的影响
　　注：不同小写字母表示同一条件下不同品系芍药之间差异显著（$P < 0.05$），不同大写字母表示同一品系芍药不同浓度处理间差异显著（$P < 0.05$）。

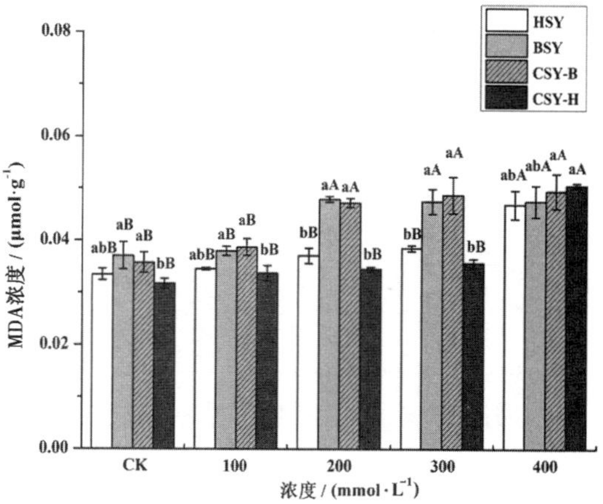

图 3-21　盐胁迫对芍药叶片 MDA 浓度的影响
　　注：不同小写字母表示同一条件下不同品系芍药之间差异显著（$P < 0.05$），不同大写字母表示同一品系芍药不同浓度处理间差异显著（$P < 0.05$）。

3.2.2.3 综合评价

　　对 4 个不同品系芍药耐盐胁迫的表型性状和生理指标进行主成分分析。由表 3-6 和表 3-7 可知，主成分分析提取了 3 个主成分，其累计贡献率达到 87.825%，说明前 3 项主成分能够反映 4 个品系芍药的耐盐情况。其中，第一主成分贡献率为 55.708%，包含表型性状、脯氨酸、可溶性糖和 POD 这 4 项指标；第二主成分贡献率为 19.204%，包含叶绿素和 MDA 这 2 项指标；第三主成分贡献率为 12.913%，包含 SOD 这 1 项指标。上

表 3-6　各成分的特征根及贡献率

主成分	初始特征值			提取平方和载入		
	特征值	贡献率 /%	累计贡献率 /%	特征值	贡献率 /%	累计贡献率 /%
1	3.900	55.708	55.708	3.900	55.708	55.708
2	1.344	19.204	74.912	1.344	19.204	74.912
3	1.004	12.913	87.825	1.004	12.913	87.825
4	0.357	5.103	92.928			
5	0.274	3.911	96.839			
6	0.168	2.397	99.236			
7	0.053	0.764	100.000			

述 3 个主成分所包含的表型性状、叶绿素、MDA、脯氨酸、可溶性糖、SOD 和 POD 这 7 项指标可作为芍药耐盐性的主要分析指标。

表 3-7　方差旋转因子载荷矩阵

指标	因子		
	因子 1	因子 2	因子 3
表型性状	0.912	0.323	0.015
叶绿素	−0.237	−0.783	−0.381
MDA	0.253	0.914	0.055
脯氨酸	0.784	0.445	0.212
可溶性糖	0.757	−0.098	0.551
SOD	−0.037	0.287	0.913
POD	0.865	0.228	−0.180

采用隶属函数对不同品系芍药的表型性状和生理指标进行耐盐胁迫综合评价，结果如表 3-8 所示。芍药耐盐胁迫能力强弱排序为：亳芍药＞杭芍药＞白花川芍药＞红花川芍药，这与表型性状观测的结果一致。

表 3-8　隶属函数值及综合排名

品系名	隶属函数值							综合评价	排名
	表型性状	叶绿素	MDA	脯氨酸	可溶性糖	SOD	POD		
HSY	0.667	0.495	0.552	0.445	0.519	0.539	0.522	0.534	2
BSY	0.799	0.459	0.485	0.481	0.505	0.598	0.494	0.546	1
CSY-B	0.567	0.505	0.423	0.543	0.482	0.508	0.498	0.504	3
CSY-H	0.568	0.458	0.453	0.509	0.543	0.341	0.502	0.482	4

3.3 不同品系芍药对碱胁迫的抗性评价

采用盆栽试验模拟碱胁迫，将 2 种碱性盐 Na_2CO_3、$NaHCO_3$ 按 1∶1 摩尔比，配置成总盐浓度为 100 mmol/L、200 mmol/L、300 mmol/L 和 400 mmol/L 的碱液。试验材料盆栽、碱胁迫处理、生理生化指标测定、表型评价及数据处理与作图同盐胁迫。

3.3.1 表型性状测定

碱胁迫对芍药表型性状的影响如图 3-22 所示。随着碱胁迫的加重，芍药表型性状得分呈上升趋势。在 100 mmol/L 碱胁迫处理时，各品系芍药的表型性状得分无显著差异，且与 CK 组相比均无显著增加（$P > 0.05$），说明低浓度碱胁迫对芍药的损害不大。杭芍药、白花川芍药和红花川芍药在 200 mmol/L 处理时，其表型性状得分开始显著增加，且得分均显著高于亳芍药（$P < 0.05$）。亳芍药在 300 mmol/L 处理时，其表型性状得分开始显著增加（$P < 0.05$）。由此可见，高浓度碱胁迫对芍药的危害极大，导致芍药叶片卷曲发干，严重影响芍药正常生长，相对而言亳芍药在相同碱胁迫处理下受损伤程度较低。

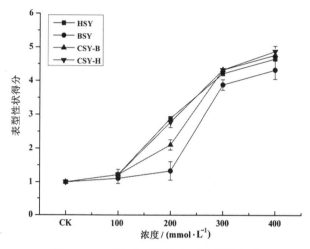

图 3-22　碱胁迫对芍药表型性状的影响

3.3.2 叶片生理特性测定

3.3.2.1 脯氨酸和可溶性糖质量分数测定

碱胁迫对芍药叶片脯氨酸质量分数的影响如图 3-23A 所示。随碱胁迫浓度的增加，杭芍药、亳芍药、白花川芍药和红花川芍药叶片脯氨酸质量分数逐渐上升。杭芍药、亳芍药、白花川芍药和红花川芍药叶片脯氨酸质量分数在 100 mmol/L 处理时，较 CK 组无显著变化（$P > 0.05$），在 200 mmol/L 处理时，其脯氨酸质量分数均开始显著上升（$P < 0.05$），并在 400 mmol/L 处理时达到最高值。在高浓度（300 mmol/L 和 400 mmol/L）处理下，红花川芍药叶片脯氨酸质量分数显著低于杭芍药、亳芍药和白花川芍药（$P < 0.05$）。

碱胁迫对芍药叶片可溶性糖质量分数的影响如图 3-23B 所示。随碱胁迫浓度的增大，芍药叶片可溶性糖质量分数总体呈上升趋势，显著高于 CK 组质量分数（$P < 0.05$）。杭芍药、亳芍药和红花川芍药叶片可溶性糖质量分数在 100 mmol/L、200 mmol/L 和 300 mmol/L 处理时显著增加（$P < 0.05$）。白花川芍药叶片可溶性糖质量分数在 100 mmol/L 和 200 mmol/L 处理时显著增加（$P < 0.05$），200 ~ 400 mmol/L 处理时，该品种组间差异不显著（$P > 0.05$）。在高浓度（300 mmol/L 和 400 mmol/L）处理时，白花川芍药叶片可溶性糖质量分数显著低于杭芍药、亳芍药和红花川芍药。

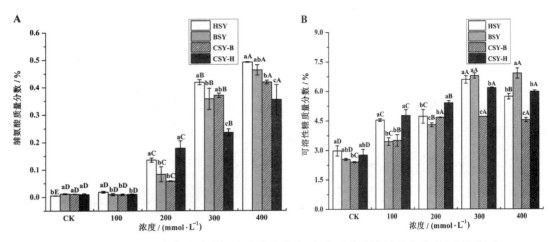

图 3-23　碱胁迫对芍药叶片脯氨酸质量分数（A）和可溶性糖质量分数（B）的影响

注：不同小写字母表示同一条件下不同品系芍药之间差异显著（$P < 0.05$），不同大写字母表示同一品系芍药不同浓度处理间差异显著（$P < 0.05$）。

3.3.2.2 SOD 和 POD 活性测定

碱胁迫对芍药叶片 SOD 活性的影响如图 3-24A 所示。与对照组相比，碱胁迫下芍药叶片 SOD 活性显著增强（$P < 0.05$）。杭芍药、亳芍药和红花川芍药叶片 SOD 活性随碱胁迫浓度的升高而增强，并在 400 mmol/L 处理时 SOD 活性最大。白花川芍药在各浓度处理下 SOD 活性均显著高于 CK 组（$P < 0.05$），但各处理组间差异不显著（$P > 0.05$）。在高浓度（300 mmol/L 和 400 mmol/L）处理下，亳芍药叶片 SOD 活性显著高于白花川芍药和红花川芍药（$P < 0.05$），与杭芍药相比无显著差异（$P > 0.05$）。

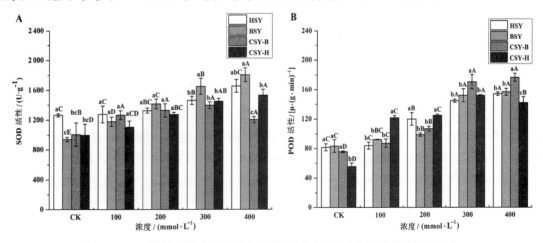

图 3-24　碱胁迫对芍药叶片 SOD 活性（A）和 POD 活性（B）的影响

注：不同小写字母表示同一条件下不同品系芍药之间差异显著（$P < 0.05$），不同大写字母表示同一品系芍药不同浓度处理间差异显著（$P < 0.05$）。

碱胁迫对芍药叶片 POD 活性的影响如图 3-24B 所示。芍药叶片 POD 活性随着碱胁迫浓度的增加而增强。杭芍药和亳芍药叶片 POD 活性在 200 mmol/L 和 300 mmol/L 处理时显著上升（$P < 0.05$），在 100 mmol/L 处理时与 CK 组无显著差异（$P > 0.05$）。白花川芍药叶片 POD 活性在 100 mmol/L、200 mmol/L 和 300 mmol/L 处理时显著增强（$P < 0.05$）。红花川芍药叶片 POD 活性在 100 mmol/L 和 300 mmol/L 处理时显著上升，在 400 mmol/L 处理时有所下降，但显著高于 CK 组（$P < 0.05$）。在高浓度（300 mmol/L 和 400 mmol/L）处理下，白花川芍药叶片 POD 活性显著高于杭芍药、亳芍药和红花川芍药（$P < 0.05$）。

3.3.2.3 叶绿素质量分数测定

碱胁迫对芍药叶片叶绿素质量分数的影响如图 3-25 所示。随着碱胁迫的加重，芍药叶片中叶绿素质量分数逐渐下降。杭芍药、亳芍药和白花川芍药叶片叶绿素质量分数在 100 mmol/L 处理时与 CK 组相比没有显著差异（$P > 0.05$），碱胁迫浓度达到 200 mmol/L 时其叶绿素质量分数开始显著下降（$P < 0.05$）。红花川芍药叶片叶绿素质量分数在各浓度碱胁迫处理下均显著低于 CK 组（$P < 0.05$）。当碱胁迫浓度达到 400 mmol/L 时，杭芍药、亳芍药、白花川芍药和红花川芍药叶片叶绿素质量分数较 CK 组分别下降了 15.51%、14.35%、29.88% 和 29.16%。

3.3.2.4 MDA 浓度测定

碱胁迫对芍药叶片 MDA 浓度的影响如图 3-26 所示。芍药叶片 MDA 浓度随着碱胁迫浓度的增加而逐渐上升。亳芍药和白花川芍药叶片 MDA 浓度在低碱胁迫浓度（100 mmol/L 和 200 mmol/L）时与 CK 组无显著差异（$P > 0.05$），在高碱胁迫浓度（300 mmol/L 和 400 mmol/L）时显著上升（$P < 0.05$）。杭芍药叶片 MDA 浓度在各浓度碱胁迫处理下均显著高于 CK 组（$P < 0.05$）。红花川芍药叶片 MDA 浓度在 100 mmol/L

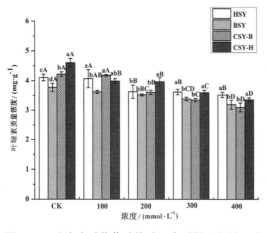

图 3-25　碱胁迫对芍药叶片叶绿素质量分数的影响

注：不同小写字母表示同一条件下不同品系芍药之间差异显著（$P < 0.05$），不同大写字母表示同一品系芍药不同浓度处理间差异显著（$P < 0.05$）。

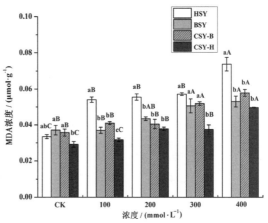

图 3-26　碱胁迫对芍药叶片 MDA 浓度的影响

注：不同小写字母表示同一条件下不同品系芍药之间差异显著（$P < 0.05$），不同大写字母表示同一品系芍药不同浓度处理间差异显著（$P < 0.05$）。

处理时与 CK 组无显著差异, 在 200 ~ 400 mmol/L 处理时显著上升 ($P < 0.05$)。当浓度达到 400 mmol/L 时, 杭芍药、亳芍药、白花川芍药和红花川芍药叶片 MDA 浓度较 CK 组分别提升了 120.55%、43.02%、61.96% 和 70.41%。

3.3.3 综合评价

对 4 个不同品系芍药耐碱胁迫的表型性状和生理指标进行主成分分析。由表 3-9 和表 3-10 可知, 主成分分析提取了 2 个主成分, 其累计贡献率达到 84.512%, 说明前 2 项主成分能够反映 4 个品系芍药的耐碱情况。其中, 第一主成分贡献率为 75.664%, 包含表型性状、叶绿素、MDA、脯氨酸和 POD 这 5 项指标; 第二主成分贡献率为 8.848%, 包含可溶性糖和 SOD 这 2 项指标。上述 2 个主成分所包含的表型性状、叶绿素、MDA、脯氨酸、可溶性糖、SOD 和 POD 这 7 项指标可作为芍药耐碱胁迫的主要分析指标。

采用隶属函数对不同品系芍药的表型性状和生理指标进行耐碱胁迫综合评价, 结果如表 3-11 所示。芍药耐碱胁迫能力强弱排序为: 亳芍药 > 白花川芍药 > 杭芍药 > 红花川芍药, 这与表型性状观测的结果一致。

表 3-9 各成分的特征根及贡献率

主成分	初始特征值			提取平方和载入		
	特征值	贡献率 /%	累计贡献率 /%	特征值	贡献率 /%	累计贡献率 /%
1	5.297	75.664	75.664	5.297	75.664	75.664
2	1.019	8.848	84.512	1.019	8.848	84.512
3	0.791	7.012	91.524	—	—	—
4	0.353	5.044	96.569	—	—	—
5	0.149	2.126	98.694	—	—	—
6	0.075	1.066	99.760	—	—	—
7	0.017	0.240	100.000	—	—	—

表 3-10 方差旋转因子载荷矩阵

指标	因子	
	因子 1	因子 2
表型性状	0.865	0.437
叶绿素	−0.843	−0.239
MDA	0.692	0.366
脯氨酸	0.851	0.420
可溶性糖	0.574	0.709
SOD	0.274	0.930
POD	0.903	0.328

表 3-11　隶属函数值及综合排名

品系名	隶属函数值							综合评价	排名
	表型性状	叶绿素	MDA	脯氨酸	可溶性糖	SOD	POD		
HSY	0.468	0.516	0.450	0.558	0.543	0.491	0.571	0.514	3
BSY	0.601	0.506	0.490	0.560	0.556	0.524	0.488	0.532	1
CSY-B	0.667	0.478	0.515	0.517	0.500	0.529	0.500	0.529	2
CSY-H	0.599	0.491	0.509	0.534	0.479	0.438	0.487	0.505	4

3.4 不同品系芍药对铬胁迫的抗性评价

铬胁迫材料处理：设置铬元素溶液浓度为 0.5 mmol/L（P1）、1.0 mmol/L（P2）、1.5 mmol/L（P3）、2.0 mmol/L（P4）、2.5 mmol/L（P5）、3.0 mmol/L（P6）6 个处理，每 3 d 浇灌 200 mL，盆底部漏出的溶液倒回。以蒸馏水为对照（CK），每个处理重复 3 次。

3.4.1 SOD 活性测定

由图 3-27 可知，铬可以使芍药 SOD 活性升高，低浓度铬处理下 SOD 活性升高较为迅速，高浓度铬处理时 SOD 活性上升缓慢，表明芍药幼苗对铬胁迫较为敏感。P2 ~ P5 浓度处理下，杭芍药 SOD 活性显著高于其他 3 个品系。当浓度达到 P5 和 P6 时，两个川芍药品系与亳芍药 SOD 活性无显著差异（$P > 0.05$）。

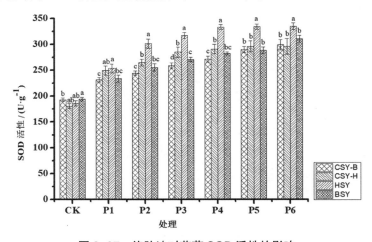

图 3-27　铬胁迫对芍药 SOD 活性的影响

注：不同小写字母表示同一条件下不同品系芍药之间差异显著（$P < 0.05$）。

3.4.2 CAT 活性测定

如图 3-28 所示，铬对芍药 CAT 活性的影响主要分为 3 个阶段，当铬浓度由 P1 上升至 P3 时，CAT 活性呈上升阶段，且高于 CK 组，当铬浓度由 P3 上升至 P5 时，芍药 CAT 活性基本保持不变。P6 浓度时，CAT 活性达到最大值，红花川芍药与杭芍药，白花川芍药与亳芍药 CAT 活性无显著差异。

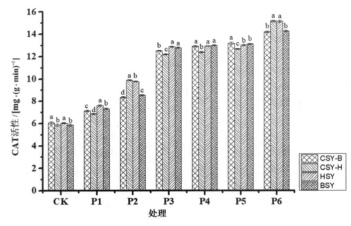

图 3-28　铬胁迫对芍药 CAT 活性的影响

注：不同小写字母表示同一条件下不同品系芍药之间差异显著（$P < 0.05$）。

3.4.3 MDA 浓度测定

图 3-29 显示了 MDA 与铬浓度之间的关系。结果表明，MDA 浓度随铬浓度升高而升高，当铬浓度由 P1 上升至 P3 时，MDA 浓度上升缓慢，当铬浓度达到 P4 时，MDA 浓度迅速上升，并在 P6 处理条件下达到最大值。

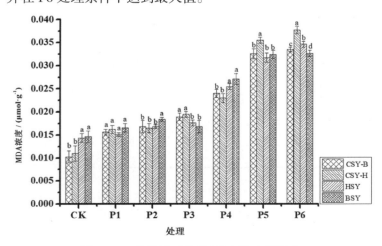

图 3-29　铬胁迫对芍药 MDA 浓度的影响

注：不同小写字母表示同一条件下不同品系芍药之间差异显著（$P < 0.05$）。

3.4.4 总酚酸质量分数测定

由图 3-30 可知，芍药幼苗总酚酸质量分数随铬浓度升高而下降。当铬浓度为 P1 时，芍药幼苗总酚酸质量分数就迅速下降，表明芍药的总酚酸合成对铬较为敏感。此后，总酚酸质量分数随铬胁迫程度加深而逐渐下降。P6 浓度处理下的芍药总酚酸质量分数约为 CK 组的 50%，且 4 个品系芍药总酚酸质量分数差异显著（$P < 0.05$）。

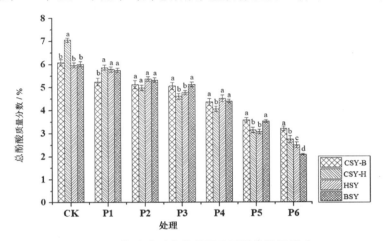

图 3-30　铬胁迫对芍药总酚酸质量分数的影响

注：不同小写字母表示同一条件下不同品系芍药之间差异显著（$P < 0.05$）。

3.4.5 可溶性蛋白质量分数测定

由图 3-31 可知，随着铬浓度升高，芍药幼苗可溶性蛋白质量分数也逐渐升高，但升高幅度较小。当铬浓度为 P1 和 P2 时，可溶性蛋白质量分数略有上升。当铬浓度为 P3 和 P4 时，可溶性蛋白质量分数基本保持不变。当铬浓度继续上升至 P5、P6 时，可溶性蛋白质量分数再次上升，达到峰值。

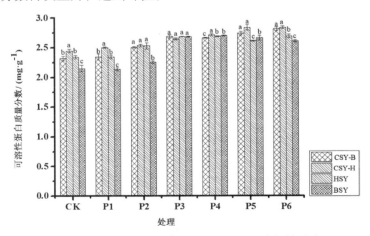

图 3-31　铬胁迫对芍药可溶性蛋白质量分数的影响

注：不同小写字母表示同一条件下不同品系芍药之间差异显著（$P < 0.05$）。

3.4.6 可溶性糖质量分数测定

图 3-32 表明，可溶性糖质量分数随着铬胁迫加强而上升。当铬浓度从 P1 升至 P4 时，亳芍药可溶性糖质量分数显著低于其他 3 个品系芍药。当铬浓度达到 P5 时，亳芍药与杭芍药和红花川芍药可溶性糖质量分数无显著差异（$P > 0.05$）。当铬浓度达到 P6 时，其质量分数达到最大，此时亳芍药可溶性糖质量分数显著高于其他品系（$P < 0.05$）。

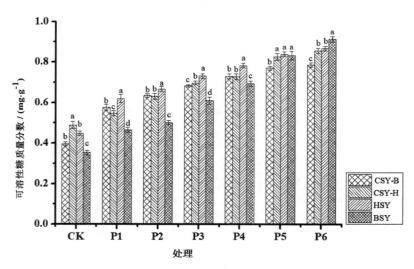

图 3-32　铬胁迫对芍药可溶性糖质量分数的影响

注：不同小写字母表示同一条件下不同品系芍药之间差异显著（$P < 0.05$）。

3.4.7 脯氨酸质量分数测定

如图 3-33 所示，铬对脯氨酸质量分数的影响总体分为 3 个阶段。P1 浓度下 4 个品系芍药脯氨酸质量分数与 CK 组相比无明显变化。当铬浓度达到 P2 和 P3 时，脯氨酸质量分数上升较快。当铬浓度达到 P4 时，脯氨酸质量分数进一步升高，此后脯氨酸质量分数几乎不变，脯氨酸质量分数已经达到 CK 组的 12 倍以上。

3.4.8 叶绿素质量分数测定

如图 3-34 所示，铬可以显著降低叶绿素质量分数。当铬浓度为 P1 时，4 个品系芍药的叶绿素质量分数迅速下降至 CK 组的一半左右，此后随铬浓度上升，叶绿素质量分数持续下降。当铬浓度达到 P6 时，4 个品系芍药幼苗的叶绿素质量分数降至最低，且无显著差异（$P < 0.05$），表明芍药幼苗对铬胁迫较为敏感，铬对芍药幼苗影响较大。

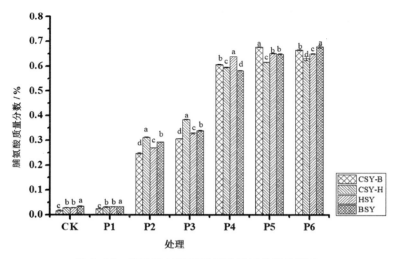

图 3-33 铬胁迫对芍药脯氨酸质量分数的影响

注：不同小写字母表示同一条件下不同品系芍药之间差异显著（$P < 0.05$）。

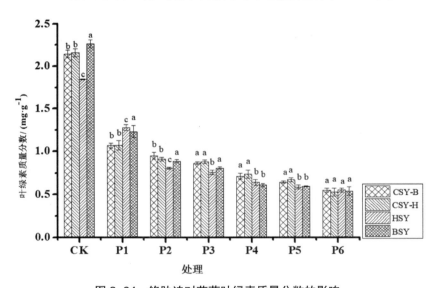

图 3-34 铬胁迫对芍药叶绿素质量分数的影响

注：不同小写字母表示同一条件下不同品系芍药之间差异显著（$P < 0.05$）。

3.4.9 综合评价

对 8 个生理指标进行主成分分析（表 3-12），结果表明前两个主成分贡献率达到 86.464%，因此以前两个主成分评价各品系芍药的抗铬胁迫能力。经分析，4 个品系芍药抗铬胁迫能力强弱排序为：杭芍药＞亳芍药＞白花川芍药＞红花川芍药（表 3-13）。

表 3-12　铬胁迫下 4 个品系芍药生理指标特征根及贡献率

主成分	初始特征值			提取平方和载入		
	特征根	贡献率 /%	累积贡献率 /%	特征根	贡献率 /%	累积贡献率 /%
1	5.336	66.695	66.695	5.336	66.695	66.695
2	1.582	19.769	86.464	1.582	19.769	86.464
3	0.501	6.258	92.723			
4	0.313	3.917	96.639			
5	0.100	1.256	97.895			
6	0.095	1.186	99.081			
7	0.041	0.516	99.597			
8	0.032	0.403	100.000			

表 3-13　4 个品系芍药抗铬胁迫的综合评价

品系	主成分 1	主成分 2	综合得分	排名
CSY-B	−1.142 34	2.548 81	−0.29	3
CSYIH	−0.860 89	−9.713 35	−2.89	4
HSY	2.646 1	1.475 52	2.37	1
BSY	−0.642 88	5.689 02	0.8	2

3.5 不同品系芍药对灰霉病的抗性评价

灰葡萄孢（*Botrytis cinerea* Pers.）菌株购买于中国林业微生物菌种保藏管理中心，编号 cfcc86571。将灰葡萄孢菌株接种在 PDA 培养基上，置于 25℃恒温培养箱中进行黑暗培养，备用。

参考邓立宝（2013）和李喜玲等（2008）的方法，接种前将所有芍药叶片用无菌水擦拭干净，自然风干。用打孔器将培养的灰葡萄孢菌打成直径 4 mm 的菌饼，菌丝一面贴在芍药叶片的伤口处，用润湿的脱脂棉固定，套袋保湿 3 d。分别于接种前（0 d），接种后 5 d、10 d、20 d 和 30 d 采集各品系芍药叶片，测定采集叶片的 SOD、POD、CAT、PPO、PAL 活性和 MDA 含量。试验设 3 次重复，测定结果取平均值。

分别于接种后 5 d、10 d、15 d、20 d 和 30 d 时，调查各品系芍药接种叶片的发病情况，计算病情指数。芍药灰霉病叶部病斑分级标准参考石颜通等（2014）及李树德（1995）的分级标准，并做适当调整（表 3-14）。

病情指数（%）=［Σ（病级数值 × 该病级叶片数）］/（病级最高值 × 调查总叶片数）

根据各品系芍药感染灰霉病后，第 30 d 的病情指数进行抗病性鉴定（表 3–15）。

表 3–14　芍药灰霉病叶部病斑分级标准

病级	标　准
0	无病斑
1	病斑初现
3	病斑面积占叶片面积 1/5 以下
5	病斑面积占叶片总面积 1/5 ～ 1/3
7	病斑和枯死面积占该叶片总面积 1/3 ～ 1/2
9	病斑面积占该叶片总面积的 1/2 以上或因病枯死

表 3–15　芍药灰霉病和叶霉病的抗病性鉴定

抗性类型	病情指数范围	缩写
免疫	病情指数 = 0	I
高抗	0 ＜病情指数≤ 20	HR
中抗	20 ＜病情指数≤ 50	MR
中感	50 ＜病情指数≤ 70	MS
高感	70 ＜病情指数	HS

3.5.1 对灰霉病的抗病性鉴定

芍药灰霉病病情发展及抗病性鉴定结果如表 3–16 所示。随着感病时间的延长，芍药灰霉病病情不断加重。杭芍药病情发展最快，其次是白花川芍药、红花川芍药和亳芍药。亳芍药和红花川芍药病情指数在各接种时期均显著低于杭芍药和白花川芍药（$P < 0.05$）。根据接种灰霉病第 30 d 时的病情指数进行抗病性鉴定，杭芍药对灰霉病表现为中感，亳芍药、白花川芍药和红花川芍药对灰霉病表现为中抗。整体上看，亳芍药对灰霉病抗性最好，其次是红花川芍药和白花川芍药，杭芍药对灰霉病的抗性最弱。

表 3–16　芍药灰霉病病情发展及抗病性鉴定

品系名	病情指数					抗性类型
	5 d	10 d	15 d	20 d	30 d	
HSY	28.22b	38.76a	43.56a	47.52a	58.59a	中感
BSY	21.39c	30.15c	31.93d	34.61c	36.70d	中抗
CSY–B	29.61a	33.57b	38.01b	41.02b	46.49b	中抗
CSY–H	21.00c	24.63d	33.40c	34.58c	41.89c	中抗

注：同一列不同小写字母表示相同接种时间不同品系芍药之间差异显著（$P < 0.05$）。

3.5.2 叶片生理特性测定

3.5.2.1 SOD、POD 和 CAT 活性测定

灰霉病对芍药叶片 SOD 活性的影响如图 3-35A 所示。感染灰霉病后,杭芍药、亳芍药、白花川芍药和红花川芍药叶片 SOD 活性均先上升后下降。接种前各品系芍药叶片 SOD 活性无显著差异($P > 0.05$)。亳芍药、白花川芍药和红花川芍药叶片 SOD 活性在接种第 20 d 上升到最大值,杭芍药叶片 SOD 活性在接种第 10 d 时达到最大值,均显著高于接种前的 SOD 活性($P < 0.05$)。杭芍药、亳芍药、白花川芍药和红花川芍药叶片 SOD 活性达到最大值时分别较接种前提高了 69.17%、123.24%、90.13% 和 78.34%。接种 20 d 和 30 d 时,抗灰霉病较强的亳芍药叶片 SOD 活性显著高于杭芍药和川芍药,且川芍药叶片 SOD 活性显著高于杭芍药($P < 0.05$)。

灰霉病对芍药叶片 POD 活性的影响如图 3-35B 所示。感染灰霉病后,杭芍药和亳芍药叶片 POD 活性先上升后下降,白花川芍药和红花川芍药叶片 POD 活性呈升—降—升的趋势。接种前亳芍药叶片 POD 活性显著低于红花川芍药和杭芍药($P < 0.05$)。亳芍药叶片 POD 活性在接种第 20 d 达到最大值,较接种前上升了 72.38%。白花川芍药和红花川芍药叶片 POD 活性在接种第 30 d 达到最大值,较接种前分别增加了 27.45% 和 52.27%。杭芍药叶片 POD 活性在接种 10 d 时达到最大值,较接种前上升了 42.08%。说明亳芍药 POD 活性上升幅度更大,且保持较高活性的时间更长。

灰霉病对芍药叶片 CAT 活性的影响如图 3-35C 所示。感染灰霉病后,杭芍药、亳芍药、白花川芍药和红花川芍药叶片 CAT 活性均呈现先增加后降低的趋势。杭芍药、亳芍药和白花川芍药叶片 CAT 活性均在接种第 5 d 时达到最大值,红花川芍药叶片 CAT 活性在接种第 10 d 时达到最大值,随后显著下降($P < 0.05$)。接种第 30 d 时,亳芍药、白花川芍药和红花川芍药叶片 CAT 活性下降至接种前水平,杭芍药叶片 CAT 活性则显著低于接种前($P < 0.05$)。杭芍药对灰霉病抗性最差,其 CAT 活性下降幅度最大,下降速度最快。

3.5.2.2 灰霉病对多酚氧化酶(PPO)和苯丙氨酸解氨酶(PAL)活性的影响

灰霉病对芍药叶片 PPO 活性的影响如图 3-36A 所示。感染灰霉病后,杭芍药、白花川芍药和红花川芍药叶片 PPO 活性呈先上升后下降的趋势,亳芍药叶片 PPO 活性随接种时间的延长逐渐上升。接种前,亳芍药叶片 PPO 活性显著低于杭芍药、白花川芍药和红花川芍药($P < 0.05$),杭芍药、白花川芍药和红花川芍药叶片 PPO 活性无显著差异($P > 0.05$)。接种 5 ~ 20 d 时,杭芍药、白花川芍药和红花川芍药叶片 PPO 活性显著上升,且白花川芍药和红花川芍药上升速率和幅度显著高于杭芍药叶片($P < 0.05$),而亳芍药叶片 PPO 活性持续显著上升。杭芍药、亳芍药、白花川芍药和红花川芍药叶片 PPO 活性达到最大值时分别是接种前的 1.94、7.25、2.38 和 2.25 倍。

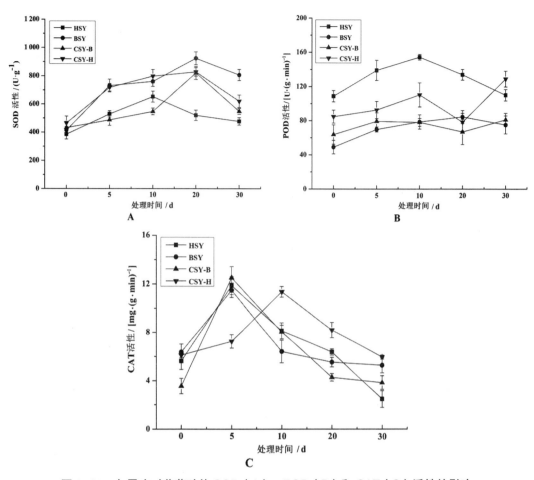

图 3-35　灰霉病对芍药叶片 SOD（A）、POD（B）和 CAT（C）活性的影响

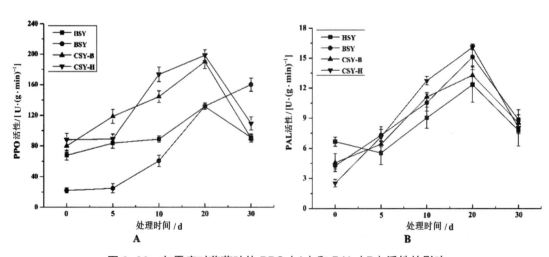

图 3-36　灰霉病对芍药叶片 PPO（A）和 PAL（B）活性的影响

灰霉病对芍药叶片 PAL 活性的影响如图 3-36B 所示。感染灰霉病后，杭芍药叶片 PAL 活性呈升—降—升的趋势，亳芍药、白花川芍药和红花川芍药叶片 PAL 活性呈先升后降的趋势。接种前，杭芍药叶片 PAL 活性显著高于亳芍药、白花川芍药和红花川芍药（$P < 0.05$）。接种第 20 d 时，杭芍药、亳芍药、白花川芍药和红花川芍药叶片 PAL 活性达到最大值，分别较接种前提高了 85.30%、254.86%、190.92% 和 255.17%。

3.5.2.3 MDA 浓度测定

灰霉病对芍药叶片 MDA 浓度的影响如图 3-37 所示。感染灰霉病后，杭芍药、亳芍药、白花川芍药和红花川芍药叶片 MDA 浓度上升后下降，并在接种 20 d 时达到峰值。接种 5 d 时，各品系芍药叶片 MDA 浓度与接种前相比无显著变化（$P > 0.05$），且各品系芍药之间差异不显著（$P > 0.05$）；接种 5 ~ 20 d 时，其 MDA 浓度显著增加（$P < 0.05$）。接种 20 d 时，杭芍药、白花川芍药和红花川芍药叶片 MDA 浓度显著高于亳芍药（$P < 0.05$）。与接种 20 d 相比，接种 30 d 时，各品系芍药叶片 MDA 浓度显著下降，且白花川芍药叶片 MDA 浓度显著高于亳芍药和红花川芍药（$P < 0.05$），与杭芍药差异不显著（$P > 0.05$）。

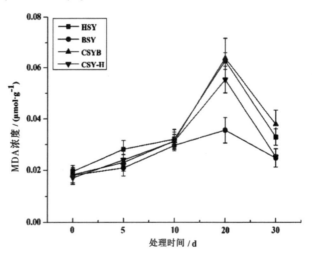

图 3-37　灰霉病对芍药叶片 MDA 浓度的影响

3.6 不同品系芍药对叶霉病的抗性评价

芍药枝孢霉（*Cladosprium paeoniae* Pass.）菌株购买于中国林业微生物菌种保藏管理中心，编号 cfcc87910。接种在马铃薯葡萄糖琼脂（PDA）培养基上，置于 25℃恒温培养箱中进行黑暗培养，备用。

参照杨德翠（2015）的方法，用毛刷将 PDA 培养基上芍药枝孢霉的病原孢子刷下，用无菌水配成 3.5×10^6 个 /mL 的孢子悬浮液，将孢子悬浮液喷于芍药叶片的正反面，直至滴水为止，套袋保湿 3 d。分别于接种前（0 d），接种后 5 d、10 d、20 d 和 30 d 采集各品系芍药叶片，测定采集叶片的 SOD、POD、CAT、PPO、PAL 活性和 MDA 含量。试验设 3 次重复，其测定结果取平均值。

分别于接种 5 d、10 d、15 d、20 d 和 30 d，调查各品系芍药接种叶片的发病情况，计算病情指数。芍药叶霉病叶部病斑分级标准参考杨德翠（2015）及李树德（1995）的分级标准，并做适当调整（表 3–17）。

表 3–17　芍药叶霉病叶部病斑分级标准

病级	标　准
0	叶片健康无斑点
1	全株 1/4 以下叶片发病，且复叶病斑数 ≤ 5 个斑点
2	全株 1/4 ～ 1/2 叶片发病，且复叶病斑数为 6 ～ 10 个斑点，不连成片
3	全株 1/2 ～ 3/4 叶片发病，且复叶病斑数为 11 ～ 20 小斑点，小部分叶片病斑连成片
4	全株 3/4 以上叶片发病，且复叶病斑数 ≥ 20 个斑点，大部分叶片病斑连成片

3.6.1 对叶霉病的抗病性鉴定

根据各品系芍药感染叶霉病后，第 30 d 的病情指数进行抗病性鉴定。芍药叶霉病的病情发展及抗病性鉴定结果如表 3–18 所示。随着感病时间的延长，芍药叶霉病病情不断加重。接种第 5 d 时，杭芍药染病率和感病程度显著低于川芍药（$P < 0.05$），但随后其病情指数不断上升，且病情发展最快。亳芍药染病最晚，病情发展最慢，其病情指数在各时期均显著低于其他芍药（$P < 0.05$）。接种前期，白花川芍药和红花川芍药染病最早，病情指数显著高于亳芍药和杭芍药（$P < 0.05$），随后其病情发展缓慢。根据接种叶霉病第 30 d 时的病情指数进行抗病性鉴定，杭芍药对叶霉病表现为高感，亳芍药对叶霉病表现为中抗，白花川芍药和红花川芍药对叶霉病表现为中感。整体上看，亳芍药对叶霉病抗性最好，其次是白花川芍药和红花川芍药，杭芍药对叶霉病的抗性最弱。

表 3–18　芍药叶霉病病情发展及抗病性鉴定

品系名	病情指数					抗性类型
	5 d	10 d	15 d	20 d	30 d	
HSY	15.00b	30.00c	40.00b	41.67b	75.00a	高感
BSY	7.50c	17.50d	20.00c	27.78c	30.56d	中抗
CSY-B	30.00a	37.50b	40.00b	42.05b	52.50c	中感
CSY-H	30.00a	42.50a	50.00a	52.50a	55.00b	中感

注：不同小写字母表示相同接种时间不同品系芍药之间差异显著（$P < 0.05$）。

3.6.2 叶片生理特性测定

3.6.2.1 SOD、POD 和 CAT 活性测定

叶霉病对芍药叶片 SOD 活性的影响如图 3-38A 所示。感染叶霉病后，芍药叶片 SOD 活性呈逐渐上升趋势。接种前，各品系芍药叶片 SOD 活性无显著差异（$P >$ 0.05）。感染叶霉病后 5 ～ 30 d，亳芍药叶片 SOD 活性均高于杭芍药、白花川芍药和红花川芍药，而杭芍药叶片 SOD 活性显著低于亳芍药、白花川芍药和红花川芍药（$P < 0.05$）。接种 30 d 时，杭芍药、亳芍药、白花川芍药和红花川芍药叶片 SOD 活性分别较接种前提高了 22.78%、50.49%、17.54% 和 27.68%。

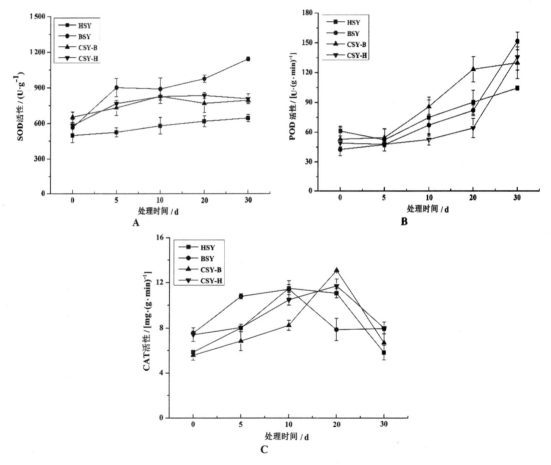

图 3-38　叶霉病对芍药叶片 SOD（A）、POD（B）和 CAT（C）活性的影响

叶霉病对芍药叶片 POD 活性的影响如图 3-38B 所示。杭芍药、亳芍药、白花川芍药和红花川芍药感染叶霉病后 POD 活性逐渐增强，接种 10 ～ 30 d 时，其 POD 活性显著增加（$P < 0.05$）。在接种第 30 d 时，杭芍药、亳芍药、白花川芍药和红花川芍药叶片 POD 活性达到最大值，分别较接种前提高了 70.30%、256.15%、144.78% 和

176.71%。

叶霉病对芍药叶片 CAT 活性的影响如图 3-38C 所示。感染叶霉病后，杭芍药、亳芍药、白花川芍药和红花川芍药 CAT 活性呈先上升后下降的趋势，接种第 30 d 时其 CAT 活性与接种前无显著差异（$P > 0.05$）。杭芍药和亳芍药叶片 CAT 活性在接种叶霉病第 10 d 时达到最大值。白花川芍药和红花川芍药叶片 CAT 活性在接种第 20 d 时达到最大值。

3.6.2.2 PPO 和 PAL 活性测定

叶霉病对芍药叶片 PPO 活性影响如图 3-39A 所示。感染叶霉病后，杭芍药、亳芍药、白花川芍药和红花川芍药叶片 PPO 活性均有所增强，但变化趋势不尽相同。杭芍药、亳芍药和白花川芍药叶片 PPO 活性呈升—降—升的趋势，杭芍药在接种第 5 d 时达到第一个峰值，亳芍药和白花川芍药在接种第 10 d 时达到第一个峰值，随后下降又上升。红花川芍药叶片 PPO 活性呈逐渐上升趋势，并在第 30 d 时达到最大值。杭芍药、亳芍药、白花川芍药和红花川芍药叶片 PPO 活性达到最大值时分别是接种前的 4.48、3.86、4.72 和 3.49 倍。

叶霉病对芍药叶片 PAL 活性的影响如图 3-39B 所示。随着感病时间的延长，芍药叶片 PAL 活性出现显著变化。白花川芍药和红花川芍药叶片 PAL 活性总体呈逐渐上升趋势，杭芍药和亳芍药叶片 PAL 活性呈先升后降的趋势。感病前，亳芍药叶片 PAL 活性显著低于其他芍药（$P < 0.05$），白花川芍药叶片 PAL 活性显著低于杭芍药和红花川芍药（$P < 0.05$）。亳芍药和红花川芍药叶片 PAL 活性在接种第 20 d 时达到最大值；白花川芍药杭芍药叶片 PAL 活性在接种第 10 d 时达到最大值，在接种第 30 d 时下降到感病前的水平。杭芍药、亳芍药、白花川芍药和红花川芍药叶片 PAL 活性达到最大值时分别较接种前提高了 25.69%、125.78%、22.42% 和 52.06%。

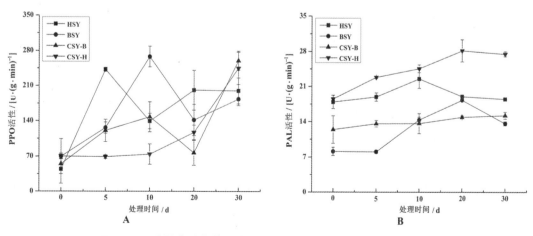

图 3-39 叶霉病对芍药叶片 PPO（A）和 PAL（B）活性的影响

3.6.2.3 MDA 浓度测定

叶霉病对芍药叶片 MDA 浓度的影响如图 3-40 所示。感染叶霉病后，杭芍药、亳芍药和白花川芍药叶片 MDA 浓度总体呈逐渐上升趋势，红花川芍药叶片 MDA 浓度呈先上升后下降的趋势。接种第 30 d 时，杭芍药、亳芍药和白花川芍药叶片 MDA 浓度达到最大值，分别较未接种时提高了 95.42%、25.34% 和 104.40%。红花川芍药叶片 MDA 浓度在接种第 5 d 时达到最大值，较未接种时提高了 67.10%，接种第 30 d 时，其 MDA 浓度较未接种时提高了 30.03%。由此可见，对叶霉病抗性最好的是亳芍药，其 MDA 浓度增加最少。

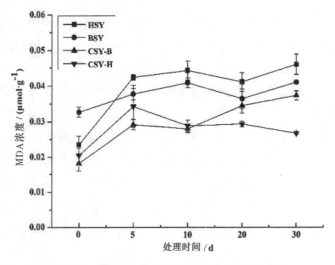

图 3-40　叶霉病对芍药叶片 MDA 浓度的影响

4

川芎药新品种 DUS 测试和新品种选育

　　川芎药只开花不结实，只能进行无性繁殖，长期单一的无性繁殖方式不仅使川芎药的种植成本过高，还会导致川芎药药材品质和产量不稳定，对川芎药生产质量管理规范化和出口创汇产生负面影响。迄今为止还没有一个真正的药用川芎药品种，这对药用川芎药资源的利用和产业发展是一个瓶颈。

　　在川芎药的新品种选育工作中，以选育的白花川芎药（CSY-B）和红花川芎药（CSY-H）新品系及引种的亳芍药（BSY）和杭芍药（HSY）为研究对象，参照中华人民共和国农业农村部发布的芍药 DUS［distinctness（特异性）、uniformity（一致性）、stability（稳定性），简称 DUS］测试指南对药用川芎药进行新品种测试，结合 HPLC 技术分析药用川芎药有效成分含量并对其进行抗逆性研究，对药用植物的新品种选育工作具有十分重要的意义。

4.1 川芎药新品种 DUS 测试

　　DUS 测试试验地点为四川省德阳市中江县。选择地势较高、排水良好、有代表性、肥力均匀、土地平整、前作一致的地块作试验地。每 667 m² 施腐熟有机肥 1 000 ～ 1 500 kg 作为底肥，土地深翻土壤 40 cm 以上，多次翻耕，整细耙平，土地四周开好排水沟。每一试验地长 23 m，宽 22 m，面积约 506 m²。采用随机区组设计，试验小区为长方形（6.2 m×4.5 m），每小区开 5 小厢，厢宽 0.70 m，厢沟宽 0.25 m，深 0.15 m，行距 0.50 m，窝距 0.40 m，每厢种植两行，30 株，小区的间距为 0.40 m。挖 0.10 m 深穴，将芍药芽头直立摆入穴中，确保每窝有 3 个芽，回土压实，再用细土封埋顶芽成丘状。4

个材料（CSY-B、CSY-H、BSY、HSY）设置 3 个重复。种下后覆黑色地膜，同时在试验区四周设置宽 1 m 的保护行，保护行种植对应小区品种。施肥及田间管理保持一致。

参照中华人民共和国农业农村部发布的《芍药新品种特异性、一致性和稳定性测试指南》，对 2 个生长周期、不同生长阶段的芍药性状进行观测。共观测 4 个品系芍药的必测性状 36 个，选测性状 3 个，最终对白花川芍药（CSY-B）和红花川芍药（CSY-H）进行特异性、一致性和稳定性判定。

4.1.1 特异性判定

通过对比测试发现，两个川芍药品系的部分定性二元性状和定性多态性状均有各自的特异性。4 个品系芍药中，白花川芍药和红花川芍药的生长习性呈明显的开展型生长，亳芍药呈明显的直立型生长，杭芍药则为半直立生长（图 4-1）。

图 4-1 芍药植株

注：A，CSY-B；B，CSY-H；C，BSY；D，HSY。

芍药鳞芽颜色对比如图 4-2 所示，4 个品系芍药鳞芽均为粉红色，白花川芍药和红花川芍药的鳞芽粉红色较浅，同时还伴有一定的绿色，而亳芍药和杭芍药的鳞芽则全部为粉红色。

图 4-2　芍药鳞芽

注：A，CSY-B；B，CSY-H；C，BSY；D，HSY。

　　4 个品系芍药的幼苗形态如图 4-3 所示，白花川芍药和红花川芍药的幼叶下表面有绒毛生长，且较为浓密，亳芍药和杭芍药的幼叶下表面则几乎无绒毛生长。此外白花川芍药、红花川芍药和杭芍药幼叶下表面花青苷显色程度较强，亳芍药幼叶下表面几乎无花青苷显色。

图 4-3　芍药幼苗

注：A，CSY-B；B，CSY-H；C，BSY；D，HSY

　　4 个品系芍药顶生小叶的次级小叶数均为 3 枚；白花川芍药的复叶类型为小型圆叶，红花川芍药的复叶为大型圆叶，亳芍药的复叶为中型长叶，杭芍药复叶为中型圆叶；白花川芍药和亳芍药的复叶上表面颜色均为中等绿色，红花川芍药复叶上表面颜色为深绿色，杭芍药复叶上表面颜色为浅绿色；白花川芍药、红花川芍药和杭芍药的小叶无内卷和波状，亳芍药小叶呈轻度内卷和轻度波状。此外，4 个品系芍药的顶生小叶基部均连合（图 4-4）。

图 4-4　芍药顶生小叶

注：A，CSY-B；B，CSY-H；C，BSY；D，HSY。

　　白花川芍药小叶尖端形状为锐尖，红花川芍药小叶尖端形状为钝尖，亳芍药和杭芍药小叶尖端形状均为宽渐尖（图 4-5）。

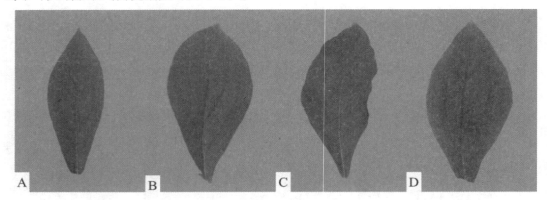

图 4-5　芍药小叶尖端形状

注：A，CSY-B；B，CSY-H；C，BSY；D，HSY。

　　白花川芍药、红花川芍药和亳芍药的花蕾均无绽口，杭芍药花蕾绽口较小，4 个品系芍药花蕾颜色均为粉红色，均有侧蕾生长（图 4-6）。

图 4-6　芍药花蕾

注：A，CSY-B；B，CSY-H；C，BSY；D，HSY。

4 个品系的芍药花性状如图 4-7 ~ 图 4-9 所示，白花川芍药的花姿态呈斜上状，花型为皇冠状，主花色为白色。雄蕊全部瓣化为黄白色花瓣，呈倒卵圆形且无花药残留。外花瓣为白色，圆形。雌蕊发育正常无瓣化，柱头和心皮粉红色，萼片 4 ~ 5 枚，绿色，无瓣化，整个花朵呈 4 种颜色。

红花川芍药的花姿态呈斜上状，花型为皇冠状，主花色为粉红色，其外花瓣和雄蕊瓣化瓣均为粉红色，雌蕊发育正常无瓣化，心皮和柱头为黄绿色，外花瓣为圆形，雄蕊全部瓣化且无花药残留，雄蕊瓣化瓣呈倒卵圆形，萼片 4 ~ 5 枚，绿色，无瓣化。整个花朵呈 3 种颜色。

亳芍药的花姿态呈斜上状，花型为单瓣状，主花色为红色，其外花瓣呈圆形且为红色，雄蕊为黄色，雌蕊柱头为粉红色，心皮为黄绿色，雄蕊无瓣化且花药大量残留，雌蕊发育正常无瓣化，萼片 4 ~ 5 枚，绿色，无瓣化。整个花朵呈 5 种颜色。

杭芍药的花姿态呈斜上状，花型为单瓣状，主花色为白色，其外花瓣呈倒卵圆形且为白色，雄蕊为黄色，雄蕊无瓣化且花药大量残留，柱头为粉红色，心皮为绿色，雌蕊发育正常无瓣化，萼片 4 ~ 5 枚，绿色，无瓣化。整个花朵呈 4 种颜色。

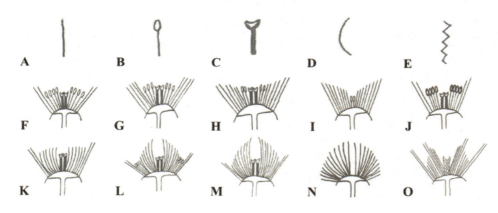

图 4-7 芍药花型

注：A，外花瓣；B，雄蕊；C，雌蕊；D，雌、雄蕊瓣化瓣；E，未完全瓣化雄蕊；F，单瓣型；G，荷花型；H，菊花型；I，蔷薇型；J，金蕊型；K，拖桂型；L，金环型；M，皇冠型；N，绣球型；O，台阁型。

图 4-8 芍药花

注：A，CSY-B；B，CSY-H；C，BSY；D，HSY。

图 4-9 芍药萼片

注：A, CSY-B; B, CSY-H; C, BSY; D, HSY。

通过对 4 个品系芍药的外观性状进行对比发现，白花川芍药、红花川芍药的植株生长习性、幼叶下表面绒毛、花型、雄蕊瓣化程度、雄蕊瓣化瓣颜色和形状、雄蕊花药残留、雄蕊瓣化瓣相对于外花瓣颜色与亳芍药和杭芍药有着显著的差异。此外，白花川芍药复叶上表面呈中等绿色，小叶尖端为锐尖，花朵主体呈白色，柱头和心皮粉红色，雄蕊瓣化瓣呈黄白色，萼片绿色，整个花呈 4 种颜色，雄蕊瓣化瓣与外花瓣颜色不同。红花川芍药复叶上表面呈深绿色，小叶尖端为钝尖，花朵主体呈粉红色，柱头和心皮黄绿色，雄蕊瓣化瓣呈粉红色，萼片绿色，整个花呈 3 种颜色，雄蕊瓣化瓣与外花瓣颜色相同。综上，白花川芍药与红花川芍药的外观性状存在显著差异。

4.1.2 一致性判定

4.1.2.1 白花川芍药（CSY-B）

定性二元性状通常从一个极端到另一个极端，不存在渐变过程；定性多态性状的变异范围是多维的，从一个表达状态变化为另一个表达状态时有部分过渡状态，因此定性二元性状与定性多态性状以众数频数均值表示。而数量性状是指性状表达包括了从一个极端到另一个极端之间缓慢变化的性状，以变异系数（CV）表示。

定性二元性状包括植株生长习性、花蕾绽口等在内的 9 个性状，在对这 9 个性状进行一致性判定过程中发现，其众数频数均值为 100%（表 4-1），两个生长周期的定性二元性状差异不显著（$P > 0.05$），表明定性二元性状的一致性表现优良。

定性多态性状包括鳞芽颜色、复叶类型等在内的 15 个性状，其中 4 个为选测性状。一致性判定结果表明，两个生长周期的白花川芍药定性多态性状的众数频数均值均在 98% 以上（表 4-1、表 4-2），除复叶类型、复叶上表面颜色和小叶尖端形状外，其他定性多态性状均有较好的一致性。

数量性状包括植株高度、植株花数量等在内的 18 个性状，其中 1 个为选测性状。第一生长周期测定的数量性状的变异系数介于 13.28% ～ 65.83%（表 4-1、表 4-2），但幼叶下表面绒毛、顶生小叶的次级小叶数、雄蕊瓣化程度和雌蕊瓣化程度 4 个数量性状的变异系数为 0，第二生长周期测定的数量性状的变异系数介于 11.56% ～ 53.31%，幼叶下表面绒毛、顶生小叶的次级小叶数、雄蕊瓣化程度和雌蕊瓣化程度 4 个数量性状的变异系数为 0，表明这 4 个性状的一致性较高。

表 4-1 CSY-B 必测性状一致性

性状	定性二元性状众数频数均值 /%		定性多态性状均值 /%		数量性状 CV 均值 /%	
	第一生长周期	第二生长周期	第一生长周期	第二生长周期	第一生长周期	第二生长周期
植株生长习性	100	100	—	—	—	—
植株高度	—	—	—	—	59.23	49.34
植株花数量	—	—	—	—	55.75	38.48
鳞芽分生能力	—	—	—	—	43.82	51.07
鳞芽出土期	—	—	—	—	59.74	43.96
鳞芽颜色	—	—	100	100	—	—
幼叶展叶初期	—	—	—	—	38.32	44.67
幼叶下表面花青苷显色程度	—	—	—	—	13.28	16.43
幼叶下表面绒毛	—	—	—	—	0	0
复叶顶生小叶的次级小叶数	—	—	—	—	0	0
复叶类型	—	—	98.96	98.47	—	—
复叶叶柄与花枝角度	—	—	—	—	45.82	36.87
复叶上表面颜色	—	—	99.46	100	—	—
小叶内卷程度	—	—	—	—	16.36	13.38
小叶叶缘波状程度	—	—	—	—	13.79	11.65
小叶尖端形状	—	—	98.46	100	—	—
小叶顶小叶基部连合	100	100	—	—	—	—
花蕾绽口有无	100	100	—	—	—	—
花蕾颜色	—	—	100	100	—	—
花蕾侧蕾有无	100	100	—	—	—	—
花枝直径	—	—	—	—	65.83	54.31
花枝长度	—	—	—	—	60.74	52.96
花姿态	100	100	—	—	—	—

续表

性状	定性二元性状众数频数均值 /%		定性多态性状均值 /%		数量性状 CV 均值 /%	
	第一生长周期	第二生长周期	第一生长周期	第二生长周期	第一生长周期	第二生长周期
花直径	—	—	—	—	48.79	35.56
花型	—	—	100	100	—	—
花颜色数量	100	100	—	—	—	—
花颜色	—	—	100	100	—	—
花萼片瓣化	100	100	—	—	—	—
外花瓣形状	—	—	100	100	—	—
雄蕊瓣化程度	—	—	—	—	0	0
雄蕊瓣化瓣形状	—	—	100	100	—	—
雄蕊瓣化瓣相对于外花瓣颜色	100	100	—	—	—	—
雄蕊瓣化瓣颜色	—	—	100	100	—	—
雄蕊花药残留	100	100	—	—	—	—
雌蕊瓣化程度	—	—	—	—	0	0
雌蕊瓣化瓣颜色	—	—	—	—	—	—
始花期	—	—	—	—	46.91	41.06

注："—"表示未进行观测。

表 4-2　CSY-B 选测性状一致性

性状	定性二元性状众数频数均值 /%		定性多态性状均值 /%		数量性状 CV 均值 /%	
	第一生长周期	第二生长周期	第一生长周期	第二生长周期	第一生长周期	第二生长周期
复叶叶柄颜色	—	—	100	100	—	—
花梗颜色	—	—	100	100	—	—
外花瓣硬度	—	—	—	—	—	—
雄蕊花丝颜色	—	—	—	—	—	—
雌蕊柱头颜色	—	—	100	100	—	—

注："—"表示未进行观测。

4.1.2.2 红花川芍药（CSY-H）

红花川芍药定性二元性状的众数频数均值为 100%（见表 4-3），两个生长周期的定性二元性状差异不显著（$P > 0.05$），一致性较好。

红花川芍药定性多态性状的一致性判定结果表明，两个生长周期的定性多态性状的众数频数均值均在 97% 以上（表 4-3、表 4-4），除复叶类型、复叶上表面颜色、小叶尖端形状和外花瓣形状外，其他定性多态性状均有较好的一致性。与白花川芍药相同，定性多态性状中雌蕊瓣化瓣颜色和雄蕊花丝颜色并未进行观测。

第一生长周期测定的数量性状的变异系数介于 11.28% ～ 63.21%（表 4-3、表 4-4），但幼叶下表面绒毛、顶生小叶的次级小叶数、雄蕊瓣化程度和雌蕊瓣化程度 4 个数量性状的变异系数为 0，第二生长周期测定的数量性状的变异系数介于 10.74% ～ 62.75%，幼叶下表面绒毛、顶生小叶的次级小叶数、雄蕊瓣化程度和雌蕊瓣化程度 4 个数量性状的变异系数为 0，表明这 4 个性状的一致性较高。

表 4-3 CSY-H 必测性状一致性

性状	定性二元性状众数频数均值 /%		定性多态性状均值 /%		数量性状 CV 均值 /%	
	第一生长周期	第二生长周期	第一生长周期	第二生长周期	第一生长周期	第二生长周期
植株生长习性	100	100	—	—	—	—
植株高度	—	—	—	—	52.34	39.23
植株花数量	—	—	—	—	47.84	44.97
鳞芽分生能力	—	—	—	—	49.31	56.23
鳞芽出土期	—	—	—	—	51.26	37.98
鳞芽颜色	—	—	100	100	—	—
幼叶展叶初期	—	—	—	—	31.13	43.23
幼叶下表面花青苷显色程度	—	—	—	—	19.87	17.82
幼叶下表面绒毛	—	—	—	—	0	0
复叶顶生小叶的次级小叶数	—	—	—	—	0	0
复叶类型	—	—	98.32	97.95	—	—
复叶叶柄与花枝角度	—	—	—	—	39.03	29.67
复叶上表面颜色	—	—	98.73	100	—	—
小叶内卷程度	—	—	—	—	11.28	16.24
小叶叶缘波状程度	—	—	—	—	15.76	10.74
小叶尖端形状	—	—	97.89	100	—	—
小叶顶小叶基部连合	100	100	—	—	—	—
花蕾绽口有无	100	100	—	—	—	—

续表

性状	定性二元性状众数频数均值 /%		定性多态性状均值 /%		数量性状 CV 均值 /%	
	第一生长周期	第二生长周期	第一生长周期	第二生长周期	第一生长周期	第二生长周期
花蕾颜色	—	—	100	100	—	—
花蕾侧蕾有无	100	100	—	—	—	—
花枝直径	—	—	—	—	61.96	62.75
花枝长度	—	—	—	—	63.21	45.86
花姿态	100	100	—	—	—	—
花直径	—	—	—	—	39.22	39.90
花型	—	—	100	100	—	—
花颜色数量	100	100	—	—	—	—
花颜色	—	—	100	100	—	—
花萼片瓣化	100	100	—	—	—	—
外花瓣形状	—	—	100	99.57	—	—
雄蕊瓣化程度	—	—	—	—	0	0
雄蕊瓣化瓣形状	—	—	100	100	—	—
雄蕊瓣化瓣相对于外花瓣颜色	100	100	—	—	—	—
雄蕊瓣化瓣颜色	—	—	100	100	—	—
雄蕊花药残留	100	100	—	—	—	—
雌蕊瓣化程度	—	—	—	—	0	0
雌蕊瓣化瓣颜色	—	—	—	—	—	—
始花期	—	—	—	—	33.29	43.49

注："—"表示未进行观测。

表 4-4　CSY-H 选测性状一致性

性状	定性二元性状众数频数均值 /%		定性多态性状均值 /%		数量性状 CV 均值 /%	
	第一生长周期	第二生长周期	第一生长周期	第二生长周期	第一生长周期	第二生长周期
复叶叶柄颜色	—	—	100	100	—	—
花梗颜色	—	—	100	100	—	—
外花瓣硬度	—	—	—	—	—	—
雄蕊花丝颜色	—	—	—	—	—	—
雌蕊柱头颜色	—	—	100	100	—	—

注："—"表示未进行观测。

4.1.3 稳定性判定

4.1.3.1 白花川芍药（CSY–B）

对两个生长周期的 9 个定性二元性状、13 个定性多态性状和 17 个数量性状进行 t 检验，结果表明 9 个定性二元性状均无显著差异（$P > 0.05$），稳定性较高。13 个定性多态性状中，鳞芽颜色、花型、雄蕊瓣化瓣形状和花蕾颜色等 10 个性状无显著差异（$P > 0.05$），稳定性较好。17 个数量性状中，幼叶下表面绒毛、顶生小叶的次级小叶数、雄蕊瓣化程度和雌蕊瓣化程度 4 个性状无显著差异（$P > 0.05$），满足稳定性要求（表 4–5、表 4–6）。

表 4–5　CSY–B 必测性状稳定性

项目	性状	第一生长周期 CV/%	第二生长周期 CV/%	一致性（U）	稳定性（S）
定性二元性状	植株生长习性	0	0	—	—
	顶小叶基部连合	0	0	—	—
	花蕾绽口	0	0	—	—
	花蕾侧蕾有无	0	0	—	—
	花姿态	0	0	—	—
	花颜色数量	0	0	—	—
	花萼片瓣化	0	0	—	—
	雄蕊瓣化瓣相对于外花瓣颜色	0	0	—	—
	雄蕊花药残留	0	0	—	—
定性多态性状	鳞芽颜色	0	0	—	—
	复叶类型	1.58	1.74	×	×
	复叶上表面颜色	0.92	0	×	×
	小叶尖端形状	1.76	0	×	×
	花蕾颜色	0	0	—	—
	花型	0	0	—	—
	花颜色	0	0	—	—
	外花瓣形状	0	0	—	—
	雄蕊瓣化瓣形状	0	0	—	—
	雄蕊瓣化瓣颜色	0	0	—	—
	雌蕊瓣化瓣颜色	—	—	—	—

续表

项目	性状	第一生长周期 CV/%	第二生长周期 CV/%	一致性（U）	稳定性（S）
数量性状	植株高度	59.23	49.34	×	×
	植株花数量	55.75	38.48	×	×
	鳞芽分生能力	43.82	51.07	×	×
	鳞芽出土期	59.74	43.96	×	×
	幼叶展叶初期	38.32	44.67	×	×
	幼叶下表面花青苷显色程度	13.28	16.43	×	×
	幼叶下表面绒毛	0	0		
	顶生小叶的次级小叶数	0	0		
	复叶叶柄与花枝角度	45.82	36.87	×	×
	小叶内卷程度	16.36	13.38	×	×
	小叶叶缘波状程度	13.79	11.65	×	×
	花枝直径	65.83	54.31	×	×
	花枝长度	60.74	52.96	×	×
	花直径	48.79	35.56	×	×
	雄蕊瓣化程度	0	0		
	雌蕊瓣化程度	0	0		
	始花期	46.91	41.06	×	×

注："×"表示表现较差，空白表示表现良好，"—"表示未进行观测。

表 4-6　CSY-B 选测性状稳定性

项目	性状	第一生长周期 CV/%	第二生长周期 CV/%	一致性（U）	稳定性（S）
定性多态性状	复叶叶柄颜色	0	0		
	花梗颜色	0	0		
	雄蕊花丝颜色	—	—	—	—
	雌蕊柱头颜色	0	0		
数量性状	外花瓣硬度	—	—	—	—

注：空白表示表现良好，"—"表示未进行观测。

4.1.3.2 红花川芍药（CSY-H）

对两个生长周期的 9 个定性二元性状、13 个定性多态性状和 17 个数量性状进行 t 检验，结果表明 9 个定性二元性状均无显著差异（$P > 0.05$），稳定性较高。13 个定性多态性状中，花蕾颜色、花型、花颜色和鳞芽颜色等 9 个性状无显著差异（$P > 0.05$），稳定性较好。17 个数量性状中，幼叶下表面绒毛、顶生小叶的次级小叶数、雄蕊瓣化程度和雌蕊瓣化程度 4 个性状无显著差异（$P > 0.05$），满足稳定性要求（表 4-7、表 4-8）。

表 4-7　CSY-H 必测性状稳定性

项目	性状	第一生长周期 CV/%	第二生长周期 CV/%	一致性（U）	稳定性（S）
定性二元性状	植株生长习性	0	0		
	顶小叶基部连合	0	0		
	花蕾绽口	0	0		
	花蕾侧蕾有无	0	0		
	花姿态	0	0		
	花颜色数量	0	0		
	花萼片瓣化	0	0		
	雄蕊瓣化瓣相对于外花瓣颜色	0	0		
	雄蕊花药残留	0	0		
定性多态性状	鳞芽颜色	0	0		
	复叶类型	1.85	2.17	×	×
	复叶上表面颜色	1.62	0	×	×
	小叶尖端形状	2.28	0	×	×
	花蕾颜色	0	0		
	花型	0	0		
	花颜色	0	0		
	外花瓣形状	0	0.86	×	×
	雄蕊瓣化瓣形状	0	0		
	雄蕊瓣化瓣颜色	0	0		
	雌蕊瓣化瓣颜色	—	—	—	—

续表

项目	性状	第一生长周期 CV/%	第二生长周期 CV/%	一致性（U）	稳定性（S）
	植株高度	52.34	39.23	×	×
	植株花数量	47.84	44.97	×	×
	鳞芽分生能力	49.31	56.23	×	×
	鳞芽出土期	51.26	37.98	×	×
	幼叶展叶初期	31.13	43.23	×	×
	幼叶下表面花青苷显色程度	19.87	17.82	×	×
	幼叶下表面绒毛	0	0		
	顶生小叶的次级小叶数	0	0		
数量性状	复叶叶柄与花枝角度	39.03	29.67	×	×
	小叶内卷程度	11.28	16.24	×	×
	小叶叶缘波状程度	15.76	10.74	×	×
	花枝直径	61.96	62.75	×	×
	花枝长度	63.21	45.86	×	×
	花直径	39.22	39.90	×	×
	雄蕊瓣化程度	0	0		
	雌蕊瓣化程度	0	0		
	始花期	33.29	43.49	×	×

注："×"表示表现较差，空白表示表现良好，"–"表示未进行观测。

表 4-8　CSY-H 选测性状稳定性

项目	性状	第一生长周期 CV/%	第二生长周期 CV/%	一致性（U）	稳定性（S）
定性多态性状	复叶叶柄颜色	0	0		
	花梗颜色	0	0		
	雄蕊花丝颜色	—	—	—	—
	雌蕊柱头颜色	0	0		
数量性状	外花瓣硬度	—	—	—	—

注：空白表示表现良好，"—"表示未进行观测。

《国际植物新品种保护公约》（简称 UPOV 公约）1961/1972 年和 1978 年的文本明确指出：一个品种能够在一个或者多个重要性状上具有明显的可区别性，而这些性状必须是一致和稳定的。两个连续生长周期的田间测试结果表明，白花川芎药（CSY–B）和红花川芎药（CSY–H）的植株生长习性、幼叶下表面绒毛、花型、雄蕊瓣化程度、雄蕊瓣化瓣颜色和形状、雄蕊花药残留、雄蕊瓣化瓣相对于外花瓣颜色 8 个性状均满足特异性、一致性和稳定性，因此，白花川芎药（CSY–B）和红花川芎药（CSY–H）两个川芎药品系均为潜在新品种。

4.2 川芎药新品种选育

4.2.1 多点试验

4.2.1.1 试验时间与试验地点

2011—2017 年，笔者在中江县古店乡、合兴乡、石泉乡、集凤镇、瓦店乡设置 5 个试验点。

4.2.1.2 参试品系（种）

HZ：为中江白芍传统栽培混杂群体。

BBS：安徽亳州传统栽培白花芍药引种至中江形成的种质资源。

CBS–B：课题组自 2008 年起从中江白花川芎药传统栽培群体及资源圃中根据植株外部形态特征及生育特性差异筛选出的白花优良单株，通过纯化而形成性状稳定的优良品系。

CBS–H：课题组自 2008 年起从中江白花川芎药传统栽培群体及资源圃中根据植株外部形态特征及生育特性差异筛选出的红花优良单株，通过纯化而形成性状稳定的优良品系。

4.2.1.3 试验设计

选择有代表性、肥力均匀、土地平整、前作一致的地块作试验地。区域试验设计 4×3，采用单因素随机区组排列（图 4-10），参试品系（种）4 个（含对照组），试验重复 3 次。试验小区规格设计为长方形，小区面积 31 m²（6.2 m×5.0 m），每小区开 5 小厢，起垄，垄宽 80 cm，垄高 30 cm，垄间沟宽 25 cm，按行距 50 cm、株距 40 cm 栽种，每垄种植两行，30 株，每小区种植 150 株，小区的间距为 40 cm。按穴径 20 cm、穴深 10 cm 开穴，将芽头直立摆入穴中，确保每窝有 3 个芽，回土压实，再用细土封埋顶芽成丘状。同时在试验四周设置宽 1 m 的保护行，保护行种植对应小区品系（种）2

行。种下后覆黑色地膜，翌年出苗。

	保护行				
保护行	CBS–B$_1$	CBS–H$_1$	BBS$_1$	HZ$_1$	保护行
	HZ$_2$	CBS–B$_2$	CBS–H$_2$	BBS$_2$	
	CBS–H$_3$	BBS$_3$	HZ$_3$	CBS–B$_3$	
	保护行				

图 4-10　区域试验田间布局示意图

4.2.1.4 试验结果与分析

1）生物特性

由表 4-9 试验统计结果可知：各参试品系（种）生育特性存在一定差异。CBS–B 和 CBS–H 休眠期均为 50 ～ 60 d，较 HZ 短 10 d，较 BBS 长 5 d；出土期均为 100 ～ 120 d，较 HZ 早 10 d，较 BBS 晚 5–10 d；CBS–B 出苗率为 96.3%，分别比 HZ、BBS 提高了 3.0 个百分点、0.6 个百分点，CBS–H 出苗率为 95.2%，比 HZ 提高了 1.9 个百分点。CBS–B 和 CBS–H 的展叶期均为 30 ～ 40 d，较 HZ 短 5 d，较 BBS 长 5 d。CBS–B 开花时间与 HZ 一致，较 CBS–H 早 3 ～ 5 d，但较 BBS 晚 3 ～ 5 d，即 BBS 开花最早，CBS–B 和 HZ 次之，CBS–H 开花最晚。CBS–B 和 CBS–H 花期均为 15 ～ 20 d，与 HZ 一致，但较 BBS 短 5 ～ 10 d。连续两个生产周期的区域试验结果表明，与 HZ 相比，CBS–B 和 CBS–H 具有休眠期短、出土早、出苗率高、展叶期短等特点。2011—2017 年区域试验对各参试品系（种）生育特性观察结果显示，各参试品系（种）植株在 5 个试验点和两个连续生产周期内生育特性无显著变化（$P > 0.05$），生育特性性状稳定。

表 4-9　各参试品系（种）植株生育特性调查表

参试品系（种）	休眠期/d	出土期/d	出苗率/%	展叶期/d	开花时间	花期/d
HZ	60 ～ 70	110 ～ 130	93.3	35 ～ 45	4 月中下旬	15 ～ 20
CBS–B	50 ～ 60	100 ～ 120	96.3	30 ～ 40	4 月中下旬	15 ～ 20
CBS–H	50 ～ 60	100 ～ 120	95.2	30 ～ 40	4 月下旬	15 ～ 20
BBS	45 ～ 55	90 ～ 115	95.7	25 ～ 35	4 月中旬	20 ～ 30

2）生物学形态特征

于盛花期，分别在各试验点随机采集 75 株具有该品系（种）代表特征的植株，进行生物学形态特征的观察，统计结果见表 4-10、表 4-11、图 4-11。

HZ 株高 40 ～ 90 cm，开展型生长，幼叶被浓密绒毛，雄蕊完全瓣化，无花药残留；花白色或粉红色，瓣化瓣黄白色或粉红色，心皮被毛或无毛，皇冠型（图 4-11A）；

叶缘无波状，叶尖渐尖或钝尖，顶生小叶长宽比为 2.8 ～ 4.0，小叶无内卷。

BBS 株高 50 ～ 100 cm，直立型生长，幼叶无绒毛，雄蕊无瓣化，花药大量残留；花白色、粉红色或红色，心皮被毛，单瓣型（图 4-11B）；叶缘稍有波状，叶尖渐尖，顶生小叶长宽比为 2.0 ～ 2.4，小叶轻度内卷。

CBS-B 株高 40 ～ 70 cm，开展型生长，幼叶被浓密绒毛，雄蕊完全瓣化，无花药残留；花白色，瓣化瓣黄白色，心皮被毛，皇冠型（图 4-11C）；叶缘无波状，叶尖渐尖，顶生小叶长宽比为 2.5 ～ 3.2，小叶无内卷。

CBS-H 品系株高 40 ～ 90 cm，开展型生长，幼叶被浓密绒毛，雄蕊完全瓣化，无花药残留；花粉红色，瓣化瓣粉红色，心皮无毛，皇冠型（图 4-11D）；叶缘无波状，叶尖渐尖，顶生小叶长宽比为 3.0 ～ 4.0，小叶无内卷。

2011—2017 年度连续两个生产周期内对各参试品系（种）生物学性状调查结果显示：各参试品系（种）在植株生长习性、花色、花型、幼叶下表面绒毛、雄蕊瓣化程度、雄蕊瓣化瓣颜色、心皮被毛情况等方面特异性明显，表明新品系 CBS-B 和 CBS-H 具有特异性。各参试品系（种）在 5 个试验点和两个连续生产周期内生物学性状是稳定的（$P > 0.05$）。

表 4-10　各参试品系（种）植株形态特征调查表

参试品系（种）	株高/cm	生长习性	幼叶绒毛	花颜色	雄蕊瓣化程度	雄蕊瓣化瓣颜色	心皮被毛情况	花型
HZ	40 ～ 90	开展型	浓密	白色或粉红色	完全瓣化	黄白色或粉红色	被毛或无毛	皇冠型
BBS	50 ～ 100	直立型	无	白色、粉红色或红色	无瓣化	—	被毛	单瓣型
CBS-B	40 ～ 70	开展型	浓密	白色	完全瓣化	黄白色	被毛	皇冠型
CBS-H	40 ～ 90	开展型	浓密	粉红色	完全瓣化	粉红色	无毛	皇冠型

注："—"表示无该项指标。

表 4-11　各参试品系（种）植株叶片性状调查表

参试品系（种）	叶色	复叶数	叶缘波状	叶尖	顶生小叶 长度/cm	宽度/cm	长宽比	小叶内卷
HZ	浅绿色	3	无	渐尖或钝尖	4 ～ 11	1 ～ 4	2.8 ～ 4.0	无
BBS	浅绿色	3	轻度	渐尖	4 ～ 12	2 ～ 5	2.0 ～ 2.4	轻度
CBS-B	浅绿色	3	无	渐尖	5 ～ 16	2 ～ 5	2.5 ～ 3.2	无
CBS-H	浅绿色	3	无	渐尖	4 ～ 15	1 ～ 5	3.0 ～ 4.0	无

图4-11　参试品系（种）芍药的花

注：A，HZ；B，BBS；C，CBS-B；D，CBS-H。

3）根条外观性状

各参试品系（种）根条外观性状考察结果见表4-12。由表4-12可知：各参试品系（种）根皮层颜色、须根数量、木质程度差异较小。各参试品系（种）根皮层颜色均为棕褐色，断面颜色为白色，无木心，须根较少。

表4-12　各参试品系（种）根条外观性状调查表

参试品系（种）	皮层颜色	断面颜色	有无木心	须根数量
HZ	棕褐色	白色	无	较少
CBS-B	棕褐色	白色	无	较少
CBS-H	棕褐色	白色	无	较少
BBS	棕褐色	白色	无	较少

4）产量

2014 年度和 2017 年度区域试验的测产统计结果、联合方差分析和多重比较见表4-13～表4-20。由表4-13～表4-16 不同试验年度和试验地点的单株测产及其折算亩*产的统计结果可知，各参试品系（种）测产结果大小排列顺序为：①单株平均鲜重 CBS-B ＞ BBS ＞ CBS-H ＞ HZ；②单株平均干重 CBS-B ＞ BBS ＞ CBS-H ＞ HZ；③折干率 CBS-B ＞ HZ ＞ BBS ＞ CBS-H。综合两个生长周期5个试验点的折合亩产测定结果可知，CBS-B 平均亩鲜产和干产在所有参试品系（种）中最高，其亩鲜产及干产分别达到 2 516.71 kg、964.47 kg，分别比 HZ 提高了 18.35% 和 27.62%，比 BBS 提高了 5.59% 和 15.63%。CBS-H 平均亩鲜产和干产分别达到 2 371.65 kg、827.71 kg，分布比 HZ 提高了 11.53%、9.52%，与 BBS 相比产量略低，但二者差异不显著（$P > 0.05$）。2011—2017 年连续两个生产周期的区域试验结果表明，与 HZ 相比，CBS-B 和 CBS-H 产量较高、商品规格较好，具有较好的丰产性和区域适应性。方差分析结果（表4-18、表4-20）表明，两个连续生产周期的区域试验，各参试品系（种）间产量差异均显著（$P < 0.05$）。

5）有效成分含量测定

参考《中华人民共和国药典》（2015 年版，一部）中白芍有效成分的检测方法，对各参试品系（种）芍药苷含量进行检测，结果见表4-21。结果表明：CBS-B 芍药苷含量为 2.78%，CBS-H 芍药苷含量为 3.36%，均符合《中华人民共和国药典》（2015 年版，一部）对白芍的品质要求（芍药苷含量 ≥ 1.6%）。CBS-B 和 CBS-H 芍药苷含量**分别比《中华人民共和国药典》（2015 年版，一部）规定的高 1.74 倍、2.10 倍，分别比 HZ 高 1.12 倍、1.35 倍，分别比 BBS 高 1.20 倍、1.45 倍。因此，CBS-B 和 CBS-H 是参试品系（种）中品质较好的白芍种质资源。

6）多点试验综合评价

由多点试验分析结果可知，各参试品系（种）的生育特性、生物学性状、药用部位外观性状、产量和品质等方面存在差异，具体表现如下。

（1）与 HZ 相比，CBS-B 和 CBS-H 具有休眠期短、出土早、出苗率高、展叶期短等特点，二者休眠期均为 50～60 d，较 HZ 短 10 d；出土期均为 100～120 d，较 HZ 早 10 d；CBS-B 出苗率为 96.3%，比 HZ 提高了 3.0 个百分点，CBS-H 出苗率为 95.2%，比 HZ 提高了 1.9 个百分点；二者展叶期均为 30～40 d，较 HZ 短 5 d。

（2）CBS-B 开花时间与 HZ 一致，较 CBS-H 早 3～5 d，但较 BBS 晚 3～5 d，即 BBS 开花最早，CBS-B 和 HZ 次之，CBS-H 开花最晚。

（3）各参试品系（种）在植株生长习性、花色、花型、幼叶下表面绒毛、雄蕊瓣化程度、雄蕊瓣化瓣颜色、心皮被毛情况等方面特异性明显，且同时满足一致性和稳定性。

---

* 1 亩 ≈ 1/15 hm²。** 此段文字中芍药苷含量应为芍药苷质量分数。

（4）CBS-B 亩鲜产和干产在所有参试品系（种）中最高，其平均亩鲜产和干产分别达到 2 516.71 kg、964.47 kg，分别比 HZ 提高了 18.35% 和 27.62%，比 BBS 提高了 5.59% 和 15.63%。CBS-H 平均亩鲜产和干产分别达到 2 371.65 kg、827.71 kg，分别比 HZ 提高了 11.53% 和 9.52%，比 BBS 的产量略低，但二者差异不显著（$P > 0.05$）。

（5）CBS-B 芍药苷含量为 2.78%，是《中华人民共和国药典》（2015 年版，一部）规定的 1.74 倍，是 HZ 的 1.12 倍，是 BBS 的 1.20 倍。CBS-H 芍药苷含量[*]在所有参试品系（种）中最高，为 3.36%，是《中华人民共和国药典》（2015 年版，一部）规定的 2.10 倍，是 HZ 的 1.35 倍，是 BBS 的 1.45 倍。

表 4-13　2014 年度区域试验各点小区折合亩产量

地点	参试品系（种）	鲜产 /（kg·亩⁻¹）				比 HZ±（%）
		小区 1	小区 2	小区 3	平均	
古店	HZ	2 032.42	2 065.82	2 081.33	2 059.86	—
	CBS-B	2 493.01	2 542.55	2 537.10	2 524.22	+22.54
	CBS-H	2 339.21	2 387.66	2 303.15	2 343.34	+13.76
	BBS	2 323.91	2 334.87	2 273.98	2 310.92	+12.19
合兴	HZ	2 133.48	2 154.36	2 177.39	2 155.08	—
	CBS-B	2 558.71	2 612.39	2 532.97	2 568.02	+19.16
	CBS-H	2 380.63	2 390.81	2 310.52	2 360.65	+9.54
	BBS	2 404.60	2 357.42	2 388.63	2 383.55	+10.60
石泉	HZ	2 174.63	2 168.16	2 089.26	2 144.02	—
	CBS-B	2 633.23	2 582.45	2 589.57	2 601.75	+21.35
	CBS-H	2 470.11	2 432.01	2 494.96	2 465.69	+15.00
	BBS	2 483.29	2 436.73	2 476.26	2 465.43	+14.99
集凤	HZ	2 205.76	2 177.36	2 218.75	2 200.62	—
	CBS-B	2 467.24	2 503.42	2 328.47	2 433.04	+10.56
	CBS-H	2 340.20	2 303.97	2 360.99	2 335.05	+6.11
	BBS	2 386.12	2 335.85	2 328.65	2 350.21	+6.80
瓦店	HZ	2 093.64	2 157.35	2 138.75	2 129.91	—
	CBS-B	2 587.17	2 607.46	2 654.43	2 616.35	+22.84
	CBS-H	2 457.20	2 410.62	2 380.99	2 416.27	+13.44
	BBS	2 420.87	2 447.17	2 395.21	2 421.08	+13.67

[*] 此段文字中芍药苷含量应为芍药苷质量分数。

表 4-14　2017 年度区域试验各点小区折合亩产量

地点	参试品系（种）	鲜产 /（kg·亩$^{-1}$）				比 HZ ±（%）
		小区 1	小区 2	小区 3	平均	
古店	HZ	2 144.79	2 206.46	2 241.34	2 197.53	—
	CBS–B	2 514.02	2 463.12	2 446.34	2 474.49	+12.60
	CBS–H	2 414.71	2 382.72	2 441.18	2 412.87	+9.80
	BBS	2 389.80	2 425.32	2 451.95	2 422.36	+10.23
合兴	HZ	2 056.34	2 077.34	2 094.25	2 075.98	—
	CBS–B	2 601.52	2 526.25	2 563.27	2 563.68	+23.49
	CBS–H	2 283.59	2 260.62	2 249.36	2 264.52	+9.08
	BBS	2 323.53	2 379.11	2 400.08	2 367.57	+14.05
石泉	HZ	2 210.37	2 163.76	2 183.29	2 185.81	—
	CBS–B	2 504.24	2 543.72	2 493.65	2 513.87	+15.01
	CBS–H	2 418.69	2 472.75	2 451.48	2 447.64	+11.98
	BBS	2 450.06	2 499.31	2 477.59	2 475.65	+13.26
集凤	HZ	1 964.27	2 026.84	2 052.17	2 014.43	—
	CBS–B	2 438.38	2 380.42	2 392.94	2 403.91	+19.33
	CBS–H	2 286.29	2 354.83	2 322.82	2 321.31	+15.23
	BBS	2 274.04	2 299.06	2 321.29	2 298.13	+14.08
瓦店	HZ	2 094.87	2 066.46	2 145.37	2 102.23	—
	CBS–B	2 425.76	2 503.87	2 473.58	2 467.74	+17.39
	CBS–H	2 311.00	2 375.32	2 361.02	2 349.11	+11.74
	BBS	2 340.42	2 349.74	2 329.33	2 339.83	+11.30

表 4-15　2014 年度区域试验各参试品系（种）产量统计结果

参试品系（种）	试验点	单株平均鲜重 /g	单株平均干重 /g	根鲜产 /（kg·亩$^{-1}$）	根干产 /（kg·亩$^{-1}$）	折干率 /%
HZ	古店	411.97	143.45	2 059.86	717.24	34.82
	合兴	431.02	155.34	2 155.08	776.69	36.04
	石泉	428.80	152.70	2 144.02	763.49	35.61
	集凤	440.12	155.85	2 200.62	779.24	35.41
	瓦店	425.98	151.35	2 129.91	756.76	35.53
	$\bar{x} \pm S.D.$	427.58 ± 9.13	151.74 ± 4.46	2 137.90 ± 45.65	758.68 ± 22.32	35.48 ± 0.39

续表

参试品系（种）	试验点	单株平均鲜重/g	单株平均干重/g	根鲜产/（kg·亩⁻¹）	根干产/（kg·亩⁻¹）	折干率/%
CBS–B	古店	504.84	194.16	2 524.22	970.82	38.46
	合兴	513.60	200.51	2 568.02	1 002.56	39.04
	石泉	520.35	195.44	2 601.75	977.22	37.56
	集凤	486.61	185.50	2 433.04	927.48	38.12
	瓦店	523.27	201.93	2 616.35	1 009.65	38.59
	$\bar{x} \pm S.D.$	509.74 ± 13.19	195.51 ± 5.80	2 548.68 ± 65.94	977.54 ± 29.01	38.35 ± 0.49
CBS–H	古店	468.67	167.27	2 343.34	836.34	35.69
	合兴	472.13	164.21	2 360.65	821.04	34.78
	石泉	493.14	167.47	2 465.69	837.35	33.96
	集凤	467.01	164.81	2 335.05	824.04	35.29
	瓦店	483.25	166.48	2 416.27	832.41	34.45
	$\bar{x} \pm S.D.$	476.84 ± 9.92	166.05 ± 1.31	2 384.20 ± 49.62	830.23 ± 6.57	34.83 ± 0.61
BBS	古店	462.18	165.05	2 310.92	825.23	35.71
	合兴	476.71	164.37	2 383.55	821.85	34.48
	石泉	493.09	172.04	2 465.43	860.19	34.89
	集凤	470.04	165.13	2 350.21	825.63	35.13
	瓦店	484.22	164.54	2 421.08	822.68	33.98
	$\bar{x} \pm S.D.$	477.25 ± 10.76	166.22 ± 2.92	2 386.24 ± 53.78	831.12 ± 14.61	34.84 ± 0.59

表 4-16　2 017 年度区域试验各参试品系（种）产量统计结果

参试品系（种）	试验点	单株平均鲜重/g	单株平均干重/g	根鲜产/（kg·亩⁻¹）	根干产/（kg·亩⁻¹）	折干率/%
HZ	古店	439.51	159.59	2 197.53	797.92	36.31
	合兴	415.20	144.45	2 075.98	722.23	34.79
	石泉	437.16	154.54	2 185.81	772.68	35.35
	集凤	402.89	146.29	2 014.43	731.44	36.31
	瓦店	420.45	147.91	2 102.23	739.56	35.18
	$\bar{x} \pm S.D.$	423.04 ± 13.75	150.55 ± 5.56	2 115.19 ± 68.74	752.77 ± 28.27	35.59 ± 0.62

续表

参试品系(种)	试验点	单株平均鲜重/g	单株平均干重/g	根鲜产/(kg·亩$^{-1}$)	根干产/(kg·亩$^{-1}$)	折干率/%
CBS-B	古店	494.90	190.78	2 474.49	953.92	38.55
	合兴	512.74	194.53	2 563.68	972.66	37.94
	石泉	502.77	188.34	2 513.87	941.70	37.46
	集凤	480.78	188.56	2 403.91	942.81	39.22
	瓦店	493.55	189.18	2 467.74	945.88	38.33
	$\bar{x} \pm S.D.$	496.95 ± 10.59	190.28 ± 2.29	2 484.74 ± 52.93	951.39 ± 11.46	38.30 ± 0.59
CBS-H	古店	482.57	168.71	2 412.87	843.54	34.96
	合兴	452.90	161.60	2 264.52	807.98	35.68
	石泉	489.53	166.39	2 447.64	831.95	33.99
	集凤	464.26	161.93	2 321.31	809.67	34.88
	瓦店	469.82	166.55	2 349.11	832.76	35.45
	$\bar{x} \pm S.D.$	471.82 ± 13.02	165.04 ± 2.80	2 359.09 ± 65.12	825.18 ± 13.98	34.99 ± 0.58
BBS	古店	484.47	172.76	2 422.36	863.81	35.66
	合兴	473.51	163.69	2 367.57	818.47	34.57
	石泉	495.13	168.94	2 475.65	844.69	34.12
	集凤	459.63	163.08	2 298.13	815.38	35.48
	瓦店	467.97	168.61	2 339.83	843.04	36.03
	$\bar{x} \pm S.D.$	476.14 ± 12.46	167.42 ± 3.61	2 380.71 ± 62.31	837.08 ± 18.03	35.17 ± 0.71

表 4-17　2014 年度区域试验方差分析表

变异来源	DF	SS	MS	$F_{0.05}$
点内区组	2	3 766.799	1 883.400	1.335
品系(种)	3	1 291 961.130	430 653.710	305.348
地点	4	98 525.120	24 631.280	17.464
品种 × 地点	12	78 276.791	6 523.066	4.625
误差	38	53 594.052	1 410.370	—
总变异	59	1 526 123.892	465 101.826	—

表 4-18　2014 年度区域试验各品系（种）多重比较分析结果

参试品系（种）	平均鲜产 / (kg·亩⁻¹)	比 HZ ±（%）	5% 显著水平	1% 极显著水平
HZ	2 137.90	—	c	C
CBS-B	2 548.68	+19.21	a	A
CBS-H	2 384.20	+11.52	b	B
BBS	2 386.24	+11.62	b	B

注：不同小写字母代表在 5% 水平显著，不同大写字母代表在 1% 水平极显著。下同。

表 4-19　2017 年度区域试验方差分析表

变异来源	DF	SS	MS	$F_{0.05}$
点内区组	2	5 219.561	2 609.780	2.725
品种（种）	3	1 101 086.128	367 028.709	383.188
地点	4	157 958.849	39 489.712	41.288
品种 × 地点	12	76 782.983	6 398.582	6.680
误差	38	36 397.509	957.829	—
总变异	59	1 377 445.03	416 484.612	—

表 4-20　2017 年度区域试验各品系（种）多重比较分析结果

参试品系（种）	平均鲜产 / (kg·亩⁻¹)	比 HZ ±（%）	5% 显著水平	1% 极显著水平
HZ	2 115.20	—	c	C
CBS-B	2 484.74	+17.47	a	A
CBS-H	2 359.09	+11.53	b	B
BBS	2 380.71	+12.55	b	B

表 4-21　各参试品系（种）品质检测结果

参试品系（种）	试验点	芍药苷质量分数 /%
HZ	古店	2.41 ± 0.013
	合兴	2.59 ± 0.024
	石泉	2.45 ± 0.021
	集凤	2.39 ± 0.018
	瓦店	2.54 ± 0.011
	$\bar{x} \pm S.D.$	2.48 ± 0.071

续表

参试品系（种）	试验点	芍药苷质量分数 /%
CBS-B	古店	2.75 ± 0.006
	合兴	2.69 ± 0.023
	石泉	2.93 ± 0.017
	集凤	2.85 ± 0.021
	瓦店	2.68 ± 0.011
	$\bar{x} \pm S.D.$	2.78 ± 0.088
CBS-H	古店	3.16 ± 0.028
	合兴	3.35 ± 0.008
	石泉	3.27 ± 0.011
	集凤	3.54 ± 0.023
	瓦店	3.48 ± 0.027
	$\bar{x} \pm S.D.$	3.36 ± 0.120
BBS	古店	2.28 ± 0.020
	合兴	2.21 ± 0.015
	石泉	2.45 ± 0.019
	集凤	2.37 ± 0.017
	瓦店	2.24 ± 0.021
	$\bar{x} \pm S.D.$	2.31 ± 0.080

4.2.2 选育结果

CBS-B 和 CBS-H 来源及选育过程清楚，连续两个生产周期的多点试验结果表明，其区域适应性强，遗传性状稳定。CBS-B 平均亩鲜产达到 2 516.71 kg；经检测，芍药苷质量分数为 2.78%；经观察，对白芍常见根腐病表现为低感，对灰霉病表现为中抗。与 HZ 相比，CBS-B 在植株生长习性、花色、花型、幼叶下表面绒毛、雄蕊瓣化程度、雄蕊瓣化瓣颜色、心皮被毛情况等方面特异性明显，且具有一致性和稳定性。CBS-H 平均亩鲜产达到 2 371.65 kg；经检测，芍药苷质量分数为 3.36%；经观察，其对白芍常见根腐病表现为低感、灰霉病表现为中抗。与 HZ 相比，CBS-H 在植株生长习性、花色、花型、幼叶下表面绒毛、雄蕊瓣化程度、雄蕊瓣化瓣颜色、心皮被毛情况等方面特异性明显，且具有一致性和稳定性。

CBS-B 和 CBS-H 于 2021 年通过四川省非主要农作物品种认定委员会认定，品种名称分别为"川芎 1 号"和"川芎 2 号"，品种认定编号分别为川认药 2021002、川认药 2021003。

5

芍药根段与种子繁殖特性研究

芍药是我国大宗中药材白芍的基原植物。四川中江、安徽亳州和浙江磐安为白芍的三大道地产区。四川中江芍药不结实，长期采用芍头繁殖，其芍头价格高昂，成本高，繁殖系数低。安徽亳州和浙江磐安等地芍药主要采用种子繁殖，具有低繁殖成本和高繁殖系数等优势。然而，芍药种子具有上胚轴、下胚轴双休眠特性，发芽率低、出苗不均匀，导致芍药育苗困难、产量低，很难满足巨大的市场需求。

根段繁殖是中药材种植中应用很广泛的一种繁殖方式，具有生长周期段、繁殖系数高、能够保持母本的良好性状等优点，可得到生长良好、抗逆性强的种苗。因此，以四川中江芍药的根段和亳芍药种子为材料，对芍药根段繁殖和种子繁殖特性进行研究，以期获得繁殖系数大、适用于生产的中江芍药根段繁殖方法。同时探讨芍药种子休眠特性及解除芍药种子休眠的方法，缩短芍药育种周期，为中药材白芍的产业发展奠定基础。

5.1 芍药根段繁殖特性研究

选 1 ~ 2 cm 粗，长约 20 cm 的芍药鲜根条，多菌灵消毒后，从形态学上端到下端依次分为上、中、下部并切成长度为（6±1）cm 的马耳形根段，分别记为 A_1、A_2、A_3。选择 4 种生根剂 B、C、D、E，各设置 5 个浓度梯度，以下标数字进行区分。以切段后直接沙埋的根段作为空白对照，根段上、中、下部分别记为 CK_1、CK_2、CK_3。将切好的根段在配好的生根剂溶液中浸泡 2 h，设 3 次重复。根段扦插在阴凉处，基质为河沙，上覆 3 cm 厚沙，每天喷水，保持河沙湿润。约 60 d 生根出苗，统计生根率、发芽率、根生长情况（平均根长、单株根条数），根段露芽即为发芽，3 次重复取平均值。数据用 SPSS 22.0

进行整理和分析，用 Origin 9.1 绘图。生根出苗后移栽，移栽地施 700 kg/hm² 的复合肥作为底肥，开厢宽 0.7 m，以行距 0.35 m、窝距 0.2 m 交叉种植。按常规的方法进行大田栽培管理。

5.1.1 发芽率统计结果

不同生根剂种类及浓度对不同部位芍药根段的萌发及生长情况见表 5-1。结果显示，对照组和处理组芍药根段上部的发芽率均显著高于中、下部。其中，生根剂 B 处理效果优于其他 3 种生根剂，且 B_4 处理的上部根段发芽率最高，达 100%。芍药中部根段发芽率最高的处理为 B_3，发芽率为 64.44%；B_3 处理能促进芍药下部根段发芽，发芽率为 17.78%，B_2 处理的芍药下部根段发芽率为 4.44%，对照组及其他处理组芍药下部根段未见发芽。因此，芍药上部根段并进行 B_4 处理的发芽效果最佳。

5.1.2 生根率统计结果

芍药不同部位根段生根率排序为下部、中部、上部；在不同生根剂处理下芍药上部根段生根率效果最佳的处理为 B_4，达 86.67%；芍药中部根段生根率效果最佳的处理为 B_3，但与 B_4 不存在显著差异（$P > 0.05$）；芍药下部根段生根率效果较佳的处理为 B_2、B_3 和 D_3，生根率均为 93.33%，芍药下部根段在 B_4 处理的生根率为 84.44%（表 5-1）。因此，芍药上、中、下部的根段均可通过浸泡生根剂 B_4 达到促进生根率的效果。

5.1.3 根长统计结果

生根剂 B_4 对上部根段的根长促进作用最明显，平均根长达 95.88 mm，其次为 E_3 处理，平均根长为 65.56 mm；对于中部根段来说，效果最佳的处理为 C_3，平均根长为 59.19 mm，其次为 C_4、C_2、E_2 和 B_4 处理，但相互之间差异不大（$P > 0.05$）；生根剂 E_5 对芍药下部根段的根长促进作用最明显，平均根长达 78.22 mm，其次为 B_3 和 B_4 处理，平均根长分别为 55.2mm 和 54.7mm（表 5-1）。结果表明，生根剂 B_4 最利于促进芍药根段繁殖和根长的增加。

5.1.4 根条数统计结果

4 种生根剂中，生根剂 B 促进根条数的效果最佳，且 B_3 处理下平均根条数最多，根段上、中、下部分别为 15 条 / 株、17 条 / 株、33.67 条 / 株，极显著高于对照组的根条萌发数量。不同浓度的生根剂 C 处理下，根段上部在 C_3 处理下萌发的根条数最多，为 4.67 条 / 株，根段中、下部在 C_1 处理下最多，分别为 2.67 条 / 株和 7.67 条 / 株。生根剂 D 对芍药根段上、中、下部根条数萌发的促进作用最显著的浓度分别为 D_2、D_5、D_2，分别为

7 条 / 株、8.67 条 / 株、13.33 条 / 株。生根剂 E 处理下，E_3 效果最显著，对于根段上部来说，E_1 处理后效果最高，但与 E_2 和 E_3 的处理效果相差不大。

总体而言，芍药根段的不同部位对根段繁殖时的萌发生根及根系生长发育有影响。根段上部均能发芽但根条数少且短细，根段中部偶见发芽而萌发出的根长而粗，根段下部未见发芽但萌发出的根多而细。另外，适宜的生根剂处理对促进芍药根段萌发生根及根系生长发育的作用明显，根段上部选用 B_4 生根剂处理的生根率和萌芽率最高，根段中部和下部选用生根剂 E_5 浸泡后生根率最高。

结合生根率、主根长和单株根条数多个指标，不同浓度的生根剂 B 浸泡后综合效果最好。因此，综合考虑成本和使用效果两个因素，农业生产上宜采用根上部，并利用生根剂 B_4 来处理芍药根段。

表 5-1　生根剂种类及浓度对不同部位芍药根段萌发及生长情况

处理	发芽率 /%	生根率 /%	均根长 /mm	根条数 / (条·株$^{-1}$)
CK_1	64.43 ± 15.88a	6.67 ± 2.39a	5.25 ± 1.80a	0.67 ± 0.27a
CK_2	0.00 ± 0.00b	13.33 ± 2.51a	13.50 ± 3.70a	1.33 ± 0.27a
CK_3	0.00 ± 0.00b	20.00 ± 7.28a	13.85 ± 1.42a	1.33 ± 0.27a
A_1B_1	80.00 ± 9.32a	4.67 ± 1.81c	27.06 ± 4.39b	1.33 ± 0.33b
A_1B_2	44.44 ± 10.26a	58.33 ± 6.43b	42.16 ± 4.89b	9.67 ± 2.17a
A_1B_3	71.11 ± 11.51a	75.60 ± 5.47ab	50.06 ± 5.77a	15.00 ± 1.73b
A_1B_4	100.00 ± 0.00a	86.67 ± 5.43a	95.88 ± 10.7a	4.67 ± 0.28a
A_1B_5	46.67 ± 9.32a	8.89 ± 1.81c	46.64 ± 2.28a	5.00 ± 0.0a
A_2B_1	11.11 ± 10.06b	33.33 ± 2.42a	45.81 ± 6.32a	12.00 ± 1.15a
A_2B_2	0.00 ± 0.00b	37.78 ± 6.20b	38.17 ± 2.82a	3.67 ± 0.27a
A_2B_3	64.44 ± 14.48ab	86.67 ± 4.97a	45.87 ± 8.12a	17.00 ± 3.46b
A_2B_4	15.56 ± 4.02b	62.22 ± 10.8a	52.26 ± 10.7a	8.33 ± 1.68a
A_2B_5	0.00 ± 0.00b	33.33 ± 5.02b	45.65 ± 6.10b	3.67 ± .95a
A_3B_1	0.00 ± 0.00b	32.78 ± 2.74a	49.32 ± 5.77a	1.67 ± 0.27b
A_3B_2	4.44 ± 4.14b	93.33 ± 5.51a	40.36 ± 5.67a	9.67 ± 1.53a
A_3B_3	17.78 ± 10.88b	93.33 ± 5.38a	55.20 ± 11.08b	33.67 ± 1.53a
A_3B_4	0.00 ± 0.00c	84.44 ± 5.50a	54.70 ± 5.81a	8.67 ± 1.20a
A_3B_5	0.00 ± 0.00b	48.89 ± 9.03b	44.47 ± 4.99a	4.67 ± 0.88a
A_1C_1	22.22 ± 12.25a	15.55 ± 1.81b	51.05 ± 3.06a	2.67 ± 0.86b
A_1C_2	33.78 ± 16.19a	11.11 ± 3.81b	48.02 ± 7.17a	2.33 ± 1.11a

续表

处理	发芽率 /%	生根率 /%	均根长 /mm	根条数 / (条·株$^{-1}$)
A_1C_3	44.44 ± 11.19a	37.78 ± 5.45b	55.57 ± 10.1a	4.67 ± 0.27a
A_1C_4	48.89 ± 15.88a	51.11 ± 17.0a	58.36 ± 5.92a	1.33 ± 0.28b
A_1C_5	42.22 ± 7.26a	17.78 ± 3.62b	24.12 ± 1.75c	3.33 ± 0.27a
A_2C_1	6.67 ± 3.47a	20.00 ± 4.84b	41.45 ± 9.94a	2.67 ± 0.54b
A_2C_2	4.45 ± 2.01a	31.11 ± 3.97a	54.60 ± 10.12a	2.33 ± 1.10a
A_2C_3	0.00 ± 0.00b	71.11 ± 3.87a	59.19 ± 5.31a	2.33 ± 0.27b
A_2C_4	11.11 ± 4.02b	75.56 ± 5.72a	55.56 ± 3.45a	1.67 ± 0.55b
A_2C_5	8.89 ± 5.31b	20.0 ± 7.53a	6.84 ± 2.68c	0.67 ± 0.27b
A_3C_1	0.00 ± 0.00a	86.67 ± 5.38a	52.32 ± 12.7a	7.67 ± 0.578a
A_3C_2	0.00 ± 0.00a	37.78 ± 3.59a	29.22 ± 5.84b	1.33 ± 0.27b
A_3C_3	0.00 ± 0.00b	82.67 ± 3.72a	32.78 ± 5.22a	4.00 ± 0.0a
A_3C_4	0.00 ± 0.00b	91.00 ± 7.42a	31.61 ± 5.42b	5.67 ± 1.34a
A_3C_5	0.00 ± 0.00b	55.44 ± 14.5a	35.32 ± 7.57b	3.67 ± 0.27a
A_1D_1	11.11 ± 7.44a	22.22 ± 7.23b	60.65 ± 10.7a	3.33 ± 0.84a
A_1D_2	11.11 ± 5.35ab	44.45 ± 1.78b	25.17 ± 3.4a	7.00 ± 0.58ab
A_1D_3	44.44 ± 14.58a	46.67 ± 21.7a	28.68 ± 7.0b	2.33 ± 1.11b
A_1D_4	35.56 ± 14.95a	40.00 ± 7.18b	33.28 ± 2.09a	3.33 ± 0.96ab
A_1D_5	22.22 ± 10.88a	8.89 ± 1.78c	15.86 ± 2.95a	5.67 ± 0.28a
A_2D_1	17.78 ± 4.03a	6.67 ± 5.50b	46.22 ± 6.08a	1.67 ± 0.27a
A_2D_2	24.44 ± 7.24a	48.00 ± 4.42a	7.67 ± 6.37a	2.33 ± 1.10b
A_2D_3	0.00 ± 0.00b	60.00 ± 7.53b	24.42 ± 6.92b	1.67 ± 0.27b
A_2D_4	8.89 ± 5.31ab	57.78 ± 4.01b	23.64 ± 5.7ab	0.33 ± 0.27b
A_2D_5	0.00 ± 0.00a	57.04 ± 4.51b	23.88 ± 6.31a	8.67 ± 1.93a
A_3D_1	0.00 ± 0.00a	86.78 ± 2.43a	21.26 ± 6.44b	2.33 ± 0.27b
A_3D_2	0.00 ± 0.00b	79.89 ± 2.49a	24.32 ± 2.98a	13.33 ± 3.0a
A_3D_3	0.00 ± 0.00b	93.33 ± 2.48a	47.83 ± 7.83a	6.33 ± 0.58a
A_3D_4	0.00 ± 0.00b	80.00 ± 2.43a	11.62 ± 2.28a	6.00 ± 0.36a
A_3D_5	0.00 ± 0.00a	88.89 ± 3.88a	19.77 ± 3.76a	11.33 ± 2.24a
A_1E_1	17.78 ± 8.79a	8.89 ± 1.78c	20.31 ± 1.44b	4.67 ± 0.56ab
A_1E_2	31.11 ± 11.63a	31.11 ± 7.13b	45.82 ± 3.06a	4.00 ± 0.37a

续表

处理	发芽率 /%	生根率 /%	均根长 /mm	根条数 /（条·株⁻¹）
A_1E_3	42.22 ± 17.74a	24.45 ± 1.81b	65.56 ± 4.17a	4.33 ± 0.58b
A_1E_4	11.11 ± 7.21a	48.89 ± 1.81ab	23.88 ± 4.78b	1.67 ± 0.56b
A_1E_5	31.11 ± 16.48a	51.11 ± 12.67b	35.69 ± 8.68b	3.33 ± 0.84a
A_2E_1	17.78 ± 4.03a	48.89 ± 3.87b	24.45 ± 6.29b	5.33 ± 0.54a
A_2E_2	13.33 ± 3.51ab	51.11 ± 3.95ab	31.19 ± 4.42b	2.00 ± .37b
A_2E_3	20.00 ± 3.51ab	42.22 ± 6.37ab	29.27 ± 3.62b	12.67 ± 1.88a
A_2E_4	13.33 ± 3.47a	55.56 ± 3.70a	22.27 ± 1.96b	3.67 ± 0.55ab
A_2E_5	6.67 ± 3.51a	91.11 ± 7.41a	29.93 ± 1.76b	7.00 ± 1.12a
A_3E_1	0.00 ± 0.00a	66.67 ± 2.48a	33.29 ± 3.45a	9.00 ± 1.10a
A_3E_2	0.00 ± 0.00b	71.11 ± 3.88a	21.78 ± 5.98b	3.67 ± 0.58a
A_3E_3	0.00 ± 0.00b	70.72 ± 11.21a	29.39 ± 3.82b	12.67 ± 1.63a
A_3E_4	0.00 ± 0.00a	40.00 ± 2.43b	41.27 ± 6.29a	4.67 ± 0.54a
A_3E_5	0.00 ± 0.00a	95.56 ± 3.68a	78.22 ± 11.18a	5.00 ± 0.37a

注：不同小写字母表示同一部位生根剂不同浓度处理下差异显著（$P < 0.05$）。

5.2 芍药种子休眠原因探究

将亳芍药种子用清水漂洗，选取下沉的大小均匀的饱满种子置于 50℃蒸馏水中恒温浸泡，12 h 后再放入 0.5% KMnO₄ 溶液中消毒 40 min，然后经流水冲洗干净待用。测定千粒重、含水量、生活力等基本特性；测定完整种子、划破种皮种子的透水性、透气性；设 6 个重复，计算其平均值、标准差和变异系数等。种子离体培养：将除杂后的芍药种子先用蒸馏水浸泡 12 h，然后放入超净台，75% 乙醇浸泡 10 s 后用无菌水冲洗，再用 0.1% 升汞（氯化汞）消毒 3 min，用无菌水冲洗数次。在无菌条件下按表 5-2 分离种子并接种到相应的培养基中，每瓶放 4 个离体胚，其他处理种子每瓶放 2 个。接种后置于 25℃恒温培养箱中进行暗培养。每个处理放 25 粒，设 3 个重复。3 个月后统计种子萌发生长情况。

制备芍药种皮、去皮种子的水、甲醇浸提液。将水、甲醇浸提液稀释成质量浓度依次为 0.02 g/mL、0.05 g/mL、0.075 g/mL、0.1 g/mL 的 4 个稀释液，以蒸馏水为对照，分析芍药种皮、去皮种子的水浸提液对白菜籽发芽率的影响；以甲醇为阳性对照，以蒸馏水为阴性对照，分析芍药种皮、去皮种子甲醇浸提液对白菜籽发芽率的影响。每个处理设 3 次重复。

表 5-2 芍药种子离体培养试验设计

编号	处理方式	培养基
A1	完整种子 CK_1	空白培养基
B1	完整种子 CK_2	空白培养基 +500 mg/L GA
A2	划破种皮	空白培养基
B2	划破种皮	空白培养基 +500 mg/L GA
A3	去除 1/2 种皮（切除珠孔端）	空白培养基
B3	去除 1/2 种皮（切除珠孔端）	空白培养基 +500 mg/L GA
A4	全胚乳	空白培养基
B4	全胚乳	空白培养基 +500 mg/L GA
A5	纵切 2/5 胚乳	空白培养基
B5	纵切 2/5 胚乳	空白培养基 +500 mg/L GA
A6	横切 1/2 胚乳（切除珠孔端胚乳）	空白培养基
B6	横切 1/2 胚乳（切除珠孔端胚乳）	空白培养基 +500 mg/L GA
A7	离体胚	空白培养基
B7	离体胚	空白培养基 +500 mg/L GA

采用系统分离的方法提取分离，将甲醇浸提液分离为 4 种有机相（Ⅰ、Ⅱ、Ⅲ、Ⅳ）（图 5-1），减压浓缩后定容到 0.1 g/mL，以蒸馏水为对照，分析芍药种皮、去皮种子甲醇浸提液 4 种有机相对白菜籽发芽率的影响。每个处理设 3 次重复。用 GC-MS 鉴定芍药种皮、去皮种子甲醇浸提液 4 种有机相的主要成分。数据用 SPSS 22.0 进行整理和分析，用 Origin 9.1 绘图。

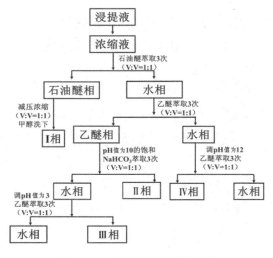

图 5-1 系统分离步骤示意图

5.2.1 种子基本特性

毫芍药种子基本特性的测定结果如表 5-3 所示。供试种子的绝对含水量为 29.41%，相对含水量为 22.69%；千粒重为 219.15 g，说明种子饱满度较高，播种品质较好；种子活力为 86.67%，说明种子发芽潜力较大。

表 5-3 种子基本特性测定结果

指标	$\sum X^2$	$(\sum X)^2$	标准差（S）	平均值 $\overline{X}$	变异系数
相对含水量 /%	0.16	0.46	0.01	22.69	0.05
绝对含水量 /%	0.35	1.38	0.03	29.41	0.10
千粒重 /g	144 209.77	432 254.97	11.17	219.15	0.05
种子活力 /%	2.26	6.76	4.91	86.67	0.06

5.2.2 种子透水性和透气性测定

种子的透水性结果见图 5-2。结果显示，完整种子和划破种皮种子的初始吸水速度都较快，但后者的吸水速率极显著高于前者。完整种子在 50 h 内吸水率不断上升，之后基本保持稳定，而破皮种子在 24 h 内不断吸涨，24 ~ 54 h 有所波动，之后趋于稳定。破皮种子在 2 h 时吸水量达到 39.64%，吸涨 6 h 后已经达到 50.72%，而完整种子需要 14 h 才能达到 39.68%，在吸水 50 h 后基本达到饱和，为 50.55%，说明完整的芍药种子存在透水性障碍。

种子的透气性结果见图 5-3。结果显示，完整种子和破皮种子的呼吸速率随着时间的变化总体趋势大致一致，破皮种子在 0 ~ 12 h 内呼吸速率直线上升，在吸涨 30 h 到达第一个峰值，而未处理种子在 24 h 时呼吸速率达到 0.575 mg CO_2/（g·h），为第一个峰值；完整种子和破皮种子在 30 h 呼吸速率差值最大，二者相差 52.06%；在 48 h 时完整种子和破皮种子的呼吸速率均到达第二个峰值，分别为 0.572 mg CO_2/（g·h）和 0.412 mg CO_2/（g·h）；48 h 后完整种子和破皮种子的呼吸速率变化趋势逐渐降低并在 60 h 后趋于稳定。破皮种子呼吸速率远高于完整种子，表明完整的芍药种子存在透气性障碍。

总体来说，不同处理间毫芍药种子吸水率和呼吸速率的差异性均达显著或极显著水平，且呈现前期差异较大，中期到后期差异逐渐缩小的规律，表示完整的芍药种子透水性和透气性差，存在机械束缚障碍。芍药种子的种皮对种子的透水性、透气性具有一定的阻碍作用。

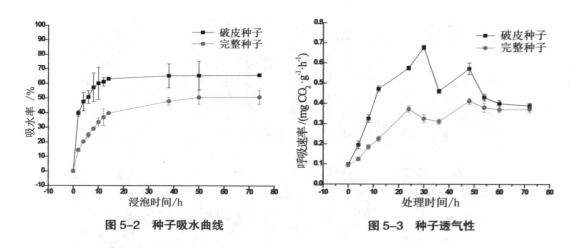

图 5-2　种子吸水曲线　　　　　　　　图 5-3　种子透气性

5.2.3 种子离体培养

不同程度去除种子被覆物对种子离体萌发的影响结果见图 5-4 和表 5-4。由图 5-4 可知，有种皮覆盖的种子在两种培养基中均只有胚根伸出生长，去除种皮后胚芽才能生长，说明芍药种皮对种子上胚轴生长具有束缚作用。空白培养基中，去除种皮和部分胚乳后的种子都只有子叶伸出生长，说明毫芍药种子下胚轴休眠未打破。添加 GA 的培养基中，去除种皮并保留胚乳的种子萌发后形态较完整，说明去掉种皮束缚并通过 GA 处理有助于解除种子上下胚轴休眠。

空白培养基中离体胚仅子叶展开且生长缓慢，而添加 GA 的培养基中离体胚生长速度快，胚根和胚芽均发育伸长，说明外源 GA 能够促进芍药种子下胚轴打破休眠，形成完整植株。但芍药离体胚接种到培养基上约 2 个月才开始萌动且生长缓慢、形态不完整，这可能是因为胚体发育不完整，芍药种子未达到生理成熟。

由表 5-4 可知，种子离体胚在空白培养基上的萌发率仅为 54.33%，去除 1/2 胚乳的种胚萌发率为 51.67%，切除 2/5 胚乳的种胚萌发率显著降低（$P < 0.05$），为 42.33%，全胚乳种胚的离体萌发率仅为 14.33%，极显著低于离体胚的萌发率（$P < 0.01$）。GA 处理后，种子离体胚萌发率最高，为 84.33%，横切去除 1/2 胚乳的种胚萌发率为 73.67%，而纵向切除 2/5 胚乳的种胚萌发率仅为 57%。全胚乳种子和去除 1/2 种皮种子萌发率差异不显著（$P > 0.05$），分别为 32.33% 和 24.67%，显著高于破皮种子（9.67%）和完整种子（0.33%）的萌发率，说明外源 GA 处理可以提高芍药种胚萌发率。

以上结果表明，芍药种子被覆物对种子萌发存在一定的机械束缚和透性障碍，且种子中可能含有抑制萌发和生长的物质，另外芍药种子胚体发育不完整，未达到生理成熟。

图 5-4　种皮及胚乳不同处理对芍药种子萌发的影响

注：编号同表 5-2。

表 5-4　种皮及胚乳处理对芍药种子萌发的影响（平均值 ± 标准误）

处理方式	萌发率（空白培养基）/%	萌发率（GA+ 空白培养基）/%
完整种子	0.00 ± 0.00d	0.33 ± 0.33e
划破种皮	4.00 ± 2.21d	9.67 ± 1.20d
去除 1/2 种皮（切除珠孔端）	6.67 ± 1.45cd	24.67 ± 3.28cd
去除全部种皮（全胚乳）	14.33 ± 2.03c	32.33 ± 4.04cd
纵切 2/5 胚乳，不露胚	42.33 ± 4.04b	57.00 ± 1.15c
横切 1/2 胚乳（切除珠孔端）	51.67 ± 7.77a	73.67 ± 6.11b
离体胚	54.33 ± 2.52a	84.33 ± 3.06a

注：不同小写字母表示相同培养基不同程度的去除被覆物处理间差异显著（$P < 0.05$）。

5.2.4 种子浸提物对白菜籽发芽率的影响

5.2.4.1 种皮、去皮种子的水和甲醇浸提液对白菜籽发芽率的影响

　　亳芍药种皮以及去皮种子的不同浓度水浸提液对白菜籽发芽的抑制情况如图 5-5 所示。随着水浸提液浓度的升高，种皮、去皮种子的水浸提液分别对白菜籽萌发的抑制作用越强，在浓度为 0.1 g/mL 时抑制率最高，分别为 49.51%、52.47%。芍药去皮种子水浸

提液的抑制作用普遍高于芍药种皮水浸提液，在浓度为 0.025 g/mL 时二者呈显著差异（$P < 0.05$），在其他 3 个浓度下差异不明显（$P > 0.05$）。

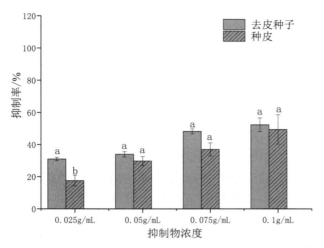

图 5-5 种皮、去皮种子的水提取液对白菜籽萌发的抑制情况

注：不同小写字母表示水浸提液不同浓度处理间差异显著（$P < 0.05$）。

亳芍药种皮、去皮种子的不同浓度甲醇浸提液对白菜籽萌发的抑制情况如图 5-6 所示。随着浓度的升高，种皮、去皮种子甲醇浸提液分别对白菜籽萌发的抑制作用越强，在浓度为 0.1 g/mL 时抑制率最高，分别为 81.48%、88.43%。芍药去皮种子甲醇浸提液的抑制作用普遍高于芍药种皮甲醇浸提液，在浓度为 0.025 g/mL 时，去皮种子的甲醇浸提液对白菜籽萌发的抑制作用显著高于种皮（$P < 0.05$），在其他 3 个浓度下差异不大（$P > 0.05$）。

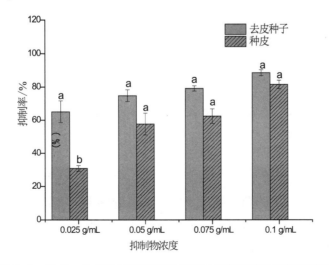

图 5-6 种皮、去皮种子的甲醇浸提液对白菜籽萌发的抑制情况

注：不同小写字母表示不同处理间差异显著（$P < 0.05$）。

同时，由测定结果可知，种皮、去皮种子的甲醇浸提液的抑制作用远高于水浸提液，说明亳芍药种子中的脂溶性成分对白菜籽萌发的抑制作用更显著，因此后续选择甲醇浸提液进行进一步萃取分离，测定生物活性和进行 GC-MS 成分鉴定。

5.2.4.2 种皮、去皮种子的甲醇浸提液各分离相对白菜籽发芽率的影响

亳芍药种皮、去皮种子的甲醇浸提液各分离相对白菜籽萌发率的影响如图 5-7 所示。结果显示：除Ⅲ相外，种皮甲醇浸提液的各分离相处理下的白菜籽发芽率均低于去皮种子甲醇浸提液的各相应分离相，尤其是Ⅱ相提取液处理后二者达显著性差异（$P < 0.05$），说明芍药种皮、去皮种子中均存在发芽抑制物质，但去皮种子中的抑制物质的生物活性更强。甲醇浸提液各有机相对白菜籽发芽率的抑制作用大小排序为：Ⅳ相＞Ⅰ相＞Ⅱ相＞Ⅲ相，说明Ⅳ相中的化合物的抑制活性最强，芍药种皮、去皮种子甲醇浸提液Ⅳ相中的化合物对白菜籽发芽的抑制率分别达到 83.26%、67.21%。

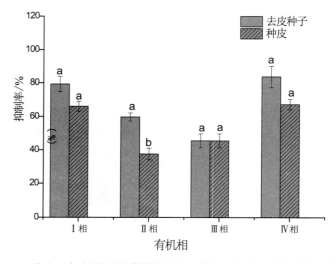

图 5-7　种皮、去皮种子甲醇浸提液各有机相对白菜籽萌发的抑制情况

注：不同小写字母表示相同有机相不同部位间差异显著（$P < 0.05$）。

5.2.4.3 种皮、去皮种子的甲醇浸提液各分离相中化合物的 GC-MS 分析

采用 GC-MS 分析鉴定亳芍药种皮甲醇浸提液分离Ⅰ相样品的化合物，质谱扫描后的质谱图中各色谱峰通过计算机数据系统检索后与标准图谱比对，在得到的离子流程图中选择峰面积较大和相似度较高的成分，共鉴定出 22 种有机物质，具体见表 5-5。由表 5-5 可知，质量分数较高的几种化合物分别为：棕榈酸甲酯（48.15%）、香草酸

（17.99%）、5- 氟 -2- 甲氧基苯甲酸（7.83%）、4- 甲氧基苯甲酸甲酯（4.86%）、正十四碳酸（3.58%）、顺式 -9，12- 十八碳二烯酸（3.58%）、3，4- 二羟基扁桃酸（3.18%）、十八碳酸甲酯桃酸（2.21%）、反式 -9- 十八碳酸甲酯（1.79%）、3，5- 二氟苯基酯 -O- 甲氧基酸（1.67%）。其中，正十四碳酸的抑制活性已被证实，其他物质是否具有抑制活性仍需进行进一步验证。

表 5-5　种皮甲醇浸提液 I 相萃取液中化合物的种类和质量分数

编号	保留时间/min	化合物名称	分子量	结构式	质量分数/%
1	3.357	甲基 -2，3，4，6-O- 四苄基 -α-D- 吡喃葡萄糖苷	184	$C_8H_8O_5$	0.16
2	3.793	1，2，3- 三甲氧基丙烷	134	$C_6H_{14}O_3$	0.19
3	4.026	2- 丙烯 -1-1，1-（4- 氨基苯）-3- 苯基	223	$C_{15}H_{13}NO$	0.56
4	5.168	香草酸	168	$C_8H_8O_4$	17.99
5	7.088	4- 丁醇 - 苯甲醛	178	$C_{11}H_{14}O_2$	0.35
6	7.524	3，4- 二羟基扁桃酸	184	$C_8H_8O_5$	3.18
7	10.391	2，5- 二甲基 -4- 己烯 -3- 醇	128	$C_8H_{16}O$	0.21
8	10.881	十四酸甲酯	356	$C_{15}H_{30}O_2$	0.56
9	13.826	十四酸异丙酯	229	$C_{14}H_{28}O_2$	0.27
10	14.1	1，4- 苯二甲酸二甲酯	194	$C_{10}H_{10}O_4$	0.65
11	14.473	月桂酸甲酯	214	$C_{13}H_{26}O_2$	0.82
12	15.08	3，5- 二氟苯基酯 -O- 甲氧基酸	264	$C_{14}H_{10}F_2O_3$	1.67
13	15.821	5- 氟 -2- 甲氧基苯甲酸	170	$C_8H_7FO_3$	7.83
14	17.022	2- 丁基 -1，2- 苯并异噻唑啉 -1，1- 二氧化物	201	$C_7H_9N_2O_3S$	0.52
15	18.402	4- 甲氧基苯甲酸甲酯	253	$C_{15}H_{11}NO_3$	4.86
16	18.491	肉豆蔻酸甲酯	242	$C_{15}H_{30}O_2$	0.37
17	19.678	正十四碳酸	228	$C_{14}H_{28}O_2$	3.58
18	21.863	棕榈酸甲酯	270	$C_{17}H_{34}O_2$	48.15
19	22.092	反式 -9- 十八碳酸甲酯	296	$C_{19}H_{36}O_2$	1.79
20	22.303	十八碳酸甲酯	298	$C_{19}H_{38}O_2$	2.21
21	22.798	顺式 -9，12- 十八碳二烯酸	280	$C_{18}H_{32}O_2$	3.58
22	23.751	亚油酸甲酯	294	$C_{19}H_{34}O_2$	0.50

采用 GC-MS 分析法鉴定出种皮甲醇浸提液分离 Ⅱ 相样品的 17 种有机化合物，其种类及质量分数具体情况见表 5-6。由表 5-6 可知，质量分数较高的几种化合物分别为：7- 十八烯酸甲酯（54.82%）、月桂酸甲酯（11.48%）、2- 丁基 -1，2- 苯并异噻唑啉 -1，1- 二氧化物（10.52%）、甲基十五烷酸甲酯（5.19%）、2- 苯基茴香酸乙酯（3.42%）、十八酸甲酯（2.47%）、苯甲酸甲酯（2.28%）、N- 甲基甲酰苯胺（1.36%）、N- 甲基苯胺（1.07%）、1，2，3- 三甲氧基苯（1.04%）、10，13- 十八碳二烯酸甲酯（1.04%）。丁酸已被证实具有抑制活性，其他物质是否具有萌发抑制活性需进一步验证。

表 5-6　种皮甲醇浸提液 Ⅱ 相萃取液中化合物的种类和质量分数

编号	保留时间 /min	化合物名称	分子量	结构式	质量分数 /%
1	3.792	1，2，3- 三甲氧基苯	168	$C_9H_{12}O_3$	1.04
2	4.035	丁酸	88	$C_4H_8O_2$	0.75
3	4.997	氨基苯	93	C_6H_7N	0.87
4	6.454	N- 甲基苯胺	107	C_7H_9N	1.07
5	6.979	苯甲酸甲酯	136	$C_8H_8O_2$	2.28
6	7.86	十甲基环五硅氧烷	370	$C_{10}H_{30}O_5Si_5$	0.63
7	10.256	N- 甲基甲酰苯胺	135	C_8H_9NO	1.36
8	13.825	1，4- 苯二羧酸二甲酯	194	$C_{10}H_{10}O_4$	0.66
9	14.1	月桂酸甲酯	214	$C_{13}H_{26}O_2$	11.48
10	14.468	2- 苯基茴香酸乙酯	228	$C_{14}H_{12}O_3$	3.42
11	15.084	甲氧基苯甲酸 3，5- 二氟苯酯	264	$C_{14}H_{10}F_2O_3$	0.61
12	15.808	2- 丁基 -1，2- 苯并异噻唑啉 -1，1- 二氧化物	201	$C_7H_9N_2O_3S$	10.52
13	17.021	肉豆蔻酸甲酯	242	$C_{15}H_{30}O_2$	0.59
14	19.673	甲基十五烷酸甲酯	270	$C_{17}H_{34}O$	5.19
15	21.818	7- 十八烯酸甲酯	296	$C_{19}H_{36}O_2$	54.82
16	22.087	十八酸甲酯	298	$C_{19}H_{38}O_2$	2.47
17	22.793	10，13- 十八碳二烯酸甲酯	294	$C_{19}H_{34}O_2$	1.04

采用 GC-MS 分析法鉴定出种皮甲醇浸提液分离 Ⅲ 相样品的 18 种有机化合物，其种类及质量分数具体情况见表 5-7。由表 5-7 可知，质量分数较高的几种化合物分别为：反式 -9- 十八碳酸甲酯（60.4%）、2- 丁基 -1，2- 苯并异噻唑啉 -1，1- 二

氧化物（12.4%）、苯甲醇甲酯（8.81%）、棕榈酸甲酯（4.78%）、6，9- 亚油酸甲酯（2.94%）、十八碳酸（2.63%）、9，12- 反亚油酸甲酯（1.98%）、2- 乙基己醇（1.34%）、3，5- 二氟苯基甲氧苯甲酸（1.27%）。十八碳酸已被前人证实具有抑制活性，其他物质是否具有萌发抑制活性仍需设计试验进行验证。

表 5-7　种皮甲醇浸提液 III 相萃取液中化合物的种类和质量分数

编号	保留时间/min	化合物名称	分子量	结构式	质量分数/%
1	5.739	2- 乙基己醇	130	$C_8H_{18}O$	1.34
2	6.454	2，2- 二甲基丁烷	86	C_6H_{14}	0.29
3	6.989	苯甲酸甲酯	136	$C_8H_8O_2$	8.81
4	7.865	十甲基环五硅氧烷	370	$C_{10}H_{30}O_5Si_5$	0.22
5	12.837	2- 甲基 -4，6- 双（1，1- 二甲基乙基）苯酚	220	$C_{15}H_{24}O$	0.17
6	13.12	邻苯二甲酸二甲酯	194	$C_{10}H_{10}O_4$	0.23
7	13.826	对苯二甲酸二甲酯	194	$C_{10}H_{10}O_4$	0.49
8	14.1	月桂酸甲酯	214	$C_{13}H_{26}O_2$	0.69
9	14.473	3，5- 二氟苯基甲氧苯甲酸	264	$C_{14}H_{10}F_2O_3$	1.27
10	15.084	4- 氰基苯酯邻茴香酸	253	$C_{15}H_{11}O_3N$	0.27
11	15.817	2- 丁基 -1，2- 苯并异噻唑啉 -1，1- 二氧化物	197	$C_8H_7NO_3S$	12.4
12	17.022	肉豆蔻酸甲酯	242	$C_{15}H_{30}O_2$	0.67
13	18.496	3- 甲氧基 -1，2- 苯并异噻唑啉 -1，1- 二氧化物	197	$C_8H_7NO_3S$	0.35
14	19.674	棕榈酸甲酯	270	$C_{17}H_{34}O_2$	4.78
15	21.84	反式 -9- 十八碳酸甲酯	296	$C_{19}H_{36}O_2$	60.4
16	22.092	十八碳酸	292	$C_{18}H_{32}O_2$	2.63
17	22.308	9，12- 反亚油酸甲酯	294	$C_{19}H_{34}O_2$	1.98
18	22.793	6，9- 亚油酸甲酯	294	$C_{19}H_{34}O_2$	2.94

　　采用 GC-MS 分析法鉴定出种皮甲醇浸提液分离 IV 相样品的 15 种有机化合物，其种类及质量分数具体情况见表 5-8。由表 5-8 可知，质量分数较高的几种化合物分别为：十六烷酸甲酯（73.3%）、三甲胺（12.4%）、2- 甲氧基苯甲酸甲酯（4.52%）、4- 甲氧基苯甲酸甲酯（2.51%）、4-（二甲胺）- 3- 羟基丁酸（2.26%）、邻苯二甲酸二甲酯（1.60%）。

表 5-8　种皮甲醇浸提液Ⅳ相萃取液中化合物的种类和质量分数

编号	保留时间/min	化合物名称	分子量	结构式	质量分数/%
1	3.339	4-（二甲胺）-3-羟基丁酸	147	$C_6H_{13}NO_3$	2.26
2	3.914	三甲胺	59	C_3H_9N	12.4
3	5.159	八甲基环四硅氧烷	296	$C_8H_{24}O_4Si_4$	0.19
4	6.984	苯甲酸甲酯	136	$C_8H_8O_2$	0.41
5	7.389	正辛酸甲酯	158	$C_9H_{18}O_2$	0.60
6	7.856	十甲基环五硅氧烷	370	$C_{10}H_{30}O_5Si_5$	0.47
7	8.598	三正丁胺	185	$C_{12}H_{27}N$	0.73
8	11.173	2-甲氧基苯甲酸甲酯	166	$C_9H_{10}O_3$	4.52
9	11.812	4-甲氧基苯甲酸甲酯	253	$C_{15}H_{11}NO_3$	2.51
10	13.106	邻苯二甲酸二甲酯	194	$C_{10}H_{10}O_4$	1.60
11	14.091	月桂酸甲酯	214	$C_{13}H_{26}O_2$	0.17
12	17.013	肉豆蔻酸甲酯	242	$C_{15}H_{30}O_2$	0.17
13	19.665	十六烷酸甲酯	270	$C_{17}H_{34}O_2$	73.3
14	21.795	9-十八酸甲酯	296	$C_{19}H_{36}O_2$	0.30
15	22.078	十八碳酸	292	$C_{18}H_{36}O_2$	0.35

采用 GC-MS 分析法鉴定出去皮种子甲醇浸提液分离Ⅰ相样品的 23 种有机化合物，其种类及质量分数具体情况见表 5-9。由表 5-9 可知，质量分数较高的几种化合物分别为：六乙二醇二甲醚（36.8%）、8-十八烯酸甲酯（22.6%）、9，11-十八烯酸甲酯（8.70%）、苯甲酸甲酯（6.40%）、十六烷酸甲酯（5.43%）、（E）-9，12-十八烯酸甲酯（5.04%）、1，2，3-三甲氧基丙烷（2.92%）、十八酸甲酯（2.62%）、4，6-双（1，1-二甲基乙基）2-甲基-苯酚（1.58%）、2-丁基-1，2-苯并异噻唑啉-1，1-二氧化物（1.43%）、乙酸（1.08%）。乙酸已被前人证实具有抑制活性，其他物质是否具有萌发抑制活性仍需设计试验进行验证。

表 5-9　去皮种子甲醇浸提液Ⅰ相萃取液中化合物的种类和质量分数

编号	保留时间/min	化合物名称	分子量	结构式	质量分数/%
1	3.797	1，2，3-三甲氧基丙烷	134	$C_6H_{14}O_3$	2.92
2	4.525	二乙基甲硅烷	88	$C_4H_{12}Si$	0.43
3	5.177	八甲基环四硅氧烷	296	$C_8H_{24}O_4Si_4$	0.17
4	6.984	苯甲酸甲酯	136	$C_8H_8O_2$	6.40

续表

编号	保留时间/min	化合物名称	分子量	结构式	质量分数/%
5	7.398	亚羊脂酸甲酯	158	$C_9H_{18}O_2$	0.92
6	7.865	十甲基环五硅氧烷	370	$C_{10}H_{30}O_5Si_5$	0.92
7	8.607	N- 二丁基 -1- 丁胺	185	$C_{12}H_{27}N$	0.12
8	9.286	六乙二醇二甲醚	310	$C_{14}H_{30}O_7$	36.8
9	11.182	2- 甲氧基苯甲酸甲酯	166	$C_9H_{10}O_3$	0.25
10	12.841	4，6- 双（1，1- 二甲基乙基）2- 甲基 - 苯酚	220	$C_{15}H_{24}O$	1.58
11	13.12	邻苯二甲酸二甲酯	194	$C_{10}H_{10}O_4$	0.21
12	14.1	十二酸甲酯	214	$C_{13}H_{26}O_2$	0.29
13	14.473	3，5- 二氟苯基酯 -O- 甲氧基酸	264	$C_{14}H_{10}F_2O_3$	0.55
14	19.674	2- 丁基 -1，2- 苯并异噻唑啉 -1，1- 二氧化物	197	$C_8H_7NO_3S$	1.43
15	17.026	肉豆蔻酸甲酯	242	$C_{15}H_{30}O_2$	0.42
16	17.795	6- 香草酸	168	$C_8H_8O_4$	0.20
17	19.674	十六烷酸甲酯	270	$C_{17}H_{34}O_2$	5.43
18	21.818	8- 十八烯酸甲酯	296	$C_{19}H_{36}O_2$	22.6
19	22.087	十八酸甲酯	298	$C_{19}H_{38}O_2$	2.62
20	22.299	（E）-9，12- 十八烯酸甲酯	294	$C_{19}H_{34}O_2$	5.04
21	22.528	顺式 -9，12- 十八碳二烯酸	280	$C_{18}H_{32}O_2$	0.90
22	22.609	乙酸	122	$C_2H_4O_2$	1.08
23	22.802	9，11- 十八烯酸甲酯	294	$C_{19}H_{34}O_2$	8.70

采用 GC-MS 分析法鉴定出去皮种子甲醇浸提液分离 Ⅱ 相样品的 29 种有机化合物，其种类及质量分数具体情况见表 5-10。由表 5-10 可知，质量分数较高的几种化合物分别为：苯甲酸甲酯（26.9%）、乙酸（19.7%）、顺式 - 十八碳烯酸（11.2%）、十六烷酸甲酯（7.96%）、十八酸甲酯（3.25%）、4- 甲氧基 - 苯甲酸甲酯（2.99%）、亚羊脂酸甲酯（2.81%）、9，10- 双氢 -9- 氧 -10- 苯基蒽（2.73%）、（E，E）-9，12- 十八碳二烯酸甲酯（2.67%）、9- 十八烯酸甲酯（2.65%）、1，2，3- 三甲氧基丙烷（2.49%）、五亚乙基乙二醇二甲醚（1.71%）、邻苯二甲酸二甲酯（1.25%）、2- 甲氧基 - 苯甲酸甲酯（1.08%）、反式 1，4- 环己二酸 1- 酰肼（1.06%）、3，4- 二甲氧基苯甲醛（1.03%）。

表 5-10　去皮种子甲醇浸提液 Ⅱ 相萃取液中化合物的种类和质量分数

编号	保留时间/min	化合物名称	分子量	结构式	质量分数/%
1	3.784	1，2，3- 三甲氧基丙烷	134	$C_6H_{14}O_3$	2.49
2	4.984	乙酸	122	$C_2H_4O_2$	19.7
3	6.512	4- 甲氧基 -3-（三甲基硅氧基）苯基 - 甲酯	254	$C_{12}H_{17}O_4Si$	0.82
4	6.975	苯甲酸甲酯	136	$C_8H_8O_2$	26.9
5	7.38	亚羊脂酸甲酯	158	$C_9H_{18}O_2$	2.81
6	7.847	十甲基环五硅氧烷	370	$C_{10}H_{30}O_5Si_5$	0.22
7	8.121	1，4- 二甲氧基苯	138	$C_8H_{10}O_2$	0.29
8	8.589	9-[1- 羟基 -2- 羟基苯基）乙基]-10- 溴菲	825	$C_{24}H_{30}BrNO$	0.29
9	9.776	4- 甲氧基苯甲醛	178	$C_{11}H_{14}O_2$	0.31
10	11.169	2- 甲氧基 - 苯甲酸甲酯	166	$C_9H_{10}O_3$	1.08
11	11.803	4- 甲氧基 - 苯甲酸甲酯	166	$C_9H_{10}O_3$	2.99
12	11.879	4- 苯基 -3- 丁烯酸甲酯	190	$C_{12}H_{14}O_2$	0.84
13	12.823	4，6- 双（1，1- 二甲基乙基）2- 甲基 - 苯酚	220	$C_{15}H_{24}O$	0.62
14	13.106	邻苯二甲酸二甲酯	194	$C_{10}H_{10}O_4$	1.25
15	13.484	3，4- 二甲氧基苯甲醛	166	$C_9H_{10}O_3$	1.03
16	14.086	十二酸甲酯	58	$C_{13}H_{26}O_2$	0.60
17	14.464	2- 溴 -4- 氟苯基酯邻甲氧苯甲酸	325	$C_{14}H_{10}BrFO_3$	0.79
18	15.174	3，4- 二甲氧基苯甲酸甲酯	196	$C_{10}H_{12}O_4$	0.57
19	15.794	2- 丁基 -1，2- 苯并异噻唑啉 -1，1- 二氧化物	197	$C_8H_7NO_3S$	1.00
20	17.013	肉豆蔻酸甲酯	242	$C_{15}H_{30}O_2$	1.10
21	17.781	五亚乙基乙二醇二甲醚	266	$C_{12}H_{26}O_6$	1.71
22	19.665	十六烷酸甲酯	270	$C_{17}H_{34}O_2$	7.96
23	21.305	2，5，8，11，14- 五氧杂 -16- 十六烷醇	252	$C_{11}H_{24}O_6$	0.92
24	21.8	顺式 - 十八碳烯酸	282	$C_{18}H_{34}O_2$	11.2
25	21.867	9- 十八烯酸甲酯	296	$C_{19}H_{36}O_2$	2.65
26	22.078	十八酸甲酯	298	$C_{19}H_{38}O_2$	3.25
27	22.784	（E，E）-9，12- 十八碳二烯酸甲酯	294	$C_{19}H_{34}O_2$	2.67
28	25.054	反式1，4- 环己二酸 1- 酰肼	200	$C_8H_{16}N_4O_2$	1.06
29	26.524	9，10- 双氢 -9- 氧 -10- 苯基蒽	270	$C_{20}H_{14}O$	2.73

  采用 GC-MS 分析法鉴定出去皮种子甲醇浸提液分离Ⅲ相样品的 22 种有机化合物，其种类及质量分数具体情况见表 5-11。由表 5-11 可知，质量分数较高的几种化合物分别为：十二烷（26.1%）、二十烷（24.2%）、十六烷（19.4%）、十四烷（18.6%）、十六烷酸甲酯（2.02%）、9- 十八烯酸甲酯（1.29%）、十八酸甲酯（1.17%）、苯甲酸甲酯（1.14%）。

表 5-11 去皮种子甲醇浸提液Ⅲ相萃取液中化合物的种类和质量分数

编号	保留时间/min	化合物名称	分子量	结构式	质量分数/%
1	5.168	八甲基环四硅氧烷	296	$C_8H_{24}O_4Si_4$	0.55
2	6.661	异辛酸十六烷基酯	368	$C_{24}H_{48}O_2$	0.39
3	6.98	苯甲酸甲酯	136	$C_8H_8O_2$	1.14
4	7.384	辛酸甲酯	152	$C_9H_{18}O_2$	0.56
5	7.856	十甲基环五硅氧烷	370	$C_{10}H_{30}O_5Si_5$	0.71
6	7.924	2-（2- 羟基丙氧基）-1- 丙醇	134	$C_6H_{14}O_3$	0.73
7	8.593	N- 二丁基 -1- 丁胺	185	$C_{12}H_{27}N$	0.17
8	8.697	十二烷	170	$C_{12}H_{26}$	26.1
9	9.277	六乙二醇二甲醚	310	$C_{14}H_{30}O_7$	0.25
10	11.174	2- 甲氧基苯甲酸甲酯	166	$C_9H_{10}O_3$	0.32
11	11.807	4- 甲氧基苯甲酸甲酯	253	$C_{15}H_{11}NO_3$	0.76
12	12.104	十四烷	198	$C_{14}H_{30}$	18.6
13	13.111	邻苯二甲酸二甲酯	194	$C_{10}H_{10}O_4$	0.27
14	14.091	十二酸甲酯	242	$C_{15}H_{30}O_2$	0.14
15	15.215	十六烷	226	$C_{16}H_{34}$	19.4
16	17.013	肉豆蔻酸甲酯	242	$C_{15}H_{30}O_2$	0.25
17	17.786	乙酸	122	$C_2H_4O_2$	0.27
18	18.019	二十烷	282	$C_{20}H_{42}$	24.2
19	19.665	十六烷酸甲酯	270	$C_{17}H_{34}O_2$	2.02
20	21.795	9- 十八烯酸甲酯	296	$C_{19}H_{36}O_2$	1.29
21	22.074	十八酸甲酯	298	$C_{19}H_{38}O_2$	1.17
22	25.054	1，1- 环己基二乙酸	199	$C_{10}H_{17}NO_3$	0.74

采用 GC-MS 分析法鉴定出去皮种子甲醇浸提液分离Ⅳ相样品的 15 种有机化合物，其种类及质量分数具体情况见表 5-12。由表 5-12 可知，质量分数较高的几种化合物分别为：三正丁胺（25.1%）、十二酸甲酯（23.4%）、肉豆蔻酸甲酯（13.7%）、苯甲酸甲酯（12.4%）、4- 甲氧基苯甲酸甲酯（11.6%）、2- 甲氧基苯甲酸甲酯（7.41%）、4-（二甲胺基）3- 羟基丁酸（5.17%）、十六烷酸甲酯（4.52%）、9-十八酸甲酯（2.51%）、辛酸甲酯（2.26%）、十八碳酸（1.60%）。

表 5-12　去皮种子甲醇浸提液Ⅳ相萃取液中化合物的种类和质量分数

编号	保留时间	化合物名称	分子量	结构式	质量分数 /%
1	3.339	4 -（二甲胺基）3- 羟基丁酸	147	$C_6H_{13}NO_3$	5.17
2	3.914	三甲胺	59	C_3H_9N	0.13
3	5.159	八甲基环四硅氧烷	296	$C_8H_{24}O_4Si_4$	0.37
4	6.984	苯甲酸甲酯	136	$C_8H_8O_2$	12.4
5	7.389	辛酸甲酯	158	$C_9H_{18}O_2$	2.26
6	7.856	十甲基环五硅氧烷	370	$C_{10}H_{30}O_5Si_5$	0.30
7	8.598	三正丁胺	185	$C_{12}H_{27}N$	25.1
8	11.173	2- 甲氧基苯甲酸甲酯	166	$C_9H_{10}O_3$	7.41
9	11.812	4- 甲氧基苯甲酸甲酯	253	$C_{15}H_{11}NO_3$	11.6
10	13.106	邻苯二甲酸二甲酯	194	$C_{10}H_{10}O_4$	0.35
11	14.091	十二酸甲酯	214	$C_{13}H_{26}O_2$	23.4
12	17.013	肉豆蔻酸甲酯	242	$C_{15}H_{30}O_2$	13.7
13	19.665	十六烷酸甲酯	270	$C_{17}H_{34}O_2$	4.52
14	21.795	9- 十八酸甲酯	296	$C_{19}H_{36}O_2$	2.51
15	22.078	十八碳酸	292	$C_{18}H_{32}O_2$	1.60

5.3 芍药种子破眠处理

以亳芍药为材料，采用施加外源赤毒素（GA）作为打破种子下胚轴休眠的措施。将芍药种子分别放入 100 mg/L、200 mg/L、300 mg/L、350 mg/L、400 mg/L 的 GA 溶液中浸泡 24 h。以蒸馏水为对照，3 次重复。种子与经高温灭菌的河沙按体积比为 1 : 3 混匀，在白天 20 ~ 25℃，夜晚 10 ~ 15℃温度下沙藏，保持沙湿度为 60% ~ 80%。90 d 后生根结束，测定生根率、主根长度及侧根数。

以 25℃温水浸泡 24 h 的芍药种子为空白对照，以 300 mg/L GA 处理为处理组，根据芍药种子萌发生长特性，测定种子收获时、处理 24 h 后、沙藏第 3 d、沙藏第 15 d、沙藏第 90 d 共 5 个时期种子中 6 种内源激素，玉米激素（ZT）、激动素（KT）、脱落醇（ABA）、赤霉素（GA）、吲哚乙酸（IAA）、吲哚丁酸（IBA）的含量。

采用低温层积作为打破芍药种子上胚轴休眠的措施。将已生根的种子在（3 ± 1）℃冷库中分别低温处理 2 周、4 周、5 周、6 周、8 周，以直接播种种子为对照组，栽植于育苗盘中，一穴一株，然后在温室中培养发芽，每组重复 3 次。每周定期观察，待种子发芽计算各组种子发芽率和发芽指数。低温处理后播种，4 个月后观测苗高、枝长、叶片数、叶宽等生长指标。

以未进行低温处理层积 4 周的种子为空白对照，以 4℃低温层积 4 周的种子为处理组，测定种子处理前、层积 4 周后、温室培养 4 个月后共 3 个时期芍药种子中 6 种内源激素 ZT、KT、ABA、GA、IAA、IBA 的含量。

数据用 SPSS 22.0 进行整理和分析，用 Origin 9.1 绘图。

5.3.1 赤霉素对种子生根率及根生长情况的影响

不同浓度的 GA 对亳芍药种子生根率及根生长情况的影响结果见表 5-13。GA 处理后的种子生根率显著提高，且呈现浓度效应，根生长情况也明显改善，尤其是主根长在不同浓度处理下均达到显著水平（$P < 0.05$）。

表 5-13　GA 处理后种子生根情况

GA 处理浓度 /（mg·L^{-1}）	生根率 /%	根鲜重 /g	主根长 /mm	侧根数 / 条
0（CK）	9.50 ± 1.50c	0.21 ± 0.01a	30.08 ± 4.43d	2.33 ± 0.60b
100	30.33 ± 3.53bc	0.35 ± 0.08a	77.22 ± 3.13c	8.33 ± 0.96ab
200	44.67 ± 3.51ab	0.41 ± 0.05a	91.35 ± 3.62bc	9.67 ± 1.18ab
300	73.67 ± 4.51a	0.44 ± 0.07a	139.42 ± 12.45ab	15.67 ± 2.69a
350	69.67 ± 5.85a	0.45 ± 0.14a	124.29 ± 16.43ab	17.33 ± 2.16a
400	64.33 ± 8.27a	0.35 ± 0.22a	99.89 ± 7.94abc	13.00 ± 3.04ab

注：不同小写字母表示不同处理间差异显著（$P < 0.05$）。

100 mg/L GA 处理下种子生根率虽然有所提高，但与对照组相比，未达到显著水平（$P > 0.05$），而其他处理组中均显著高于对照组（$P < 0.05$），300 mg/L GA 处理下生根率最高，但与 350 mg/L 和 400 mg/L 两组的差异不显著（$P > 0.05$）。就根鲜重而言，处理组高于对照组但不存在显著差异（$P > 0.05$）。各处理组种子主根长显著高于对照组（$P < 0.05$），且最大值也出现在 300 mg/L GA 处理下。300 mg/L 和 350 mg/L GA 处

理下种子的侧根数显著多于对照组，而其他处理组种子的侧根数与对照组差异不显著（$P < 0.05$）。综上所述，不同浓度 GA 处理后种子生根率及根生长情况均有所改善，其中最适宜的浓度为 300 mg/L。

5.3.2 赤霉素对种子生根过程中激素质量分数的影响

对 GA 处理后种子生根过程中内源激素质量分数的动态变化情况进行测定，结果如图 5-8 所示。由图 5-8 可知，在整个生根过程中芍药种子中 ZT 质量分数呈逐渐上升趋势，并在第 5 个阶段达到顶峰，说明 ZT 与芍药种子下胚轴休眠解除、胚根生长存在着正向相关关系，可能是因为 ZT 有助于拮抗 ABA 等萌发抑制物质对种子萌发的阻碍作用。处理组的芍药种子 ZT 质量分数显著高于对照组（$P < 0.05$），说明外源 GA 有助于诱导芍药种子中内源 ZT 质量分数的增加。

对照组与处理组的种子 KT 质量分数在第 2 阶段达到峰值，可能是温水和 GA 溶液浸泡软化种皮等被覆物所致；在第 3 阶段到第 5 阶段芍药种子中 KT 质量分数呈总体上升的趋势。前人研究发现，KT 一般与 GA 联合作用，有助于排除种子对各种环境的要求，加快形态后熟过程，提高抗逆性，起到拮抗 ABA 对种子萌发的抑制效应。

在第 2 阶段，处理组种子中 GA 质量分数显著高于对照组（$P < 0.05$），可能是因为外源 GA 浸泡处理后，一部分透过种皮进入胚乳内，导致胚乳内 GA 质量分数增高。在第 4 阶段处理组芍药种子中 GA 质量分数显著高于对照组，说明外源 GA 有助于芍药种子解除下胚轴休眠。在第 5 阶段两组芍药种子 GA 质量分数均达到峰值，说明内源 GA 与芍药种子胚根生长、伸长正向相关。

外源 GA 处理种子后 ABA 质量分数显著低于对照组（$P < 0.05$），在整个生根过程中芍药种子中 ABA 质量分数呈不断下降趋势，说明内源 ABA 与芍药种子萌发是负向调控作用。芍药种子中 ABA 质量分数变化趋势与 GA 相反，说明 GA 可以拮抗 ABA 对种子萌发的抑制效应，有利于芍药种子下胚轴休眠被解除。

IAA 质量分数不断升高并在种子生根后达到顶峰，说明芍药种子中 IAA 质量分数与芍药种子生根及胚根的生长具有正向相关性。另外，处理组 IAA 质量分数高于对照组，尤其是在第 3 阶段和第 5 阶段达到显著差异（$P < 0.05$），说明外源 GA 可能对芍药种子中的 IAA 具有间接调节作用。

同时，由测定结果可知，毫芍药种子在生根期间 IBA 含量总体偏低，特别是未采用 GA 处理的对照组，处理组在第 5 阶段 IBA 含量急剧上升并达到峰值，表明 IBA 与芍药种子下胚轴休眠破除和胚根生长具有明显正向相关性。

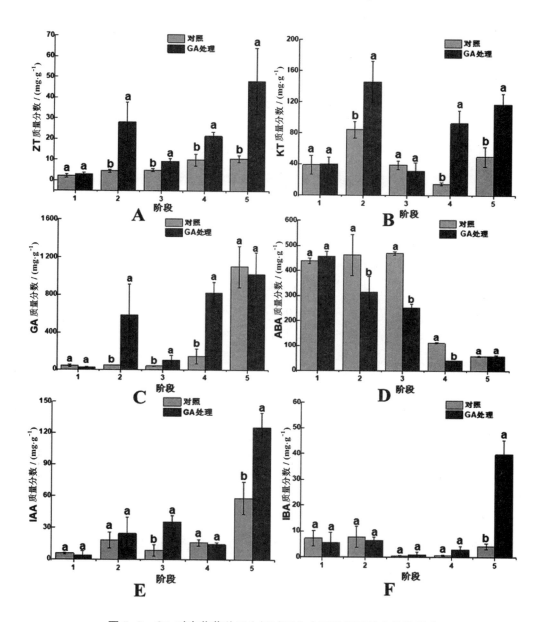

图 5-8　GA 对亳芍药种子生根过程中内源激素质量分数的影响

注：A ～ F 分别表示内源激素 ZT、KT、GA、ABA、IAA、IBA；阶段 1 ～ 5 分别表示种子处理前、处理后 24 h、沙藏第 3 d、沙藏第 15 d、沙藏第 90 d。不同小写字母表示同一时期组间差异显著（$P < 0.05$）。

5.3.3 低温对种子发芽率及幼苗生长的影响

芍药种子发芽率及幼苗生长对 4℃低温不同处理时间的响应结果见表 5-14。由表 5-14 可知，低温处理 2 周后的种子萌芽率为 21%，显著高于对照组，且显著低于其他处理组，随着低温处理时间的延长，萌芽率逐渐升高，最高为第8周，可达92.33%，但与处理4周差异不大。处理2周后的种子萌发出的幼苗鲜重与对照差异不大（$P > 0.05$），但低温处理4周及以上的种子萌发出的幼苗总鲜重显著高于对照组和处理2周的种子（$P < 0.05$）。幼苗茎长和叶片数的规律一致，对照组的茎长和叶片数显著低于处理组（$P < 0.05$），且各处理组之间的茎长也呈现一定的差异性。因此，4℃低温处理能显著促进芍药种子萌芽及改善幼苗生长情况，其中最适宜的低温处理时间为4周。

表 5-14　低温处理下种子萌发及幼苗生长情况

低温处理时间 / 周	萌发率 /%	总鲜重 /g	茎长 /mm	叶片数 / 片
0（CK）	4.33 ± 0.95c	0.34 ± 0.03c	56.09 ± 3.29d	0.67 ± 0.58a
2	21.00 ± 2.86b	0.47 ± 0.03bc	105.52 ± 14.86c	2.33 ± 0.27b
4	86.00 ± 6.56a	0.73 ± 0.08a	150.27 ± 8.72ab	3.00 ± 0.23b
5	91.67 ± 3.06a	0.66 ± 0.13ab	166.26 ± 10.26a	3.33 ± 0.58b
6	91.00 ± 4.36a	0.79 ± 0.06a	144.62 ± 20.98abc	3.00 ± 0.38b
8	92.33 ± 3.51a	0.73 ± 0.03a	119.84 ± 19.56bc	2.33 ± 0.27b

注：不同小写字母表示不同处理间差异显著（$P < 0.05$）。

5.3.4 低温对种子发芽过程中内源激素质量分数的影响

低温处理亳芍药种子发芽观察中内源激素的质量分数变化如图5-9所示。由图5-9可知，处理组种子中ZT质量分数高于对照组，在第2阶段呈显著差异（$P < 0.05$），说明低温处理在短期内会诱导内源ZT质量分数增加。处理组和对照组种子中KT质量分数均呈先降低后升高的趋势，对照组质量分数高于处理组且在第2阶段形成显著差异（$P < 0.05$），说明低温处理后会使芍药种子中KT质量分数更低。在低温处理种子发芽过程中，对照组芍药种子中GA质量分数呈不断下降趋势，处理组呈先降低后升高的趋势；对照组芍药种子中GA质量分数在第2阶段和第3阶段显著低于处理组（$P < 0.05$）。在低温处理种子发芽过程中，对照组芍药种子中ABA含量呈现升高后降低的趋势，处理组则呈逐渐升高的趋势。芍药种子中ABA质量分数动态变化趋势与GA完全相反，表明芍药种子中GA与ABA相互拮抗，调控着种子的休眠与萌发过程。在低温处理种子发芽过程中，对照组和处理组的芍药种子中IAA质量分数越来越少，在第3个阶段达到最低值，表明随着芍药种子上胚轴休眠的解除及胚芽的萌发生长，IAA被不断消耗。在低温处理种子发芽过程中，对照组和处理组的芍药种子中IBA质量分数逐渐增加，均在第3阶段达到顶峰，但IBA质量分数变化趋势与IAA截然相反，说明在芍药种子发芽过程中二者对种子休眠与萌发的调节作用相反；低温处理后芍

药种子中的 IBA 质量分数在第 2、3 阶段显著高于对照（$P < 0.05$），表明低温处理会诱导 IBA 质量分数的增加。

综上所述，KT、GA 和 IBA 的质量分数与芍药种子萌发过程呈正相关，且经过处理后的种子中相关激素质量分数显著增加，表明这类激素可能是亳芍药种子休眠解除的促进物；而 ABA 在种子收获时质量分数最高，经过处理后有所下降，之后随着休眠状态的逐渐解除其质量分数急剧降低最终趋于稳定，表明 ABA 对芍药种子萌发起反向调控作用。

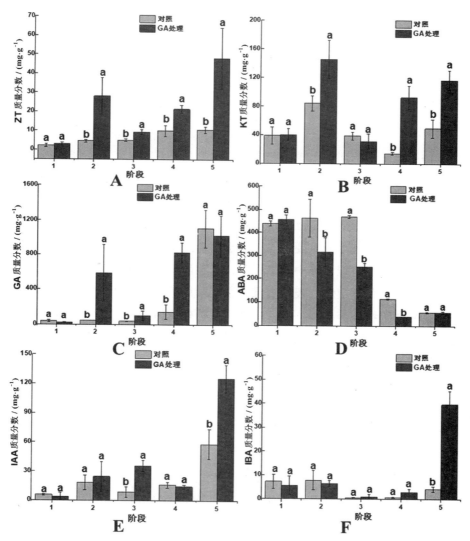

图 5-9　低温处理对亳芍药种子生根过程中内源激素质量分数的影响

注：A ～ F 分别表示内源激素 ZT、KT、GA、ABA、IAA、IBA；阶段 1 ～ 3 分别表示种子处理前、处理后 4 周、温室培养 4 个月。不同小写字母表示同一时期不同处理间差异显著（$P < 0.05$）。

6

川芎药组织培养快速繁育体系的建立

四川栽培芍药（川芍药）由于雄蕊完全瓣化，只开花不结实，不能进行种子繁殖，只能以芍头进行无性繁殖，繁殖系数低、栽培成本高，难以满足市场需求，并且随着外地种子繁殖芍药的大量引入，严重影响了川白芍的产业发展。

组织培养技术能在短时间内繁殖较多的后代且保持亲本原有的优良性状，是加快川芍药优良品种商业化进程的重要手段。由于川芍药不结实，只能选择地下芽、茎段和叶片等为外植体，但在组织培养中污染严重，目前尚未完全建立其组织培养再生体系。因此，通过优化川芍药外植体的表面消毒方法及对川芍药组织培养中内生菌污染进行控制，以降低川芍药组织培养的污染率，提高川芍药外植体的利用率。同时，筛选出能诱导芽的外植体，并对其进行丛芽诱导培养、无根组培苗的培养及生根培养，为川芍药组织培养再生体系的构建奠定基础。

6.1 外植体消毒体系的建立

分别选择川芍药的地下芽、叶片、着生鳞片的茎段、无节结茎段和分叉茎段作为外植体。川芍药外植体消毒方法优化所用的培养基均为 1/2MS+30 g/L 蔗糖 +7.5 g/L 琼脂，pH 值为 6。培养条件为暗培养，培养温度为 22℃。

用不同质量浓度组合的多菌灵和青霉素钠混合液处理外植体，后使用 75% 乙醇和 0.1% 升汞消毒，确定多菌灵和青霉素钠的消毒质量浓度组合及不同消毒剂的最佳消毒时间。每个处理设 3 个重复。

6.1.1 多菌灵和青霉素钠最适作用质量浓度的确定

经不同质量浓度组合的多菌灵和青霉素钠混合溶液处理川芎药不同的外植体的结果见表6-1。以叶片为外植体时，当青霉素钠的质量浓度不变时，叶片由 3 g/L 多菌灵和 5 g/L 多菌灵处理后，其污染率和坏死率没有显著差异（$P > 0.05$），说明多菌灵质量浓度对叶片污染率和坏死率没有显著影响，故选择 3 g/L 多菌灵质量浓度做后续试验。当多菌灵质量浓度为 3 g/L 时，随着青霉素钠的质量浓度增加，叶片的污染率呈下降趋势但不存在显著差异（$P > 0.05$），坏死率呈上升趋势且存在显著差异（$P < 0.05$），当青霉素钠质量浓度为 0.5 g/L 时，叶片坏死率最低为 8.3%，故选择 0.5 g/L 青霉素钠做后续试验。因此，选择多菌灵质量浓度为 3 g/L 和青霉素钠质量浓度为 0.5 g/L 的混合溶液处理叶片效果最好。以着生鳞片的茎段、无节结茎段和分叉茎段为外植体，当多菌灵浓度不变时，川芎药 3 种茎段的污染率随着青霉素钠的质量浓度增加均呈先降低后升高的的趋势，坏死率均呈升高趋势；1.5 g/L 的青霉素钠与其他两个质量浓度的青霉素钠相比，3 种茎段外植体的坏死率均显著升高（$P < 0.05$），0.5 g/L 和 1 g/L 的青霉素钠相比，3 种茎段外植体的坏死率均无显著差异（$P > 0.05$），但污染率均显著升高（$P < 0.05$）。对于这 3 种茎段而言，青霉素钠的质量浓度均选择 1 g/L。当青霉素钠的质量浓度为 1 g/L 时，3 g/L 多菌灵与 5g/L 多菌灵相比，3 种茎段的污染率均显著升高（$P < 0.05$），而坏死率均无显著变化（$P > 0.05$），故多菌灵质量浓度选择 5 g/L。由此可见，3 种茎段外植体均选择多菌灵质量浓度为 5 g/L 和青霉素钠质量浓度为 1 g/L 的混合溶液处理效果最好。以地下芽为外植体时，经多菌灵和青霉素钠的混合溶液处理后，川芎药地下芽的污染率依旧很高，当青霉素钠质量浓度不变时，多菌灵对地下芽的污染率和坏死率均没有显著影响（$P > 0.05$）。当青霉素钠质量浓度为 0.5 g/L 和 1 g/L 时，川芎药的坏死率均为 0，当青霉素钠质量浓度为 1.5 g/L 时地下芽出现坏死的情况。当地下芽经 5 g/L 的多菌灵和 1.5 g/L 的青霉素钠混合溶液处理后相对于其他处理情况较好，但污染依然很严重。

在叶片、着生鳞片的茎段、无节结茎段、分叉茎段和地下芽这几种外植体中，多菌灵和青霉素钠混合溶液处理可有效降低川芎药叶片和着生鳞片的茎段、无节结茎段和分叉茎段的污染率，但对地下芽的抑菌效果不明显，因此选择叶片和着生鳞片的茎段、无节结茎段、分叉茎段继续后续的试验。

6.1.2 多菌灵和青霉素钠混合溶液最适浸泡时间的确定

基于多菌灵和青霉素钠混合溶液对叶片、着生鳞片的茎段、无节结茎段和分叉茎段处理的最佳质量浓度组合研究结果，继续筛选多菌灵和青霉素钠混合溶液的最佳浸泡时间，结果见表6-2。随着多菌灵和青霉素钠混合溶液浸泡时间的增加，叶片的污染率呈降低趋势，坏死率呈升高趋势。说明多菌灵和青霉素钠混合溶液浸泡时间越长，抑菌能力也越强，对川芍药外植体的伤害越大。叶片浸泡 60 min 与浸泡 30 min 相比，污染率显著降低（$P < 0.05$），由 53.73% 降至 41.67%，但坏死率没有显著差异（$P > 0.05$）；叶片浸泡 90 min 与浸泡 60 min 相比，污染率没有显著差异（$P > 0.05$），但坏死率显著升高（$P < 0.05$），由 8.33% 增加至 20.27%。因此，川芍药叶片经多菌灵和青霉素钠混合溶液浸泡，浸泡时间选择 60 min 效果最好，其污染率为 41.67%，坏死率为 8.33%。着生鳞片的茎段、无节结茎段、分叉茎段这 3 种茎段外植体随着 5 g/L 的多菌灵和 1 g/L 的青霉素钠混合溶液浸泡时间的增加，污染率均呈下降趋势，但浸泡时间对 3 种茎段外植体的坏死率均没有显著影响（$P > 0.05$）。着生鳞片的茎段、无节结茎段、分叉茎段这 3 种茎段外植体浸泡 30 min 的污染率显著高于与其他两种浸泡时间的污染率（$P < 0.05$），污染率分别为 66.67%、65.77% 和 64.8%；3 种茎段浸泡 60 min 与浸泡 90 min 相比，污染率均没有显著差异（$P > 0.05$）。因此，着生鳞片的茎段、无节结茎段、分叉茎段经多菌灵和青霉素钠混合溶液的浸泡时间均选择 60 min 效果最佳，此时着生鳞片的茎段污染率为 47.2%，坏死率为 4.67%；无节结茎段污染率为 47.23%，坏死率为 5.6%；分叉茎段污染率为 47.2%，坏死率为 5.57%。

6.1.3 乙醇和升汞最适消毒时间的确定

在经多菌灵和青霉素钠混合液处理后，筛选 75% 乙醇和 0.1% 升汞分别对叶片、着生鳞片的茎段、无节结茎段和分叉茎段的最佳消毒时间，结果见表 6-3。以叶片为外植体时，随着 75% 乙醇和 0.1% 升汞处理时间的增加，叶片的污染率呈降低趋势，但坏死率呈升高趋势。这说明 75% 乙醇和 0.1% 升汞在抑菌的同时对于叶片也有一定的伤害。当 75% 乙醇处理 10 s、0.1% 升汞处理 7 min 的坏死率与 75% 乙醇处理 5 s、0.1% 升汞处理 7 min 时的坏死率没有显著差异（$P > 0.05$），但前者污染率更低（$P < 0.05$）。因此，叶片选择 75% 乙醇处理 10 s、0.1% 升汞处理 7 min，此时效果最好。随着 75% 乙醇处理时间的增加，着生鳞片的茎段、无节结茎段和分叉茎段的污染率均呈降低趋势，当 75% 乙醇处理时间为 15 s 时，3 种茎段外植体的坏死率均显著高于处理 5 s 和处理 10 s 的坏死率（$P < 0.05$）；75% 乙醇处理 5 s 与处理 10 s 相比，3 种茎段的坏死率均没有显著差异（$P > 0.05$），但污染率均显著升高（$P < 0.05$），故 75% 乙醇处理时间选择 10 s。当 75% 乙醇处理时间为 10 s，0.1% 升汞处理 7 min 与处理 8 min 相比，对 3 种茎段的坏死率均没有显著影响（$P > 0.05$），但污染率均显著升高（$P < 0.05$），故 0.1% 升汞处理时间选择 8 min。因此，着生鳞片的茎段、无节结茎段和分叉茎段经 75% 乙醇处理 10 s、0.1% 升汞处理 8 min，效果均最好。

表 6-1 不同浓度组合的多菌灵和青霉素钠对川芍药不同外植体污染率和坏死率的影响

编号	多菌灵/(g·L⁻¹)	青霉素钠/(g·L⁻¹)	叶片		着生鳞片的茎段		无节结茎段		分叉茎段		地下芽	
			污染率/%	坏死率/%	污染率/%	坏死率/%	污染率/%	坏死率/%	污染率/%	坏死率/%	污染率/%	坏死率/%
1	3	0.5	41.67±5.56a	8.30±1.61e	68.50±2.44a	0.93±0.93b	67.57±1.83a	0.00±0.00c	62.03±0.93a	1.87±0.93c	100.00±0.00a	0.00±0.00a
2	3	1	40.73±3.18a	14.83±1.62cd	54.67±0.93c	3.73±0.93b	55.56±0.93b	2.80±0.98c	55.57±0.93bc	4.67±0.93c	99.07±1.61ab	0.00±0.00a
3	3	1.5	36.10±2.80ab	22.20±2.80ab	61.10±1.62b	10.17±0.93a	52.80±1.62c	9.23±0.93ab	52.77±4.24b	11.10±1.62ab	98.15±1.61ab	0.93±0.80a
4	5	0.5	43.50±42.23a	12.03±1.62de	60.20±2.44b	4.63±1.83b	58.33±1.59b	3.73±0.93c	59.27±1.83ab	5.60±1.21bc	100.00±0.00a	0.00±0.00a
5	5	1	35.17±3.20ab	19.43±2.75bc	47.20±1.62d	4.67±0.93b	47.23±1.59c	5.60±0.93bc	47.20±1.62c	5.57±1.59bc	99.07±1.61ab	0.00±0.00a
6	5	1.5	30.57±2.75b	27.80±2.80a	52.80+1.62cd	12.97±0.93a	55.57±4.82b	12.03±2.47a	54.67±0.93b	13.90±1.62a	95.37±1.61b	2.78±0.95a

注：同列不同小写字母表示差异显著（$P < 0.05$）。

153

表 6-2 多菌灵和青霉素钠混合溶液浸泡时间对不同外植体的污染率和坏死率的影响

浸泡时间/min	叶片		着生鳞片的茎段		无节结茎段		分叉茎段	
	污染率/%	坏死率/%	污染率/%	坏死率/%	污染率/%	坏死率/%	污染率/%	坏死率/%
30	53.73±1.61a	5.57±2.75b	66.67±1.59a	2.80±2.03a	65.77±0.93a	2.80±1.62a	64.80±2.44a	2.80±1.62a
60	41.67±5.56b	8.33±2.75b	47.20±1.62b	4.67±0.93a	47.23±1.59b	5.60±0.93a	47.20±1.62b	5.57±1.59a
90	39.80±4.22b	20.37±3.18a	45.37±2.44b	5.57±1.59a	45.37±2.44b	6.50±0.90a	44.43±1.59b	7.40±0.90a

注: 同列不同小写字母表示差异显著 ($P < 0.05$)。

表 6-3 75% 乙醇和 0.1% 升汞处理时间对不同外植体的污染率和坏死率的影响

编号	75%乙醇/s	0.1%升汞/min	叶片		着生鳞片的茎段		无节结茎段		分叉茎段	
			污染率/%	坏死率/%	污染率/%	坏死率/%	污染率/%	坏死率/%	污染率/%	坏死率/%
1	5	7	71.27±1.62a	2.80±2.80d	77.77±3.20a	2.80±1.66b	78.73±0.93a	3.73±0.93b	79.63±2.44a	4.63±0.93b
2	5	8	60.2±4.22b	4.67±1.62d	67.60±2.44b	3.73±0.93b	70.33±0.93b	4.67±0.93b	67.60±0.90b	4.67±1.59b
3	10	7	41.67±5.56c	8.30±1.62d	55.57±1.59c	3.73±2.44b	55.57±1.59c	5.57±1.59b	56.50±0.90c	4.67±0.90b
4	10	8	40.73±4.23c	17.57±3.18c	47.20±1.62d	4.67±0.93b	47.23±1.59d	5.60±0.93d	47.20±1.62d	5.57±1.59b
5	15	7	31.50±1.56d	47.20±2.80b	41.67±1.59d	25.93±0.93a	39.83±0.93e	28.70±2.44a	43.50±1.59d	28.73±0.93a
6	15	8	25.93±4.28d	61.10±2.80a	33.33±1.59e	25.93±0.93a	30.57±1.59f	31.50±0.90a	34.23±1.62e	28.73±0.93a

注: 同列不同小写字母表示差异显著 ($P < 0.05$)。

6.2 内生菌污染的控制

经表面消毒后的叶片、着生鳞片的茎段、无节结茎段和分叉茎段仍存在细菌污染，通过初步观察着生鳞片的茎段、无节结茎段、分叉茎段和叶片培养中出现的细菌外观形态相似，且茎段污染更为严重。因此，挑取 3 种茎段培养中出现的细菌。川芎药 3 种茎段经优化的表面消毒方法处理后，切为适宜大小接入培养基，培养基为：1/2MS+30 g/L 蔗糖 +7.5 g/L 琼脂。培养 7 d 后将切口处溢出的细菌挑出，接种到细菌培养基中，进行平板划线分离纯化。所用细菌培养基为：牛肉膏 3 g/L+ 蛋白胨 10 g/L+ 氯化钠 5 g/L+ 琼脂 20 g/L，pH 值为 7.4。将细菌培养于恒温培养箱中，培养温度为 37℃。

采用 16S rDNA 鉴定川芎药的内生菌，由上海美吉生物医药科技有限公司进行检测。

采用药敏试验（纸片法）评价青霉素钠（Q）、特美汀（T）、噻孢霉素（S）、益培灵（Y）和 PPM™（P）5 种抑菌剂的体外及组织培养中的抑菌效果及其最适抑菌浓度。每个处理设 3 个重复。

6.2.1 内生菌的分离纯化及鉴定

经表面消毒处理后，川芎药组织培养 7 d 后仍有细菌污染，细菌多由切口处逸出，并向四周扩散，确定其为内生菌污染。挑取川芎药茎段培养中的内生菌，接种到细菌培养基中，根据其形态和颜色，挑取单菌落，经分离纯化得到白色、黄色、橘色、黄褐色等 4 种芍药内生菌。将分离出的内生菌标记为 SY1、SY2、SY3 和 SY4（图 6-1）。采用 16S rDNA 分子鉴定，通过 NCBI 对比，鉴定结果（表 6-4）表明，4 种内生菌分别为无色杆菌（*Achromobacter* sp.）、甜瓜黄单胞杆菌（*Xanthomonas melonis*）、荧光假单孢杆菌（*Pseudomonas fluorescens*）和透明黄单胞杆菌（*Xanthomonas translucens*）。

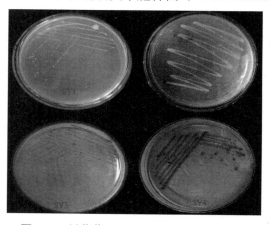

图 6-1 川芎药组织培养中分离出的内生菌

注：SY1，无色杆菌；SY2，甜瓜黄单胞杆菌；SY3，荧光假单胞杆菌；SY4，透明黄单胞杆菌。

表 6-4　川芎药内生菌鉴定结果

编号	细菌	NCBI 登记编码	同源性
SY1	无色杆菌（*Achromobacter* sp.）	KU902435.1	100%
SY2	甜瓜黄单胞杆菌（*Xanthomonas melonis*）	KP318505.1	100%
SY3	荧光假单胞杆菌（*Pseudomonas fluorescens*）	CP031648.1	100%
SY4	透明黄单胞杆菌（*Xanthomonas translucens*）	CP038228.1	99.84%

6.2.2 内生菌体外抑菌剂的筛选

由图 6-2 可知，青霉素钠（Q）、特美汀（T）、噻孢霉素（S）、益培灵（Y）和 PPM™（P）这 5 种抑菌剂中，只有益培灵对 4 种川芎药内生菌具有一定的抑制作用。因此，选择益培灵作为最适抑菌剂开展后续试验。

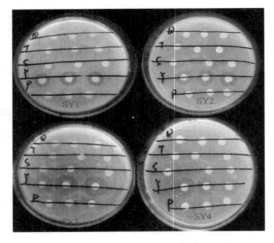

图 6-2　5 种抑菌剂对内生菌的抑制作用

注：SY1，无色杆菌；SY2，甜瓜黄单胞杆菌；SY3，荧光假单胞杆菌；SY4，透明黄单胞杆菌。

Q，青霉素钠；T，特美汀；S，噻孢霉素；Y，益培灵；P，PPM™。

6.2.2.1 益培灵对川芎药内生菌体最小抑菌浓度的测定

川芎药组织培养所用培养基为 1/2MS+30 g/L 蔗糖 +7.5 g/L 琼脂，因此在体外最适质量浓度的测定中选用此培养基。培养基中益培灵的质量浓度别为 0 g/L、0.025 g/L、0.05 g/L、0.1 g/L，内生菌的生长情况如图 6-3 所示。随着益培灵质量浓度的增加，其对内生菌生长的抑制作用越明显，呈现浓度依赖效应。当益培灵质量浓度为 0.1 g/L 时，在培养基中没有内生菌生长，因此，选择 0.1 g/L 的益培灵开展后续研究。

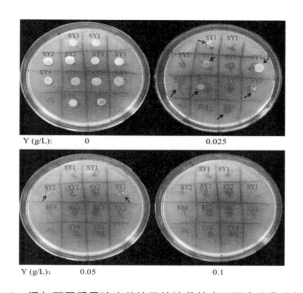

图6-3 添加不同质量浓度益培灵的培养基中不同内生菌生长情况

注：SY1，无色杆菌；SY2，甜瓜黄单胞杆菌；SY3，荧光假单胞杆菌；SY4，透明黄单胞杆菌。

黑色箭头指向生长的内生菌；Y，益培灵

6.2.2.2 益培灵在川芎药组织培养中的最适抑菌质量浓度

不同质量浓度益培灵（0.1 g/L、0.15 g/L、0.2 g/L）对接种外植体（叶片、着生鳞片的茎段、无节结茎段和分叉茎段）的污染抑菌情况如表6-5所示。随着益培灵作用质量浓度的增加，叶片接种后的污染率没有显著变化（$P > 0.05$），但坏死率随着益培灵质量浓度的增加而升高。当益培灵质量浓度为0.1 g/L时，叶片组织的坏死率显著低于质量浓度为0.15 g/L和0.2 g/L的益培灵（$P < 0.05$），为5.57%，且质量浓度为0.15 g/L和0.2 g/L的益培灵处理组，接种后叶片的坏死率没有显著差异（$P > 0.05$）。因此，当以叶片为外植体时，向培养基中添加益培灵的最适质量浓度为0.1 g/L。随着益培灵质量浓度的增加，着生鳞片的茎段、无节结茎段和分叉茎段的污染率均呈下降趋势。益培灵质量浓度为0.1 g/L时，3种茎段的污染率均显著高于质量浓度为0.15 g/L和0.2 g/L的益培灵（$P < 0.05$），分别为41.67%、39.83%和40.76%；当益培灵质量浓度为0.2 g/L时，3种茎段的坏死率均显著高于0.1 g/L和0.15 g/L的益培灵（$P < 0.05$），分别为12.97%、14.83%和16.67%。因此，综合考虑，当外植体为着生鳞片的茎段、无节结茎段和分叉茎段时，向培养基中添加益培灵的最适质量浓度为0.15 g/L。

6.2.2.3 益培灵在川芎药组织培养中最适作用浓度的筛选

不同质量浓度益培灵（0.1 g/L、0.15 g/L、0.2 g/L）对接种外植体（叶片、着生鳞片的茎段、无节结茎段和分叉茎段）的污染抑菌情况如表6-5所示。随着益培灵作用质量浓度的增加，叶片接种后的污染率没有显著变化（$P > 0.05$），但坏死率随着益培灵质量浓度的增加而升高。当益培灵质量质量浓度为 0.1 g/L 时，叶片组织的坏死率显著低于质量浓度为 0.15 g/L 和 0.2 g/L 的益培灵（$P < 0.05$），为 5.57%，且质量浓度 0.15 g/L 和 0.2 g/L 的益培灵处理组，接种后叶片的坏死率没有显著差异（$P > 0.05$）。因此，当以叶片为外植体时，向培养基中添加益培灵的最适质量浓度为 0.1 g/L。随着益培灵的浓度增加，着生鳞片的茎段、无节结茎段和分叉茎段的污染率均呈下降趋势。益培灵质量浓度为 0.1 g/L 时，3 种茎段的污染率均显著高于质量浓度为 0.15 g/L 和 0.2 g/L 的益培灵（$P < 0.05$），分别为 41.67%、39.83% 和 40.76%；当益培灵质量浓度为 0.2 g/L 时，3 种茎段的坏死率均显著高于 0.1 g/L 和 0.15 g/L 的益培灵（$P < 0.05$），分别为 12.97%、14.83% 和 16.67%。因此，综合考虑，当外植体为着生鳞片的茎段、无节结茎段和分叉茎段时，向培养基中添加益培灵的最适质量浓度为 0.15 g/L。

表 6-5　益培灵质量浓度对不同外植体污染率和坏死率的影响

益培灵 /(g·L⁻¹)	叶片		着生鳞片的茎段		无节结茎段		分叉茎段	
	污染率 /%	坏死率 /%	污染率 /%	坏死率 /%	污染率 /%	坏死率 /%	污染率 /%	坏死率 /%
0.1	16.67 ± 2.75a	5.57 ± 4.28b	41.67 ± 1.59a	6.50 ± 0.90b	39.83 ± 0.93a	7.40 ± 0.90b	40.76 ± 0.93a	8.30 ± 1.42b
0.15	13.90 ± 2.80a	21.27 ± 4.20a	34.27 ± 1.83b	6.50 ± 0.90b	33.33 ± 1.58b	10.17 ± 0.93ab	32.43 ± 1.83b	8.30 ± 1.58b
0.2	19.43 ± 2.75a	22.23 ± 2.80a	31.50 ± 1.56b	12.97 ± 1.87a	31.50 ± 0.90b	14.83 ± 0.93a	31.50 ± 0.90b	16.67 ± 1.58a

注：同列不同小写字母表示差异显著（$P < 0.05$）。

6.3 丛芽的诱导培养

用川芍药幼嫩的叶片、着生鳞片的茎段、无节结茎段和分叉茎段作为外植体，分别采用最佳的消毒方式处理后，接种到含有 2.5 mg/L 噻苯隆（TDZ）的 1/2MS 培养基中，在培养基中添加适宜质量浓度的抑菌剂，pH 值为 6。培养温度为 22℃，暗培养一周后光照培养。转入光照培养 15 d 后观察芽的诱导情况，以能诱导形成芽的外植体为最适外植体。

最适外植体经最佳表面消毒处理后，接入含有抑菌剂和激素的培养基中，培养基中添加不同质量浓度的 TDZ。在暗培养一周后转为光照培养。所用基础培养基为 1/2 MS+30 g/L 蔗糖 +7.5 g/L 琼脂。培养条件为：光照强度 2 000 ～ 2 500 lx，光照时间为 14 h/d，暗培养和光照培养温度均为 22℃。光照培养培养 45 d，每隔 15 d 观察培养情况。

6.3.1 外植体的选择

以川芎药幼嫩的叶片、着生鳞片的茎段、无节结茎段和分叉茎段为外植体，采用最佳消毒处理后，接种到 1/2MS+2.5 mg/L TDZ 的固体培养基中培养 15 d 后观察出芽情况，结果如表 6-6 和图 6-4 所示。在 4 种外植体中，仅着生鳞片的茎段形成单个芽，其他 3 种外植体均没有诱导形成芽。叶片在含有 2.5 mg/L TDZ 的培养基中培养后向外扩增，薄而透明（图 6-4A）；着生鳞片的茎段在含有 2.5 mg/L TDZ 的培养基中培养后诱导形成单个芽（图 6-4B）；无节茎段和分叉茎段在含有 2.5 mg/L TDZ 的培养基中培养后仅切口处膨大（图 6-4C、D）。因此，着生鳞片的茎段为川芎药诱导芽的最适外植体。

图 6-4　不同外植体芽诱导情况

注：A，叶片；B，着生鳞片的茎段；C，无节结茎段；D，分叉茎段。

表 6-6　不同外植体诱导芽的情况

编号	外植体	出芽情况
1	叶片	无
2	着生鳞片的茎段	诱导形成单个芽
3	无节结茎段	无
4	分叉茎段	无

6.3.2 TDZ 激素对丛芽诱导的影响

以着生鳞片的茎段为外植体，不同激素配比对丛芽诱导形成的影响如表 6-7 和图 6-5 所示。当培养基中 TDZ 质量浓度为 1 mg/L 和 1.5 mg/L 时，着生鳞片的茎段仅切口的两端膨大，没有芽形成；当 TDZ 的质量浓度为 2 mg/L 和 2.5 mg/L 时，着生鳞片的茎段均分化出单个芽，但 TDZ 质量浓度为 2 mg/L 时，诱导形成芽所需的时间相对较长，且芽长势较弱；当 TDZ 质量浓度达到 3 mg/L 时，着生鳞片的茎段诱导形成的芽在后期培养中出现玻璃化。在 2.5 mg/L 的 TDZ 中暗培养一周后转接到 3 mg/L TDZ 的培养基中进行光照培养，在转接的过程中将鳞片从着生基部切除更有利于丛芽的诱导，在光照培养 15 d 后着生鳞片的部位出现带绿色芽点（图 6-5A），培养 30 d 芽点形成丛芽（图 6-5B），培养 45 d 后丛芽生长至 2～3 cm（图 6-5C）。用此方法形成的丛芽生长较快，在后期培养中未出现玻璃化。

表 6-7　TDZ 对着生鳞片的茎段诱导丛芽的影响

编号	TDZ/（mg·L⁻¹）	诱导愈伤及分化情况
1	1	切口处膨大，无芽形成
2	1.5	切口处膨大，无芽形成
3	2	诱导形成单个芽，长势较弱
4	2.5	诱导形成单个芽，生长状态较好
5	3	诱导形成单个芽，芽玻璃化
6	2.5	诱导形成丛芽

图 6-5　着生鳞片的茎段丛芽诱导培养

注：A，光照培养 15 d；B，光照培养 30 d；C，光照培养 45 d。

6.4 无根组培苗的诱导

将由着生鳞片的茎段诱导形成的丛芽培养至 2～3 cm 后切下，转入蔗糖质量浓度分别为 0 g/L、10 g/L、20 g/L 和 30 g/L 的 1/2MS +7.5 g/L 琼脂培养基中，培养 3 周后观察无根组培苗的生长情况；将由着生鳞片的茎段诱导形成的丛芽培养至 2～3 cm 后切下，转入基本培养基为 MS、1/2MS、1/4MS 的培养基中，培养基蔗糖质量浓度为 10 g/L，琼脂质量浓度为 7.5 g/L；培养条件为：光照培养，温度 22℃，光照强度 2 000～2 500 lx，光照时间 14 h/d。

6.4.1 蔗糖浓度对无根组培苗生长的影响

蔗糖质量浓度对无根组培苗生长的影响结果见表 6-8。随着蔗糖质量浓度的增加，无根组培苗生长情况越来越差，当蔗糖质量浓度为 0 g/L 时，无根组培苗培养后出现萎蔫；当蔗糖质量浓度为 10 g/L 时，培养 3 周后无根组培苗叶片轻微黄化；当蔗糖质量浓度为 20 g/L 时，培养 3 周后无根组培苗叶片严重枯萎，影响无根组培苗的生长；当培养基中蔗糖质量浓度为 30 g/L 时，培养 3 周后无根组培苗插入培养基的部位部分坏死，叶片枯萎。因此，无根组培苗在蔗糖质量浓度为 10 g/L 的培养基中叶片枯萎现象减轻。

表 6-8　蔗糖浓度对无根组培苗生长的影响

编号	蔗糖质量浓度 $/ (g \cdot L^{-1})$	无根组培苗生长情况
1	0	无根组培苗萎蔫
2	10	无根组培苗叶片轻微黄化
3	20	叶片枯萎
4	30	无根组培苗插入培养基的部分坏死，叶片枯萎

6.4.2 培养基类型对无根组培苗生长的影响

培养基类型对无根组培苗生长的影响结果见表 6-9 和图 6-6。以 MS 为基本培养基时，培养 3 周后无根组培苗的叶片全部枯萎（图 6-6A）；当以 1/2 MS 为基本培养基时，培养 3 周后无根组培苗的叶片轻微黄化，部分叶片边缘出现枯萎（图 6-6B）；当以 1/4 MS 为基本培养基时，培养 3 周后无根组培苗正常生长（图 6-6C）。因此，1/4 MS 为适宜无根组培苗生长的基本培养基。

表 6-9　基本培养基对无根组培苗生长的影响

编号	基本培养基	无根组培苗培养情况
1	MS	叶片枯萎
2	1/2MS	叶片黄化
3	1/4MS	生长正常

图 6-6　不同培养基中无根组培苗生长培养

注：A，MS；B，1/2MS；C，1/4MS

6.5 生根诱导

　　将生长较好的无根组培苗接入无激素的培养基中培养 1 周后转入生根诱导培养基中，生根培养激素组合见表 6-10，选择用最佳基础培养基，培养条件为光照培养，温度 22℃，光照强度 2 000 ～ 2 500 lx，光照时间 14 h/d。

　　将生长状态较好的无根组培苗接入生根培养基中，培养 30 d 后观察生根情况，结果见表 6-10。结果表明，单独使用萘乙酸（NAA）和吲哚乙酸（IBA）均未成功诱导生根。关于川芍药的生根培养需要进一步深入研究。

表 6-10　生长素对生根诱导的影响

编号	激素 /（mg · L⁻¹）		生长状况
	NAA	IBA	
1	0.5	0	
2	0.8	0	
3	1	0	
4	2	0	均无生根迹象
5	0	0.5	
6	0	0.8	
7	0	1	
8	0	2	

7

川芍药化学成分提取分离及抗氧化活性物质基础的研究

芍药的主要活性成分为单萜苷类化合物，即芍药苷、芍药内酯苷、氧化芍药苷、苯甲酰芍药苷和苯甲酰羟基芍药苷等。芍药总苷是芍药根的水/乙醇提取物，其于1998年作为类风湿性关节炎缓解药物进入市场。近年来，有关芍药的研究主要集中在芍药提取物芍药苷和白芍总苷的药理和临床作用方面。芍药传统提取方法成本低，多使用易燃、易爆的有机溶剂，易造成环境污染和溶剂残留，同时提取效率较低、能耗高。因此，对芍药绿色提取方法研究变得尤其迫切，同时也需要针对不同需求和目标产品采用不同的提取技术。

四川省作为我国白芍三大道地产区之一，所产白芍品质极佳，享誉中外。芍药的茎叶在传统种植中被当做废料丢弃，但芍药除了根作药用外，前期研究中发现在川芍药干燥的茎叶中芍药苷质量分数高达2.5%，可研究用芍药茎叶提取芍药苷，增加芍药苷产品的来源，降低芍药苷的生产成本。芍药花含有较高的多酚类、糖类、花青素和芍药苷等化合物，具有很强的抗氧化活性，对其成分和活性进行研究，可实现高值化的开发，如开发芍药花养生饮品、作为天然抗氧化剂来源等。

因此，以四川中江栽培的芍药为材料，建立川芍药HPLC指纹图谱，优化提取工艺；建立亚临界水提取（SWE）芍药总苷的绿色提取工艺；建立芍药茎叶提取制备高纯度芍药苷的工艺；对川芍药根主要化学成分进行分离纯化、结构鉴定；采用HPLC-MS技术对川芍药（根、茎叶和花）提取物进行定性分析，并进行抗氧化评价，结合HPLC-MS、DPPH-HPLC对川芍药抗氧化活性物质的基础进行研究，为川芍药化学成分、抗氧化活性物质基础的研究和资源开发、绿色可持续利用等方面提供理论依据，同时为药用成分的工业化生产提供技术支撑，促进芍药种质资源的高值化利用。

7.1 川芍药 6 种活性成分的 HPLC 同时测定及指纹图谱建立

通过对 HPLC 色谱条件的筛选、优化，建立了川芍药 6 种活性成分 HPLC 同时测定方法，并以 HPLC 同时测定方法为基础，建立了川芍药 HPLC 指纹图谱，用以全面、快速地对芍药化学成分进行分析。

7.1.1 6 种活性成分 HPLC 同时测定方法的建立

芍药的主要化学成分为单萜苷类和酚酸类成分，它们理化性质相近、亲水性强，要实现芍药化学成分的分离较为困难。笔者以《中华人民共和国药典》（2015 年版，一部）白芍中芍药苷检测方法为基础，以 6 种活性成分（没食子酸、羟基芍药苷、儿茶素、芍药内酯苷、芍药苷、苯甲酰芍药苷）的色谱峰形、分离度、分析时间、系统稳定性等作为评价指标，进行川芍药 6 种有效成分同时测定方法的研究。

通过对甲醇－水和乙腈－水作为流动相进行比较，发现乙腈－水作为流动相具有更高的分辨率，分离速度更快。在 HPLC 中，苷类和酚酸类成分的保留行为受流动相的 pH 值影响较大，不同酸的添加也对色谱性能有一定影响，因此采用甲酸、乙酸和磷酸等不同 pH 调节剂对色谱性能的影响进行了测试。结果发现，添加 0.1% 磷酸基线稳定无漂移、主峰分辨率高、对称性好。通过对标准品进行紫外可见吸收光谱法分析，最终设定为 230 nm 和 270 nm 双波长检测，在此波长下可同时检测川芍药单萜苷类和酚酸类成分，且具有良好的吸收和灵敏度。成功建立了川芍药 6 种活性成分 HPLC 同时测定方法，具体色谱条件如下。

色谱柱 Agilent Eclipse XDB–C18（4.6 mm×250 mm，5 μm）；流动相：0.1% 磷酸水（A）－乙腈（B），梯度洗脱程序：0 ～ 5 min 10% ～ 15% B，5 ～ 20 min 15% ～ 20% B，20 ～ 40 min 20% ～ 60% B，40 ～ 42 min 60% ～ 10% B，后运行 5 min；柱温 40℃；进样体积 10 μL；流速 1 mL/min；230 nm、270 nm 双波长分别检测芍药内酯苷、芍药苷、苯甲酰芍药苷和没食子酸、羟基芍药苷、儿茶素。在该条件下，6 种目标成分在 40 min 内实现了良好的分离。标准品和样品色谱图见图 7–1。

在建立好的芍药 6 种活性成分 HPLC 同时测定色谱条件下，分别进样不同体积的配制好的混标溶液进行测定，每个体积重复进样 3 次，换算质量浓度后，以质量浓度（X，μg/mL）为横坐标，峰面积（Y）为纵坐标，制作标准曲线，拟合线性方程，实验结果见表 7–1。

对该方法进行稳定性、精密度、重复性和加样回收等方法学考察，并按照《中华人民共和国药典》（2015 年版，一部）规定，对色谱系统的适用性试验，包括理论板数、分离度、灵敏度、拖尾因子等在不同 HPLC 系统进行验证。

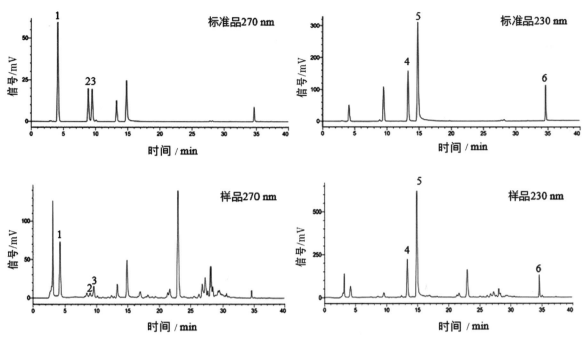

图 7-1　标准品及样品 HPLC 图谱

注：1，没食子酸；2，羟基芍药苷；3，儿茶素；4，芍药内酯苷；5，芍药苷；6，苯甲酰芍药苷

表 7-1　线性回归方程及检测限和定量限

成分	线性方程	R^2	线性范围 / ($\mu g \cdot mL^{-1}$)	检测限 LOD / ($\mu g \cdot mL^{-1}$)	定量限 LOQ / ($\mu g \cdot mL^{-1}$)
没食子酸	$Y=24\,801X+4\,056.1$	0.999 8	5.1 ~ 102	0.89	2.84
羟基芍药苷	$Y=2\,970.3X-48.4$	0.999 3	4.4 ~ 88	0.09	0.28
儿茶素	$Y=60\,227X-11\,179$	0.999 9	4.6 ~ 92	0.86	2.64
芍药内酯苷	$Y=11\,308X-21\,303$	0.999 9	19.2 ~ 384	5.19	16.39
芍药苷	$Y=13\,639X-102\,693$	0.999 7	42.9 ~ 858	9.93	33.1
苯甲酰芍药苷	$Y=23\,068X-8\,657.5$	0.999 7	4.4 ~ 88	0.62	1.92

　　川芎药中 6 种活性成分 48 h 的稳定性试验中，峰面积的相对标准偏差（RSD）为 0.16% ~ 0.47%；精密度试验结果的 RSD 为 0.08% ~ 0.38%；重复性评价结果显示，没食子酸、羟基芍药苷、儿茶素、芍药内酯苷、芍药苷和苯甲酰芍药苷保留时间的 RSD 分别为 0.47%、0.74%、0.97%、0.41%、0.56 和 0.10%，峰面积的 RSD 分别为 1.20%、1.37%、1.17%、0.98%、0.36% 和 1.08%。加样回收率试验的平均回收率、RSD 结果见表 7-2。

通过方法学考察（线性关系、精密度、稳定性、重复性、回收率等试验）和系统适用性验证，结果都符合规定要求。该方法可以在 40 min 内完成川芍药中没食子酸、羟基芍药苷、儿茶素、芍药内酯苷、芍药苷和苯甲酰芍药苷的分离，该方法适用于川芍药 6 种有效成分的同时测定。

表 7-2　加样回收试验结果（$n = 6$）

样品		没食子酸	羟基芍药苷	儿茶素	芍药内酯苷	芍药苷	苯甲酰芍药苷
样品量 /mg		0.423	0.936	0.116	3.501	8.076	0.539
添加量 /mg		0.510	0.440	0.115	0.960	4.290	0.440
测定值 /mg	1	0.934	1.374	0.232	4.459	12.309	0.979
	2	0.927	1.371	0.232	4.455	12.392	0.976
	3	0.929	1.378	0.231	4.458	12.346	0.971
	4	0.935	1.375	0.232	4.452	12.346	0.979
	5	0.929	1.372	0.231	4.465	12.336	0.979
	6	0.931	1.377	0.229	4.472	12.341	0.983
回收率 /%	1	100.12	99.65	101.26	99.75	98.67	99.97
	2	98.89	98.75	100.75	99.36	100.61	99.23
	3	99.12	100.42	99.89	99.66	99.53	98.20
	4	100.42	99.85	101.26	99.06	99.53	99.97
	5	99.27	99.15	99.72	100.44	99.30	99.95
	6	99.61	100.29	98.61	101.17	99.41	100.93
平均回收率 /%		99.57	99.69	100.25	99.91	99.51	99.71
RSD/%		0.54	0.65	0.91	0.77	0.48	0.91

在 HPLC 色谱分析中，选择正确的 pH 调节剂可以有效改善色谱峰形和分离度。在本研究中，样品中芍药苷类和酚酸类化合物均具有一定的酸性，且含量较高，选择合适的 pH 调节剂对色谱行为影响较大。通过筛选，甲酸和磷酸的酸性适中，但甲酸紫外吸收截止波长较高（230 nm），在芍药苷等单萜苷的检测波长下紫外吸收后，在梯度洗脱中会引起较严重的基线漂移，影响定量。因此，在同时测定和指纹图谱中我们最终选取磷酸作为 pH 调节剂，以获得最佳的峰形和分离度。在 HPLC 分析中选择双波长进行检测，可在一次色谱分析中对多种具有不同紫外吸收的成分在最佳吸收波长下实现同时测定，能有效提高分析灵敏度、准确性和分析效率。通过检测波长筛选，最终选择 230 nm 和 270 nm 双波长，可实现芍药单萜苷类和酚酸类成分的同时测定。

7.1.2 川芎药 HPLC 指纹图谱的建立

7.1.2.1 川芎药 HPLC 指纹图谱分析方法

以川芎药为分析样品，在芎药 6 种有效成分同时测定的 HPLC 方法的基础上，进行川芎药 HPLC 指纹图谱色谱条件的研究，建立的川芎药指纹图谱色谱条件如下。

Agilent Eclipse XDB-C18 色谱柱（4.6 mm×250 mm，5 μm）；流动相：0.1% 磷酸水（A）- 乙腈（B）；梯度洗脱：0 ～ 5 min 10% ～ 15% B，5 ～ 20 min 15% ～ 20% B，20 ～ 40 min 20% ～ 60% B，40 ～ 45 min 60% ～ 90% B，45 ～ 50 min 90% B，50 ～ 55 min 90% ～ 10% B，55 ～ 60 min 10% B；检测波长 230 nm；柱温 40℃；进样量 10 μL；流速 1 mL/min。

空白试验：进样甲醇 10 μL，注入 HPLC，按川芎药指纹图谱色谱条件进行 HPLC 分析，记录色谱图（图 7-2）。

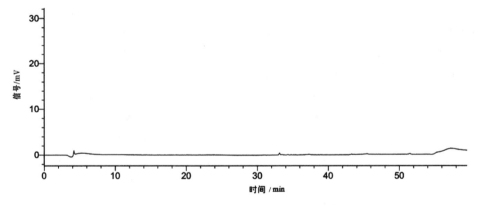

图 7-2　空白样品 HPLC 色谱图

对照试验：吸取混合标准品溶液 10 μL，注入 HPLC，按川芎药指纹图谱色谱条件进行 HPLC 分析，记录色谱图，见图 7-3。

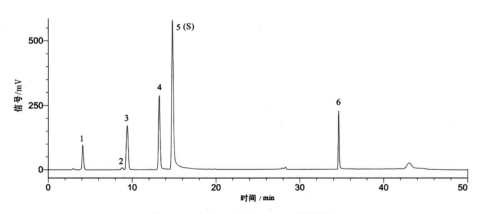

图 7-3　混合标准品 HPLC 色谱图

　　方法学考察：精密度试验各共有色谱峰的相对保留时间、相对峰面积及它们之间的 RSD 值结果见表 7-3 和表 7-4。重复性试验各共有色谱峰相对保留时间和相对峰面积及其 RSD 值结果见表 7-5、表 7-6。通过方法学考察，各主要共有峰相对保留时间和相对峰面积均基本一致，RSD 均小于 3%，符合指纹图谱要求。

　　芍药中的芍药苷是主要活性成分，《中华人民共和国药典》（2015 年版，一部）中以它为指标成分，对其含量作了明确规定。因此，在川芍药 HPLC 指纹图谱研究中，以芍药苷的色谱峰作为其他特征峰的参考峰，参考峰编号为 S，其他特征峰依次以阿拉伯数字 1，2，3…进行编号，川芍药 HPLC 指纹图谱共检出 20 个共有峰（图 7-4）。

表 7-3　精密度试验结果（相对保留时间）

序号	1	2	3	4	5	6	平均值	RSD/%
1	0.215	0.216	0.217	0.214	0.215	0.215	0.215	0.48
2	0.269	0.265	0.262	0.263	0.264	0.264	0.264	0.92
3	0.284	0.282	0.281	0.281	0.284	0.285	0.283	0.61
4	0.546	0.541	0.544	0.545	0.551	0.551	0.546	0.73
5	0.596	0.591	0.595	0.597	0.595	0.596	0.595	0.35
6	0.646	0.644	0.644	0.654	0.649	0.650	0.648	0.61
7	0.896	0.888	0.895	0.895	0.895	0.895	0.894	0.33
8	1.000	1.000	1.000	1.000	1.000	1.000	1.000	0.00
9	1.132	1.132	1.131	1.129	1.133	1.134	1.132	0.15
10	1.214	1.204	1.221	1.210	1.207	1.214	1.212	0.50
11	1.299	1.296	1.305	1.321	1.311	1.311	1.307	0.70
12	1.542	1.556	1.552	1.567	1.556	1.555	1.555	0.52
13	1.686	1.692	1.686	1.700	1.694	1.696	1.692	0.33
14	1.805	1.802	1.811	1.823	1.815	1.813	1.811	0.41
15	1.841	1.813	1.838	1.852	1.847	1.848	1.839	0.77
16	1.905	1.890	1.894	1.905	1.905	1.913	1.902	0.44
17	2.076	2.062	2.077	2.067	2.070	2.072	2.071	0.27
18	2.354	2.346	2.347	2.331	2.339	2.343	2.343	0.33
19	2.386	2.328	2.379	2.363	2.372	2.373	2.367	0.87
20	2.470	2.444	2.464	2.453	2.459	2.458	2.458	0.36

表 7-4　精密度试验结果（相对峰面积）

序号	1	2	3	4	5	6	平均值	RSD/%
1	0.053 0	0.052 2	0.052 8	0.052 7	0.053 1	0.052 4	0.052 7	0.66
2	0.007 9	0.007 9	0.007 6	0.007 9	0.007 6	0.007 8	0.007 8	1.89

续表

序号	1	2	3	4	5	6	平均值	RSD/%
3	0.019 3	0.018 7	0.019 2	0.018 7	0.019 2	0.019 0	0.019 0	1.39
4	0.003 1	0.003 1	0.003 1	0.003 0	0.003 0	0.003 1	0.003 1	1.68
5	0.013 6	0.013 4	0.013 7	0.013 4	0.013 6	0.013 4	0.013 5	0.98
6	0.036 5	0.036 5	0.035 6	0.035 6	0.035 9	0.036 5	0.036 1	1.25
7	0.294 4	0.295 8	0.291 9	0.292 2	0.290 2	0.295 0	0.293 3	0.73
8	1.000 0	1.000 0	1.000 0	1.000 0	1.000 0	1.000 0	1.000 0	0.00
9	0.003 0	0.003 0	0.003 1	0.003 1	0.003 0	0.003 1	0.003 1	1.80
10	0.009 7	0.009 8	0.009 9	0.009 8	0.009 9	0.009 9	0.009 8	0.83
11	0.036 5	0.036 5	0.035 9	0.036 1	0.035 9	0.035 8	0.036 1	0.87
12	0.009 8	0.009 5	0.009 7	0.009 9	0.009 8	0.009 8	0.009 8	1.41
13	0.120 2	0.120 6	0.122 4	0.121 0	0.120 6	0.119 6	0.120 7	0.78
14	0.010 9	0.010 9	0.011 0	0.011 0	0.011 2	0.011 1	0.011 0	1.06
15	0.026 7	0.026 9	0.027 1	0.027 1	0.027 1	0.027 0	0.027 0	0.59
16	0.032 8	0.033 1	0.033 3	0.032 6	0.033 0	0.032 7	0.032 9	0.80
17	0.005 1	0.005 1	0.005 3	0.005 2	0.005 1	0.005 0	0.005 1	2.01
18	0.063 4	0.063 0	0.064 3	0.064 1	0.064 1	0.063 6	0.063 8	0.79
19	0.019 3	0.019 4	0.019 0	0.019 0	0.019 1	0.019 1	0.019 2	0.86
20	0.011 3	0.011 3	0.011 1	0.011 2	0.011 3	0.011 4	0.011 3	0.92

表 7-5　重复性试验结果（相对保留时间）

序号	1	2	3	4	5	6	平均值	RSD/%
1	0.215	0.213	0.217	0.214	0.215	0.215	0.215	0.63
2	0.269	0.261	0.262	0.263	0.264	0.264	0.264	1.02
3	0.287	0.282	0.281	0.281	0.284	0.285	0.283	0.94
4	0.546	0.541	0.544	0.530	0.551	0.551	0.544	1.44
5	0.596	0.581	0.595	0.597	0.595	0.596	0.593	0.98
6	0.646	0.624	0.644	0.654	0.649	0.650	0.644	1.65
7	0.896	0.868	0.895	0.895	0.895	0.895	0.891	1.27
8	1.000	1.000	1.000	1.000	1.000	1.000	1.000	0.00
9	1.132	1.102	1.131	1.129	1.133	1.134	1.127	1.10
10	1.214	1.184	1.221	1.210	1.207	1.214	1.209	1.06
11	1.299	1.286	1.305	1.321	1.311	1.311	1.306	0.92
12	1.542	1.526	1.552	1.567	1.556	1.555	1.549	0.92

续表

序号	1	2	3	4	5	6	平均值	RSD/%
13	1.686	1.662	1.686	1.700	1.694	1.696	1.688	0.80
14	1.805	1.782	1.811	1.823	1.815	1.813	1.808	0.79
15	1.841	1.813	1.838	1.852	1.847	1.848	1.840	0.78
16	1.905	1.870	1.894	1.905	1.905	1.913	1.899	0.81
17	2.076	2.032	2.077	2.067	2.070	2.072	2.066	0.82
18	2.354	2.296	2.347	2.331	2.339	2.343	2.335	0.87
19	2.386	2.328	2.379	2.363	2.372	2.373	2.367	0.86
20	2.470	2.414	2.464	2.453	2.459	2.458	2.453	0.82

表 7-6　重复性试验结果（相对峰面积）

序号	1	2	3	4	5	6	平均值	RSD/%
1	0.053 0	0.052 2	0.052 8	0.052 7	0.053 1	0.051 4	0.052 5	1.25
2	0.007 9	0.007 9	0.007 6	0.008 1	0.007 6	0.007 8	0.007 8	2.19
3	0.019 3	0.018 7	0.019 6	0.018 7	0.019 6	0.019 0	0.019 2	2.10
4	0.003 1	0.003 1	0.003 1	0.003 0	0.003 0	0.003 1	0.003 1	1.50
5	0.013 0	0.013 4	0.013 8	0.013 2	0.013 6	0.013 4	0.013 4	2.23
6	0.036 5	0.036 5	0.035 6	0.035 6	0.035 9	0.037 0	0.036 2	1.61
7	0.294 4	0.295 8	0.291 9	0.292 2	0.290 2	0.295 0	0.293 2	0.73
8	1.000 0	1.000 0	1.000 0	1.000 0	1.000 0	1.000 0	1.000 0	0.00
9	0.003 0	0.003 0	0.003 1	0.003 1	0.003 0	0.003 1	0.003 0	1.61
10	0.009 7	0.009 8	0.009 9	0.009 8	0.009 9	0.009 9	0.009 9	1.06
11	0.036 5	0.036 5	0.035 9	0.036 1	0.035 5	0.035 8	0.036 1	1.06
12	0.009 8	0.009 5	0.009 7	0.009 9	0.009 8	0.009 8	0.009 8	1.48
13	0.118 2	0.120 6	0.122 4	0.121 0	0.120 6	0.119 6	0.120 4	1.17
14	0.010 9	0.010 9	0.011 0	0.011 0	0.011 2	0.011 1	0.011 0	1.30
15	0.026 7	0.026 9	0.027 1	0.027 5	0.027 1	0.027 0	0.027 0	1.04
16	0.032 2	0.033 1	0.033 3	0.032 6	0.033 0	0.032 7	0.032 8	1.16
17	0.005 1	0.005 1	0.005 3	0.005 2	0.005 1	0.005 0	0.005 1	1.69
18	0.063 4	0.063 0	0.064 3	0.064 1	0.064 1	0.063 6	0.063 7	0.77
19	0.019 3	0.019 4	0.018 8	0.019 0	0.019 1	0.019 1	0.019 1	1.24
20	0.011 3	0.011 3	0.011 1	0.011 2	0.011 3	0.011 4	0.011 3	0.68

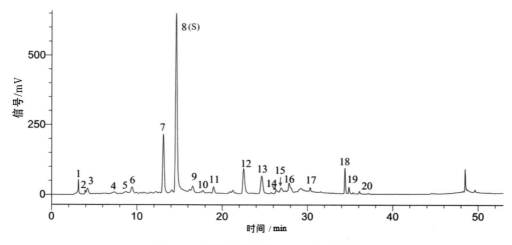

图 7-4　川芎药样品的 HPLC 指纹图谱

此外，还在不同实验室的岛津 LC-20A 高效液相色谱仪和 Agilent Technologies 1260 Infinity Ⅱ 高效液相色谱仪上采用不同色谱柱对芎药指纹图谱进行系统适应性验证，测试结果显示，主要共有峰的塔板数均大于 9 000，分离度大于 1.5，对称因子为 0.8 ～ 1.2，均在规定的要求内，表明该芎药指纹图谱具有广泛的系统适应性。试验结果符合《中药注射剂指纹图谱研究的技术要求（暂行）》中关于用药药材指纹图谱的规定。

7.1.2.2 川芎药 HPLC 指纹图谱

用建立的川芎药 HPLC 指纹图谱色谱条件测定了 30 份川芎药样品，所有样品的共有色谱峰在 50 min 内全部出现，且都得到了良好的分离。30 份样品的指纹图谱见图 7-5，共获得 20 个共有峰，占总峰面积的 94.6%，通过与标准品对照指认了 6 个主要成分（峰 1：没食子酸；峰 5：羟基芎药苷；峰 6：儿茶素；峰 7：芎药内酯苷；峰 8：芎药苷；峰 18：苯甲酰芎药苷），其中 4 个为芎药单萜苷类成分，2 个为酚酸类成分，均为川芎药公认的有效成分，可作为川芎药特征指纹峰。使用 "中药色谱指纹图谱相似度评价系统" 可简便快速地进行评价，在已建立指纹图谱共有模式的基础上，用相似度评价可以在一定程度上快速评价川芎药品质，同时也可将指纹图谱用于提取工艺的提取效率评价。

采用 HPLC 指纹图谱可以更全面、快速地对芎药化学成分进行分析，可为芎药抗氧化活性物质的基础研究提供化学成分信息，同时也可用于对具某种活性的成分进行快速筛选。HPLC 指纹图谱也可用于芎药提取工艺的提取效率评价，且无需标准品，在后续提取工艺初次筛选中可用 HPLC 指纹图谱共有峰总峰面积为指标开展提取工艺研究。

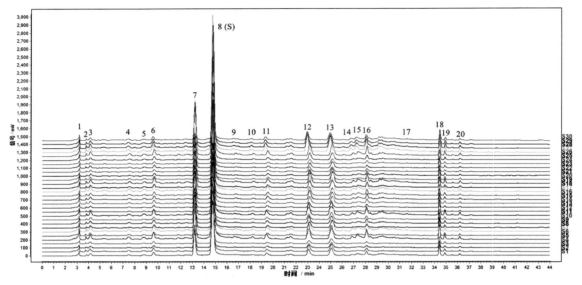

图 7-5　30 份川芎药样品的 HPLC 指纹图谱

7.2 川芎药活性成分提取工艺研究

芍药的主要活性成分为单萜苷类，具有较好的水溶性和醇溶性。芍药活性成分的提取一般以传统溶剂提取为主。近年来报道了一些新的提取方法，如加速溶剂萃取法（ASE）、闪式提取法（HGE）等，是近年来广受关注的绿色提取技术，它们仅以亚临界水作为提取溶剂，具有对不同极性化合物的广泛适用性，在天然产物提取中广受关注，但还未见亚临界水提取法（SWE）在芍药提取中的应用研究。传统川芎药种植中，茎叶被丢弃，造成资源浪费和农业环境污染，川芎药茎叶中芍药苷含量较高，可以将其作为芍药苷的潜在来源。

以 HPLC 指纹图谱共有峰总峰面积（TPA）为评价指标，采用响应面试验设计优化川芎药化学成分的超声辅助提取法（UAE）、微波辅助提取法（MAE）和 SWE 的提取工艺；建立川芎药总苷的 SWE 和大孔树脂纯化工艺；建立川芎药茎叶中芍药苷的 MAE 和纯化工艺。

7.2.1 超声波提取

选取乙醇浓度、提取温度、超声功率、提取时间和液料比 5 个因素作为超声提取川芎药化学成分的考察因素，以川芎药 HPLC 指纹图谱 TPA（20 个共有峰，占总峰面积的93%，图 7-6）作为评价指标，评价各因素对提取效率的影响，然后在单因素试验结果的基础上，筛选主要影响因子通过响应面试验进一步优化提取工艺。

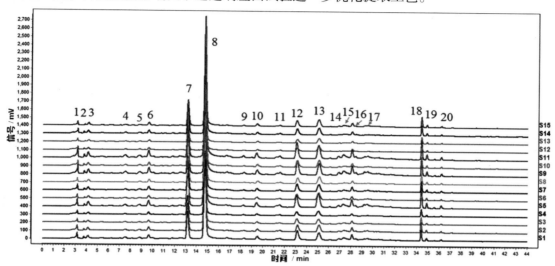

图 7-6   超声辅助提取川芎药活性成分的 HPLC 指纹图谱

7.2.1.1 单因素试验

乙醇浓度对提取的影响：不同乙醇体积分数对川芎药化学成分提取效果的影响如图 7-7A 所示。结果表明，随着乙醇浓度的增加，TPA 愈大，当乙醇体积分数为 70% 时，TPA 达到最大，当乙醇体积分数继续增加，TPA 随之下降。芍药主要活性成分为单萜苷类，其因含有糖分子而具有较高的亲水性，但是在水中的溶解度并不是很大。乙醇是亲水性比较强的溶剂，分子较小，有羟基存在，与水的结构相近，能与水形成氢键，能和水任意互溶。因此使用 70% 乙醇作溶剂，能做到对总苷的"相似相溶"，提取效率最高。

提取温度对提取的影响：不同提取温度对超声辅助提取效果的影响如图 7-7B 所示。结果表明，TPA 随提取温度的增加是缓慢增加，但变化不显著；当温度达到 50℃ 后，TPA 显著下降。超声过程中，超声传递介质水的温度会明显升高，提取过程中难以将温度稳定控制在一个较小的范围内。因此，温度选择（45±5）℃较合适，选择较低温度也可避免随着提取进行系统温度升高对成分的影响。

超声功率对提取的影响：图 7-7C 为超声功率对 TPA 的影响。可以看出，超声功率从 240 W 增加到 360 W 时，TPA 从 696×10^4 增大到 736×10^4，当超声功率继续增大，TPA 下降。这是因为随超声功率增大，单位时间内空化效应增强，从而有利于提取。但当超声功率达到一定阈值时，形成空化屏蔽，声能被局限，空化强度不能进一步增加，提取率不能继续增加。此外，功率过高热效应增强，影响热敏性成分的稳定性，导致提取效率降低。因此，最适超声功率为 360 W。

提取时间对提取的影响：超声时间对川芎药化学成分提取效率的影响结果见图7-7D。从结果可以看出，在10～40 min，随着提取时间的增加，TPA显著增加。时间从40 min增加到70 min，TPA略有下降，可能是由于超声作用时间过长，部分不稳定成分遭到破坏，同时超声作用时间过长，提取体系温度升高亦有影响。所以，提取时间控制在40 min最为适宜。

液料比对提取的影响：液料比对提取效果的影响如图7-7E所示，结果表明TPA随液料比增加而增加，当液料比达到20 mL/g后，TPA减小。因此，为了保证提取效率、节省溶剂，选取20 mL/g的液料比较为合适。

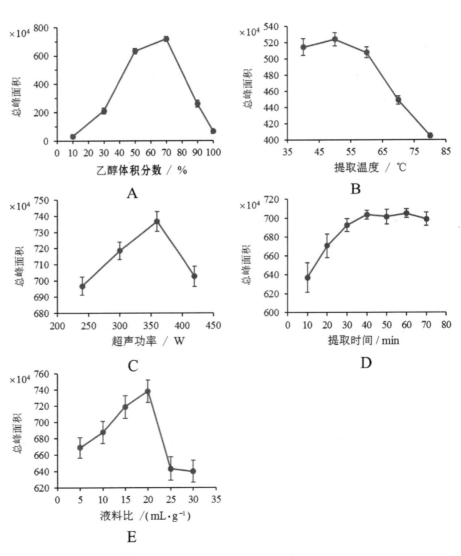

图7-7 超声辅助提取芍药活性成分的单因素试验结果

7.2.1.2 响应面优化

通过单因素试验结果分析，提取温度在 40 ～ 50℃时提取效率最高且变化不显著，故在后续响应面优化中设定提取温度为（45±5）℃，不再优化。以 HPLC 指纹图谱 TPA 作为评价指标，以单因素试验结果为基础，设计乙醇浓度、超声功率、提取时间及液料比四因素的三水平响应面优化超声提取工艺（表 7-7）。

表 7-7　超声辅助提取工艺响应面试验因素及水平

因素	水平		
	−1	0	1
A 乙醇体积分数 /%	50	70	90
B 超声功率 /W	300	360	420
C 提取时间 /min	20	40	60
D 液料比 /（mL·g⁻¹）	10	20	30

BBD 试验设计和结果见表 7-8，使用软件 Design-Expert 8.0.6，进行二阶多项式回归分析和方差统计分析，统计结果见表 7-9。从模型得到如下的回归方程：

总峰面积 $=7.193 \times 10^8 - 5.547 \times 10^7 \times A + 1.231 \times 10^7 \times C - 1.607 \times 10^7 \times D + 1.147 \times 10^7 \times AD + 2.069 \times 10^7 \times BD - 1.024 \times 10^8 \times A^2 - 3.379 \times 10^7 \times B^2 - 1.962 \times 10^7 \times C^2 - 5.980 \times 10^7 \times D^2$

表 7-8　超声辅助提取工艺的 BBD 试验设计和结果

序号	A 乙醇体积分数 /%	B 超声功率 /W	C 提取时间 /min	D 液料比 /（mL·g⁻¹）	总峰面积 /（×10⁶）
1	90	360	60	20	548
2	50	420	40	20	639
3	90	360	40	30	506
4	50	360	40	30	575
5	70	420	40	10	623
6	50	360	20	20	646
7	70	360	60	10	678
8	90	420	40	20	527
9	70	360	40	20	706
10	90	300	40	20	528
11	90	360	40	10	513
12	70	360	60	30	627
13	70	300	40	30	583
14	70	420	20	20	648

续表

序号	A 乙醇体积分数 /%	B 超声功率 /W	C 提取时间 /min	D 液料比 /(mL·g⁻¹)	总峰面积 /(×10⁶)
15	70	420	60	20	673
16	70	360	40	20	721
17	50	360	40	10	628
18	70	300	60	20	683
19	70	360	20	10	645
20	50	360	60	20	669
21	90	360	20	20	518
22	70	360	40	20	722
23	70	360	40	20	718
24	70	420	40	30	636
25	50	300	40	20	649
26	70	360	20	30	620
27	70	300	20	20	654
28	70	360	40	20	728
29	70	300	40	10	653

表 7-9　超声辅助提取工艺 BBD 试验的模型的方差分析

方差来源	平方和	自由度	均方	F 值	p 值	显著性
模型	1.241×10^{17}	14	8.867×10^{15}	99.44	< 0.000 1	**
A 乙醇体积分数	3.692×10^{16}	1	3.692×10^{16}	414.00	< 0.000 1	**
B 超声功率	6.543×10^{11}	1	6.543×10^{11}	7.337×10^{-3}	0.933 0	—
C 提取时间	1.818×10^{15}	1	1.818×10^{15}	20.39	0.000 5	**
D 液料比	3.099×10^{15}	1	3.099×10^{15}	34.75	< 0.000 1	**
AB	2.203×10^{13}	1	2.203×10^{13}	0.25	0.626 9	—
AC	1.215×10^{13}	1	1.215×10^{13}	0.14	0.717 5	—
AD	5.267×10^{14}	1	5.267×10^{14}	5.91	0.029 1	*
BC	5.234×10^{12}	1	5.234×10^{12}	0.059	0.812 1	—
BD	1.713×10^{15}	1	1.713×10^{15}	19.21	0.000 6	**
CD	1.662×10^{14}	1	1.662×10^{14}	1.86	0.193 7	—
A^2	6.806×10^{16}	1	6.806×10^{16}	763.19	< 0.000 1	**
B^2	7.406×10^{15}	1	7.406×10^{15}	83.05	< 0.000 1	**

续表

方差来源	平方和	自由度	均方	F 值	p 值	显著性
C^2	2.496×10^{15}	1	2.496×10^{15}	27.99	0.000 1	**
D^2	2.320×10^{16}	1	2.320×10^{16}	260.12	< 0.000 1	**
残差	1.248×10^{15}	14	8.918×10^{13}	—	—	—
失拟项	9.872×10^{14}	10	9.872×10^{13}	1.51	0.367 4	—
误差	2.613×10^{14}	4	6.532×10^{13}	—	—	—

注一：* 表示结果显著（$P < 0.05$）；** 表示结果极显著（$P < 0.01$）；R^2=0.990 0; R^2_{adj}=0.980 1；CV%=1.50。

模型方差分析结果（表 7-9）表明，该模型在 0.01 水平上显著（$P < 0.01$），表明该模型可精确反映提取工艺与提取总峰面积之间的关系，具有很高的拟合度。模型的失拟项 F=1.51，失拟项 p=0.367 4 > 0.05，意味着模型相对于纯误差，失拟项并不重要，可以忽略，进一步说明该模型具有较高的稳定性与可信度。相关系数 R^2=0.990 0 表明只有 1% 的部分可能由于噪声引起，不能解释该模型。此外模型的 R^2_{adj}=0.980 1、CV%=1.50，证实该二次模型可用来预测超声提取的效率。此外，$P < 0.05$ 表示模型自变量是显著的，结果显示自变量 A、C、D、AD、BD、A^2、B^2、C^2、D^2 对提取总峰面积影响显著。模型自变量 B、AB、AC、BC 和 CD 的 $P > 0.10$，表示其对结果影响不重要，可以忽略其影响，以简化改进模型。

乙醇体积分数、超声功率、提取时间和液料比对 TPA 的影响 2D 等高线图（图 7-8）和 3D 响应面图（图 7-9）表明，各测试因素对提取 TPA 的影响存在交互作用。3D 响应面图和 2D 等高线提供了两个独立变量之间相互作用的视觉解释。2D 等高线图呈现圆形表明相应变量之间的交互作用可以忽略不计，而椭圆形反应等高线图表明相应变量之间存在显著相互作用。3D 响应面图是特定的响应值与对应的因素构成的三维空间图，它可以直观反映自变量对响应变量的影响，当效应面曲线陡，则影响显著，效应面曲线平缓，则影响不显著。等高线为椭圆形时，则交互作用显著，等高线为圆形时，则交互作用不显著。

如表 7-9 和图 7-8、图 7-9 所示，AB、AC、BC（p 值分别为 0.626 9、0.717 5、0.812 1）的交互作用较弱，在模型中可以忽略。AD、BD（p 值分别为 0.029 1、0.000 6）等高线呈椭圆形和响应面坡度较陡，其交互作用对 TPA 影响显著。此外，从图 7-9 也可看出，当超声功率、提取时间和液料比一定时，乙醇浓度对 TPA 的曲线斜率很大，说明乙醇浓度极显著影响提取效率。

通过响应面法优化，根据模型预测，结合实际操作，获得超声提取最优工艺条件为：乙醇体积分数 72%，超声功率 360 W，提取时间 49 min，液料比 19 mL/g，预测峰面积 7.15×10^8，验证试验结果为（7.21 ± 0.13）× 10^8（n=3），与预测的 TPA 相差不大，表明该回归模型对于预测超声辅助提取芎药化学成分 TPA 是准确和充分的。

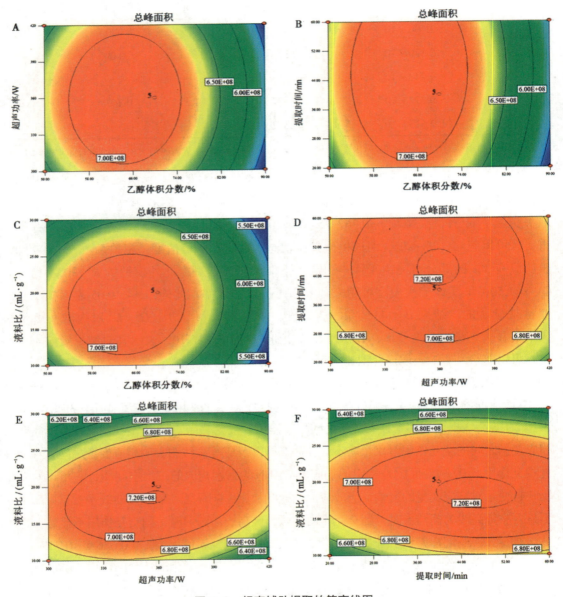

图7-8 超声辅助提取的等高线图

注：A，乙醇浓度和超声功率交互作用等高线图；B，乙醇浓度和提取时间交互作用等高线图；C，乙醇浓度和液料比交互作用等高线图；D，超声功率和提取时间交互作用等高线图；E，超声功率和液料比交互作用等高线图；F，提取时间和液料比交互作用等高线图。

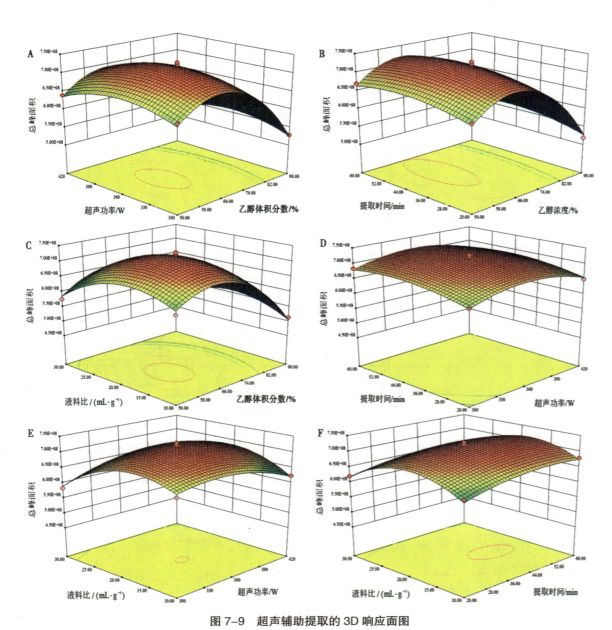

图 7-9 超声辅助提取的 3D 响应面图

注：A，乙醇浓度和超声功率交互作用响应面图；B，乙醇浓度和提取时间交互作用响应面图；C，乙醇浓度和液料比交互作用响应面图；D，超声功率和提取时间交互作用响应面图；E，超声功率和液料比交互作用响应面图；F，提取时间和液料比交互作用响应面图。

7.2.2 微波提取

通过对 MAE 在天然产物活性成分提取中的应用相关研究的文献资料查阅、总结，选取乙醇浓度、液料比、提取温度和提取时间 4 个因素作为 MAE 芍药化学成分的考察因素。以川芍药 HPLC 指纹图谱（图 7-10）中 20 个共有峰的 TPA 作为评价指标（占总峰面积的 93%），评价各因素对提取效率的影响。

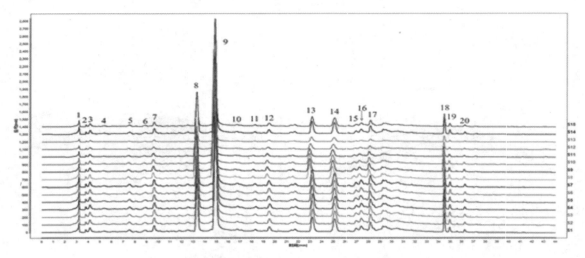

图 7-10　微波辅助提取川芍药活性成分 HPLC 指纹图谱

7.2.2.1 单因素试验

乙醇浓度对提取的影响：如图 7-11A 所示，随着乙醇浓度的增加，TPA 愈大，当乙醇体积分数为 60% 时，TPA 达到最大，当乙醇浓度继续增加，TPA 随之下降，但乙醇体积分数在 60%～80% 时 TPA 变化不大。芍药主要活性成分为单萜苷类，因其含有糖分子而具有较高的亲水性，但是在水中的溶解度并不是很大。乙醇强亲水性溶剂，分子较小，有羟基存在，能与水形成氢键、任意互溶。因此综合考虑选用 65% 乙醇作溶剂，使提取效率最高。

液料比对提取的影响：液料比对芍药提取效果的影响见图 7-11B。当液料比在 10～20 mL/g 范围时，随着提取溶剂不断增加，芍药粉末与溶剂的接触面亦不断增大，也因为液料比增加，芍药化学成分在溶剂中也不再达到饱和，使提取效率显著增大，TPA 显著增加。当液料比大于 20 mL/g，TPA 的增势变缓，提取趋于完全；综合考虑提取经济效益，故优选液料比为 20 mL/g。

提取温度对提取的影响：图 7-11C 为温度对 TPA 的影响。当提取温度为 60℃时，TPA 最大；提取温度＜60℃时，随着温度升高，分子热运动增大，溶剂与样品的碰撞次数增多，增加成分的溶出量，TPA 增加。当提取温度＞60℃后，温度增高致热敏性成分受到破坏，提取效率降低，所以最佳提取温度为 60℃。

提取时间对提取的影响：提取时间对 TPA 的影响见图 7-11D。最初 5 ～ 10 min，随提取时间增加，TPA 增加，10 min 达到最大；10 min 后，随着提取时间延长，可能因微波作用时间过长，部分成分分解，TPA 下降，故最优提取时间为 10 min。

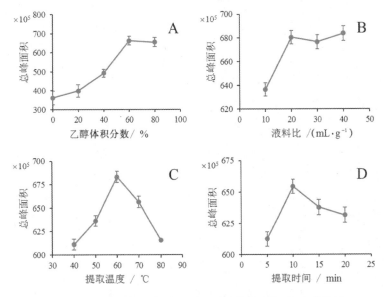

图 7-11   微波辅助提取芍药活性成分的单因素试验结果

7.2.2.2 响应面优化

通过单因素优化，乙醇体积分数为 60% ～ 80% 时提取效率变化不显著，乙醇浓度增加溶液沸点降低，易引起暴沸，同时为减少乙醇用量，选取 65% 乙醇作提取溶剂。建立料液比、提取温度和提取时间三因素三水平响应面优化提取工艺（表 7-10）。

表 7-10   微波辅助提取工艺响应面优化因素及水平

因素	水平		
	−1	0	1
A 液料比 /（mL·g⁻¹）	10	20	30
B 提取温度 /℃	50	60	70
C 提取时间 /min	5	10	15

BBD 试验设计和结果见表 7-11，方差分析结果见表 7-12，得到如下二次项模型方程：

总峰面积 $=6.768 \times 10^8 - 2.415 \times 10^6 \times A + 1.812 \times 10^7 \times B + 3.019 \times 10^6 \times C + 9.661 \times 10^6 \times BC - 1.715 \times 10^7 \times A^2 - 5.700 \times 10^7 \times B^2 - 2.560 \times 10^7 \times C^2$

表 7-11　微波辅助提取工艺的 BBD 试验设计和结果

序号	A 液料比 / (mL · g⁻¹)	B 提取温度 /℃	C 提取时间 /min	总峰面积 / × 10⁸
1	20.00	60.00	10.00	6.76
2	30.00	60.00	15.00	6.38
3	20.00	60.00	10.00	6.88
4	10.00	60.00	15.00	6.30
5	10.00	50.00	10.00	5.94
6	30.00	70.00	10.00	6.06
7	30.00	60.00	5.00	6.45
8	10.00	60.00	5.00	6.23
9	20.00	70.00	15.00	6.28
10	20.00	60.00	10.00	6.71
11	20.00	50.00	5.00	5.79
12	10.00	70.00	10.00	6.35
13	20.00	50.00	15.00	5.72
14	20.00	60.00	10.00	6.84
15	20.00	60.00	10.00	6.64
16	30.00	50.00	10.00	5.75
17	20.00	70.00	5.00	5.96

表 7-12　微波辅助提取工艺 BBD 试验的模型的方差分析

方差来源	平方和	自由度	均方	F 值	p 值	显著性
模型	2.233×10^{16}	9	2.481×10^{15}	14.64	0.000 9	**
A 液料比	4.667×10^{13}	1	4.667×10^{13}	0.28	0.615 9	—
B 提取温度	2.625×10^{15}	1	2.625×10^{15}	15.49	0.005 6	**
C 提取时间	7.292×10^{13}	1	7.292×10^{13}	0.43	0.532 8	—
AB	2.334×10^{13}	1	2.334×10^{13}	0.14	0.721 5	—
AC	5.251×10^{13}	1	5.251×10^{13}	0.31	0.595 1	—
BC	3.734×10^{14}	1	3.734×10^{14}	2.20	0.181 3	—
A^2	1.238×10^{15}	1	1.238×10^{15}	7.31	0.030 5	*
B^2	1.368×10^{16}	1	1.368×10^{16}	80.75	< 0.000 1	**

续表

方差来源	平方和	自由度	均方	F 值	p 值	显著性
C^2	2.760×10^{15}	1	2.760×10^{15}	16.29	0.005 0	**
残差	1.186×10^{15}	7	1.694×10^{14}	—	—	—
失拟项	8.197×10^{14}	3	2.732×10^{14}	2.98	0.159 3	不显著
误差	3.664×10^{14}	4	9.160×10^{13}	—	—	—
总和	2.352×10^{16}	16	—	—	—	—

注：* 表示结果显著（$P < 0.05$）；** 表示结果极显著（$P < 0.01$）；R^2=0.946 9；R^2_{adj}=0.884 7；CV%=2.07。

通过模型方差分析结果（表 7-12）表明，该模型在 0.01 水平上显著（$P < 0.01$），表明该模型可精确反映提取工艺与提取 TPA 之间的关系，具有很高的拟合度。模型的失拟项 F=2.98，失拟项 p=0.159 3 > 0.05 不显著，表明模型的纯误差、失拟项可以忽略，进一步说明该模型具有较高的稳定性与可信度。相关系数 R^2=0.946 9、R^2_{adj}=0.884 7、CV%=2.07，证实该二次模型可用来预测微波辅助提取的效率。此外，模型自变量 B、A^2、B^2 和 C^2 的 $P < 0.05$，表示其对微波辅助提取 TPA 影响显著。模型自变量 A、C、AB、AC、BC 的 $P > 0.05$，表示其对结果影响不显著，其中可以忽略交叉项 AB、AC 对提取的影响，以简化改进模型。

液料比、提取温度和提取时间对总峰面积的影响 2D 等高线图（图 7-12A、C、E）和 3D 响应面图（图 7-12B、D、F）表明，各测试因素对提取 TPA 的影响存在交互作用。从图 7-12 可看出，响应面的曲线皆平缓，等高线接近圆形，表明提液料比、取温度、提取时间相互之间的交互作用都不显著。同时表 7-12 表明，提取温度、液料比、提取时间相互之间的交互作用都不显著（AB、AC、BC 的 p 值> 0.05）。

模型预测的微波辅助提取芍药化学成分最佳条件为：液料比 18.97 mL/g，提取温度 61.70℃，提取时间为 10.50 min，在此条件下，提取 TPA 的预测值为 6.78×10^8。为便于实际操作，将提取条件修正为：液料比为 19 mL/g，温度为 62℃，65% 乙醇提取时间为 11 min。通过验证试验，测得平均 TPA 为（6.69 ± 0.19）$\times 10^8$，与预测值偏差较小，表明响应面法优选的提取工艺稳定、可靠。

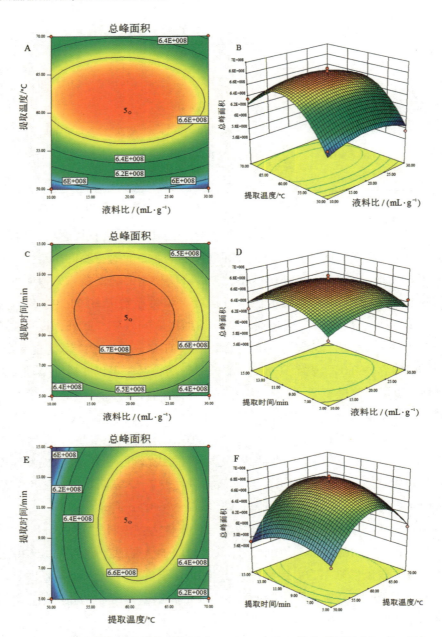

图 7-12　微波辅助提取的等高线图（A、C、E）和三维响应面图（B、D、F）

注：A、B，液料比和提取温度交互作用的等高线图和响应面图；C、D，液料比和提取时间交互作用的等高线图和响应面图；E、F，提取温度和提取时间交互作用的等高线图和响应面图。

7.2.3 亚临界水提取法

亚临界水提取法（SWE）是以亚临界水（$100\,℃ \leqslant T \leqslant 374\,℃$）为提取剂，通过控

制温度和压力，加快水的传质效率，降低其表面张力及黏度，从而提取极性或非极性溶质的一种绿色提取技术。图 7-13 为 SWE 装置。在 SWE 川芎药化学成分的工艺优化中，选取亚临界水温度、液料比和提取时间作为影响因素，以 HPLC 指纹图谱 TPA（共18 个共有峰，占总峰面积的 95%，见图 7-14）作为评价指标，首先进行单因素试验，初步筛选各条件的最佳范围，然后设计响应面试验，进一步优化 SWE 工艺。

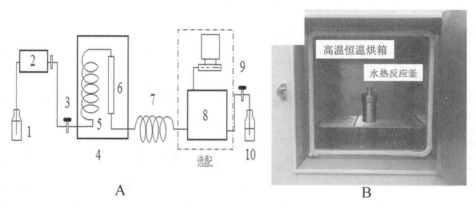

图 7-13　SWE 装置

注：A，SubW 动态提取装置（1，储液瓶；2，恒流泵；3、9，控压阀；4，柱温箱；5，预热毛细管；6，提取柱；7，换热器；8，检测器；10，回收瓶）；B，简易静态提取装置。

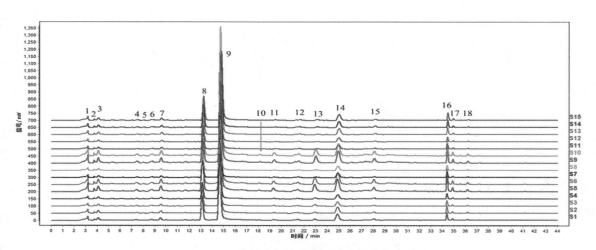

图 7-14　亚临界水提取芍药活性成分的指纹图谱

7.2.3.1 单因素试验

亚临界水温度对提取的影响：亚临界水温度对 TPA 的影响结果见图 7-15A。在提取温度达到 180℃之前，TPA 随温度升高呈上升趋势；提取温度为 180℃时，TPA 达到最大；在 180℃之后，TPA 随温度升高呈下降趋势。在适当的范围内升高温度，川芎药化学成分的溶出率随之增加，TPA 会随之增加。然而温度过高，水极性降低，苷类等亲水性成分的溶解度反而下降，另外部分热敏性成分在过高的温度下会降解，也会导致提取率降低。单因素试验表明，180℃为最佳提取温度。

液料比对提取的影响：液料比对 SWE 效率的影响见图 7-15B。在液料比为 5 mL/g 时，显示有最大的 TPA，但是因为样品吸水和糊化，提取液分布不均，结果误差较大，故液料比不能太低；液料比为 10 ～ 20 mL/g 时，TPA 随液料比增加而显著增加，在液料比达到 20 mL/g 之后再继续增加液料比，TPA 略有下降。综合考虑选取 20 mL/g 作为后续的 SWE 液料比。

提取时间对提取的影响：提取时间对 SWE 效率的影响见图 7-15C。在 5 ～ 15 min 内，TPA 随着提取时间的增加而增加，当提取时间为 15 min 时，TPA 最高，继续增加提取时间，TPA 呈下降趋势，故选择 15 min 作为 SWE 的最佳时间。由于 SWE 是一个有效成分在亚临界水中达到固液平衡的传质过程，在达到平衡之前，增加提取时间有利于有效成分溶出，从而提高提取率。在达到平衡之后，再增加提取时间，有效成分溶出的量也不会再增加，反而因长时间处在高温条件下会有一些热敏成分降解，从而导致提取效率降低。

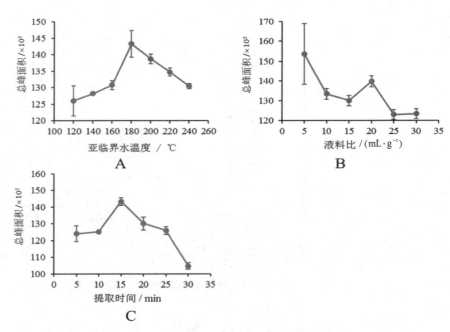

图 7-15　亚临界水提取芍药活性成分的单因素试验结果

7.2.3.2 响应面优化

分别用 A、B、C 来表示 SWE 温度、液料比和提取时间，Y 表示提取液 TPA。根据单因素试验结果筛选响应面优化试验中各因素的试验水平（表7-13），设计BBD试验，每组试验平行进行3次，取平均值进行试验结果分析。

SWE的BBD试验设计和结果见表7-14，使用软件Design-Expert 8.0.6，对表7-14中的数据进行二阶多项式回归分析和方差统计分析，统计结果见表7-15。得到总苷提取率与各因素间的模型方程如下：

总峰面积 $=2.738\times10^8+3.909\times10^6\times A-1.017\times10^7\times B+6.977\times10^6\times C-2.932\times10^6\times AC-9.276\times10^6\times A^2-1.396\times10^7\times B^2-4.449\times10^6\times C^2$

表7-13 亚临界水提取工艺优化因素及水平

因素	水平		
	−1	0	1
A 亚临界水温度 /℃	140	180	220
B 液料比 / (mL·g⁻¹)	10	20	30
C 提取时间 /min	10	15	20

表7-14 亚临界水提取工艺的BBD试验设计和TPA

序号	A 亚临界水温度 /℃	B 液料比 / (mL·g⁻¹)	C 提取时间 /min	总峰面积 /×10⁸
1	180.00	20.00	15.00	2.77
2	180.00	30.00	20.00	2.52
3	180.00	20.00	15.00	2.73
4	180.00	20.00	15.00	2.72
5	220.00	10.00	15.00	2.64
6	220.00	30.00	15.00	2.47
7	180.00	10.00	20.00	2.70
8	180.00	20.00	15.00	2.75
9	140.00	30.00	15.00	2.35
10	140.00	20.00	10.00	2.46
11	220.00	20.00	10.00	2.58
12	140.00	20.00	20.00	2.68
13	140.00	10.00	15.00	2.56
14	180.00	20.00	15.00	2.73
15	220.00	20.00	20.00	2.68
16	180.00	30.00	10.00	2.37
17	180.00	10.00	10.00	2.62

表 7-15 亚临界水提取工艺 BBD 模型的方差分析

方差来源	平方和	自由度	均方	F 值	p 值	显著性
模型	2.769×10^{15}	9	3.077×10^{14}	52.92	$< 0.000\ 1$	**
A 提取温度	1.222×10^{14}	1	1.222×10^{14}	21.02	$0.002\ 5$	**
B 液料比	8.273×10^{14}	1	8.273×10^{14}	142.28	$< 0.000\ 1$	**
C 提取时间	3.894×10^{14}	1	3.894×10^{14}	66.97	$< 0.000\ 1$	**
AB	4.106×10^{12}	1	4.106×10^{12}	0.71	$0.428\ 5$	—
AC	3.437×10^{13}	1	3.437×10^{13}	5.91	$0.045\ 3$	*
BC	9.075×10^{12}	1	9.075×10^{12}	1.56	$0.251\ 7$	—
A^2	3.623×10^{14}	1	3.623×10^{14}	62.31	$< 0.000\ 1$	**
B^2	8.204×10^{14}	1	8.204×10^{14}	141.09	$< 0.000\ 1$	**
C^2	8.333×10^{13}	1	8.333×10^{13}	14.33	$0.006\ 8$	**
残差	4.070×10^{13}	7	5.815×10^{12}	—	—	—
失拟项	2.465×10^{13}	3	8.217×10^{12}	2.05	$0.249\ 9$	不显著
误差	1.605×10^{13}	4	4.013×10^{12}	—	—	—

注：* 表示结果显著（$P < 0.05$）；** 表示结果极显著（$P < 0.01$）；$R^2 = 0.985\ 5$；$R^2_{adj} = 0.966\ 9$；CV% = 0.92。

通过表 7-15 的模型方差分析，拟合模型的 $P < 0.01$ 表明该模型在 0.01 水平上显著，表明该模型可精确反映提取工艺与 TPA 之间的关系，具有很高的拟合度。预测模型 $R^2 = 0.985\ 5$，仅有约 2.45% 的部分不能解释该模型，证实了模型的有效性。模型失拟性项 $F = 2.05$，$p = 0.249\ 9$（> 0.05），证明模型失拟项不显著。此外，变异系数 CV% = 0.92，$R^2_{adj} = 0.966\ 9$，进而说明该模型具有很高的稳定性与可信度，证实该二次模型可用来预测 SWE 的效率。显著性结果表明，模型自变量 A、B、C、AC、A^2、B^2 和 C^2 的 $P < 0.05$，表明这些因子对亚临界水提取 TPA 影响显著。模型自变量 AB、BC 的 $P > 0.05$，表示其对结果影响不显著。

亚临界水提取温度、液料比和提取时间对 TPA 的影响 2D 等高线图（图 7-16A、C、E）和 3D 响应面图（图 7-16B、D、F）显示，各测试因素对 TPA 的交互作用。通过这三组图片的分析可以看出，亚临界水温度和提取时间的交互作用（AC）对提取效率的影响最为显著，其曲线也是最为陡峭的。其次是液料比和提取时间的交互作用（BC），而亚临界水温度和液料比的交互作用（AB）没有那么显著。

根据模型预测结合实际可操作性，最优工艺条件调整为：亚临界水温度（184 ± 5）℃，液料比 17 mL/g，提取时间 18.0 min，验证试验测得 TPA 为（2.81 ± 0.12）$\times 10^8$，验证的芍药苷提取率为 3.26%。

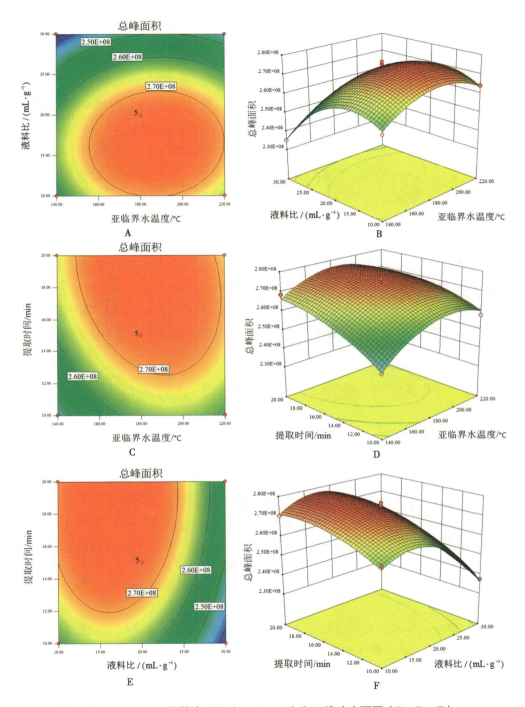

图 7-16　SWE 的等高线图（A、C、E）和三维响应面图（B、D、F）

注：A、B，亚临界水温度和液料比交互作用的等高线图和响应面图；C、D，亚临界水温度和提取时间交互作用的等高线图和响应面图；E、F，液料比和提取时间交互作用的等高线图和响应面图。

7.2.4 3 种提取方法的比较

以指纹图谱 TPA 为指标，优化了 UAE、MAE 和 SWE 用于川芍药的提取工艺。UAE 最佳工艺的提取效率比金林等（2015）的研究（超声时间 20.06 min、乙醇浓度 72.04%、液料比 53.38 mL/g，TPA 为 2.142 2×10^8）高 20%。SWE 芍药苷提取率显著高于尹雪等（2016）回流提取的 2.82%、张轻轻等（2011）MAE 的 2.225%、王玥等（2013）闪式提取（HGE）的 2.61%，稍低于王乾等（2006）的加速溶剂萃取（ASE）赤芍中芍药苷的 3.84%。综合比较 3 种优化的提取方法，提取效率 UAE 较 MAE 略高，UAE 总成分最多、最全面，提取时间最长；MAE 效率略低于 UAE，但提取时间最短仅为超声的 1/4，总效率较 UAE 要高，设备稍复杂；SWE 的 TPA 最小，提取时间较 MAE 略长，也仅为 UAE 的 1/3，此外 SWE 显著减少了低极性成分的溶出，通过指纹图谱对比发现 SWE 能显著提高芍药总苷的纯度，简化后续纯化工艺、降低成本。通过对 3 种提取工艺的研究和对比，后续芍药药用成分芍药总苷的提取可选用 SWE；对茎叶中芍药苷的提取希望提取效率高、时间短，故可选择 MAE；而在川芍药抗氧化物质基础研究中我们希望得到尽可能多的提取物化学成分，所以选择提取成分最丰富、峰面积最大的 UAE。

7.3 亚临界水提取芍药总苷工艺优化及芍药总苷的纯化

7.3.1 芍药总苷含量计算方法

采用 SWE 提取芍药总苷，向提取液中加入等体积乙醇混匀，滤过，移取 1 mL 提取液，50℃减压浓缩蒸干，加入 2 mL 1% 的 NaOH 摇匀，转入 25 mL 容量瓶，以 50% 乙醇每次 5 mL 洗涤烧瓶两次，洗涤液移入容量瓶，然后用 5% HCl 调节 pH 值为 3～6，50% 乙醇定容，进行 HPLC 分析。

7.3.1.1 苯甲酸含量测定 HPLC 色谱条件

色谱柱为 InertSustain C18 色谱柱（4.6 mm × 250 mm，5 μm）；流动相：0.1% 磷酸水（A）– 乙腈（B），梯度洗脱条件为：0～10 min 30% B，10～12 min 30%～90% B，12～15 min 90% B，后运行 5 min；检测波长为 230 nm；柱温为 40℃，进样量为 10 μL，流速为 1 mL/min。

7.3.1.2 芍药苷和芍药内酯苷含量测定 HPLC 色谱条件

色谱柱为 Agilent Eclipse XDB–C18 色谱柱（4.6 mm × 250 mm，5 μm）；流动相体系为 0.1% 磷酸水（A）– 乙腈（B）；梯度洗脱条件为：0～5 min 10%～15% B，

5 ～ 20 min 15% ～ 20% B，20 ～ 40 min 20% ～ 60% B，40 ～ 45 min 60% ～ 90% B，45 ～ 50 min 90% B；检测波长为 230 nm；柱温 40℃，进样量 10 μL，流速 1 mL/min。

7.3.1.3 标准曲线制作

苯甲酸标准曲线：吸取 1 μL、2 μL、5 μL、10 μL、15 μL 的对应标准溶液注入 HPLC，以标准溶液浓度（X）为横坐标，峰面积（Y）为纵坐标绘制标准曲线。苯甲酸标准曲线 $Y=52\,018X - 1.03$，$R^2=1$。最后按下式计算芍药总苷（TGP）的提取率（以芍药苷当量计）：

$$TGP\% = 苯甲酸\% \times \frac{M_{芍药苷}(480.27)}{M_{苯甲酸}(122.12)}$$

7.3.2 亚临界水提取芍药总苷工艺优化

7.3.2.1 单因素试验

提取时间筛选：图 7–17A 为提取时间对芍药总苷提取率的影响结果。在 10 ～ 20 min 内，芍药总苷提取率随着提取时间的增加而增加，当提取时间为 20 min 时，芍药总苷提取率为 6.94%，随提取时间继续增加，芍药总苷提取率略有降低。这是由于提取前期芍药总苷溶出，随着提取时间增加有效成分溶出增多，从而提取率提高，在达到平衡之后，再增加提取时间有效成分溶出的量也不会再增加，反而会因在高温下提取时间过长部分有效成分被破坏，从而导致提取率降低。因此，选取 20 min 作为最佳提取时间。

提取温度筛选：提取温度对芍药总苷提取率的影响见图 7–17B。结果显示，在提取温度达到 160℃之前，芍药总苷提取率随温度升高呈上升趋势；提取温度为 160℃时，芍药总苷提取率最高为 6.78%；在 160℃之后，温度继续升高，提取率下降。在一定范围内升高亚临界水温度，芍药总苷的溶解度会随之增加。但温度过高后，水的极性过低，芍药总苷的溶解度反而会下降，且芍药总苷在过高的温度下会降解，从而导致提取率降低。因此选取 160℃作为亚临界水的提取温度。

液料比筛选：液料比对芍药总苷提取率的影响结果如图 7–17C 所示。液料比在 10 ～ 20 mL/g 范围内，总苷提取率随液料比增加而明显增加，在液料比达到 20 mL/g 时总苷提取率最高为 6.78%，之后继续增加液料比，芍药总苷提取率也略有增加但不明显。综合考虑，选取 20 mL/g 作为后续亚临界水提取的最佳液料比。

7.3.2.2 响应面优化

在单因素试验基础上，以提取时间（A）、提取温度（B）和液料比（C）为自变量，以芍药总苷的提取率为因变量，根据 BBD 的设计原理，采用三因素三水平的响应面优化法，研究各因素及其交互作用对川芍药中芍药总苷提取率的影响（表 7–16）。

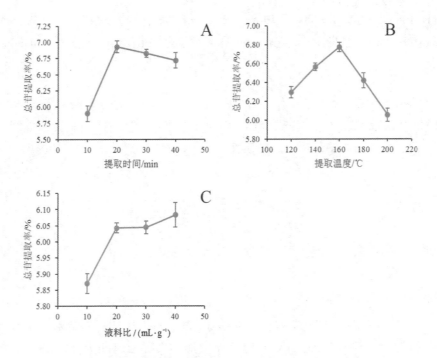

图 7-17 亚临界水提取芍药总苷的单因素试验结果

表 7-16 亚临界水提取芍药总苷的响应面优化设计各因素水平

因素	因素符号	编码水平		
		-1	0	1
提取时间 /min	A	10	20	30
提取温度 /℃	B	120	160	200
液料比 / (mL · g⁻¹)	C	10	20	30

　　响应面试验设计及结果见表 7-17，试验结果的统计和方差分析结果见表 7-18。对 SWE 提取时间、提取温度和液料比对芍药总苷提取率影响的试验结果进行多元回归拟合分析，芍药总苷提取率与各因素间的变量拟合模型如下：

$$Y（\%）=7.01+0.099A-0.051B+0.030C-0.063AB+0.065AC-0.25A^2-0.61B^2-0.20C^2$$

　　模型方差分析结果显示，模型 $P < 0.01$ 达到极显著水平，表明该预测模型可以反映提取工艺与芍药总苷提取率之间的关系，具有很高的拟合度。预测模型的相关系数为 0.997 2，仅有不到 0.28% 的部分不能解释该模型，证实了模型的有效性。模型失拟项 $F=0.66$，其检验的结果为 $p=0.617 4$（> 0.05），证明模型失拟项不显著，附加变异系数小（CV%=0.46），进而说明该模型具有很高的稳定性与可信度，由此可使用该二次多项式方程模型预测芍药总苷的提取率。

表 7-17 亚临界水提取芍药总苷的 BBD 试验设计及实验结果

序号	因素			芍药总苷提取率 / ($mg \cdot g^{-1}$)
	A 提取时间 /min	B 提取温度 /℃	C 液料比 / ($mL \cdot g^{-1}$)	
1	10.00	160	10.00	6.48
2	10.00	120	20.00	6.06
3	30.00	160	10.00	6.56
4	20.00	160	20.00	7.02
5	20.00	120	30.00	6.24
6	20.00	160	20.00	6.96
7	20.00	200	30.00	6.21
8	20.00	200	10.00	6.12
9	10.00	200	20.00	6.06
10	30.00	120	20.00	6.37
11	30.00	160	30.00	6.77
12	20.00	160	20.00	7.04
13	20.00	120	10.00	6.25
14	20.00	160	20.00	7.03
15	30.00	200	20.00	6.12
16	20.00	160	20.00	6.99
17	10.00	160	30.00	6.43

表 7-18 亚临界水提取芍药总苷的 BBD 试验回归模型的方差分析

方差来源	平方和	自由度	均方	F 值	p 值	显著性
模型	2.27	9	0.25	276.20	< 0.000 1	**
A	0.078	1	0.078	85.26	< 0.000 1	**
B	0.021	1	0.021	22.96	0.002 0	**
C	7.200×10^{-3}	1	7.200×10^{-3}	7.87	0.026 3	*
AB	0.016	1	0.016	17.08	0.004 4	**
AC	0.017	1	0.017	18.47	0.003 6	**
BC	2.500×10^{-3}	1	2.500×10^{-3}	2.73	0.142 3	—
A^2	0.26	1	0.26	288.18	< 0.000 1	**
B^2	1.54	1	1.54	1 685.72	< 0.000 1	**
C^2	0.16	1	0.16	179.95	< 0.000 1	**
残差	6.405×10^{-3}	7	9.150×10^{-3}	—	—	—
失拟项	2.125×10^{-3}	3	7.083×10^{-3}	0.66	0.617 4	不显著
纯误差	4.280×10^{-3}	4	1.070×10^{-3}	—	< 0.000 1	—

注：** 表示结果极显著（$P < 0.01$），* 表示结果显著（$P < 0.05$），R^2=0.997 2，CV%=0.46。

SWE 提取芍药总苷的 3D 响应面和等高线图见图 7–18，通过这组图片的分析可以看出，提取时间和液料比的交互作用对芍药总苷得率的影响最为显著，其曲面也是最为陡峭的。作用比较明显的是提取时间和提取温度的交互作用，曲面比较陡峭。提取温度和液料比的交互作用没有那么显著，其曲面最为平滑。

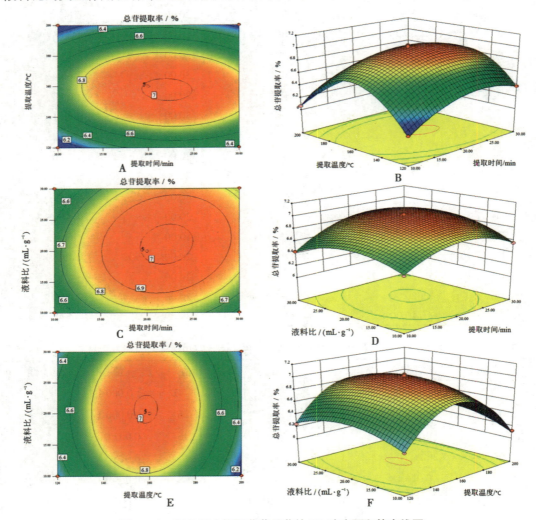

图 7–18　亚临界水提取芍药总苷的 3D 响应面和等高线图

注：A、B，提取时间和提取温度交互作用的等高线图和响应面图；C、D，提取时间和液料比交互作用的等高线图和响应面图；E、F，提取温度和液料比交互作用的等高线图和响应面图。

7.3.2.3 SWE 工艺验证及对比

通过响应面优化，得到 SWE 芍药总苷的最佳提取工艺为：提取时间 22.21 min，提取温度 157.94℃，液料比 21.11 mL/g，优化芍药总苷最大提取率为 7.04%。考虑实际操作的可行性，将最优提取工艺调整为：提取时间 22 min，提取温度 158℃，液料比 21 mL/g，3 次验证试验测得芍药总苷提取率为 7.08%±0.20%。

工艺对比：选择了传统水提和超声提取两种最为常见且效率相对较高的提取方式来比较芍药总苷得率。传统水提的最佳提取温度为 90℃，超声提取的最佳提取功率为 400 W，其他条件均与 SWE 最优提取条件一致。

传统水提：提取时间 22 min、液料比 21 mL/g、提取温度 90℃，3 次验证试验测得总苷提取率为 5.91%±0.15%。

超声提取：超声时间 22 min、液料比 21 mL/g、超声功率 400 W、常温提取，三次验证试验测得总苷提取率为 5.51%±0.07%。

对比结果表明，在相同提取时间和液料比条件下，SWE 对芍药总苷的提取效率要较传统水提和超声提取高 1～2 个百分点。

7.3.3 芍药总苷的纯化

7.3.3.1 动态吸附曲线

取处理好的 AB-8 大孔吸附树脂 50 mL 装柱（径高比 1：10），取上柱样品液以 2 BV/h 的流速连续通过树脂柱，每 10 mL 收集 1 流分，测定每个流分中的芍药内酯苷、芍药苷峰面积。分别以芍药内酯苷、芍药苷峰面积为纵坐标，流分编号为横坐标，绘制吸附曲线，用以分析 AB-8 大孔吸附树脂对芍药内酯苷、芍药苷的吸附能力，确定最大上样量。

动态吸附结果（图 7-19）显示，从第 9 流分开始芍药内酯苷、芍药苷出现明显泄漏，即将最大上样量定为 80 mL（1.6 倍柱体积），以芍药内酯苷、芍药苷计最大上样量分别为 304.24 mg 和 761.52 mg，树脂对芍药内酯苷、芍药苷的比吸附量（比吸附量 = 最大上样量 ÷ 柱体积，柱体积 =80÷1.6=50）分别为 6.08 mg/mL 和 15.23 mg/mL（湿体积）。

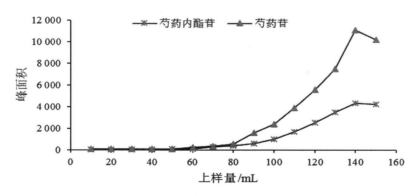

图 7-19　亚临界水提取芍药内酯苷和芍药苷的动态吸附曲线

7.3.3.2 洗脱溶剂筛选

为选择合适的解吸剂，选择不同浓度的乙醇水溶液进行动态解吸，分别以纯水、20% 乙醇、40% 乙醇、60% 乙醇进行梯度洗脱（以 2 BV/h 流速洗脱），每个浓度梯度洗脱 6 个柱体积。不同浓度的乙醇水溶液对芍药内酯苷、芍药苷的解吸效果如图 7-20 所示。超纯水解吸效果最差，且含有大量水溶性杂质；20% 乙醇洗脱对芍药内酯苷、芍药苷的解吸效果最佳，含量最高，纯度最高；40% 乙醇洗脱，其中只含有极少量芍药内酯苷和芍药苷，主要是一些保留时间在 20 ～ 32 min 的中等极性杂质；60% 乙醇洗脱部分主要是保留时间在 34 min 左右的两个成分。故最佳洗脱剂为 20% 乙醇，其对芍药内酯苷和芍药苷的洗脱效率都较高，且纯度最高。

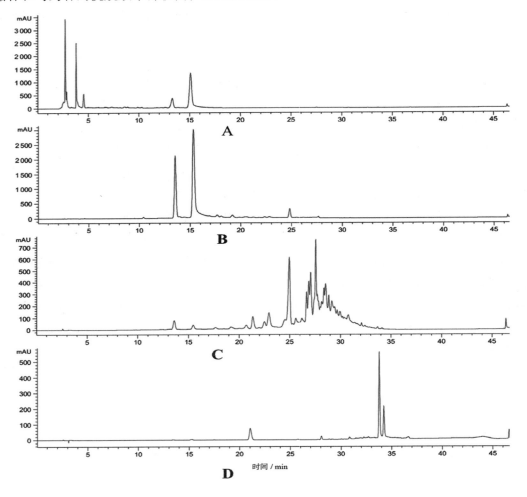

图 7-20 不同浓度乙醇洗脱部分的 HPLC 色谱图

注：A，H_2O 洗脱部分 HPLC 色谱图；B，20% 乙醇洗脱部分 HPLC 色谱图；C，40% 乙醇洗脱部分 HPLC 色谱图；D，60% 乙醇洗脱部分 HPLC 色谱图。

7.3.3.3 动态洗脱曲线

在确定最佳洗脱溶剂后，绘制 AB-8 大孔树脂上芍药内酯苷、芍药苷的动态洗脱曲线，用以确定最佳洗脱体积。结果表明，8 倍量 20% 乙醇洗脱后，洗脱液中芍药内酯苷、芍药苷不再明显减少，确定洗脱剂用量为 8 倍柱体积（图 7-21）。合并前 8 倍量 20% 乙醇洗脱液，测得其中芍药内酯苷、芍药苷总量分别为 268.34 mg 和 629.55 mg，即两成分的解吸率分别为 88.20% 和 82.67%。

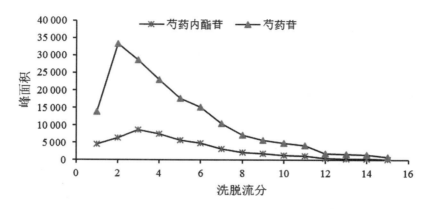

图 7-21 芍药 SWE 中芍药内酯苷和芍药苷的动态洗脱曲线

最终获得的纯化方案如下：将芍药 SWE 的芍药总苷提取液减压浓缩到总体积的 1/10，上样 1.6 倍柱体积样品到 AB-8 大孔树脂上，纯水洗脱至洗脱液不浑浊，然后以 20% 乙醇为洗脱剂，1 BV/h 的速度洗脱，收集洗脱液 8 BV，HPLC 分析，合并相同组分，减压浓缩蒸干，得到无定型粉末芍药总苷。

通过大孔树脂纯化，将芍药总苷的质量分数从粗提物中的 32.5% 提高到了 89.6%，其中芍药苷质量分数 > 63%，芍药内酯苷质量分数 > 25%（图 7-22）。结果说明 AB-8 大孔树脂对芍药总苷的富集、纯化效果好，具有实用价值。

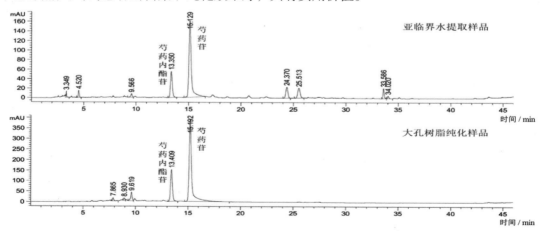

图 7-22 亚临界水提取川芍药中芍药总苷和大孔树脂纯化样品的 HPLC 色谱图

本研究首次利用 SWE 成功提取了芍药总苷，通过响应面优化得到的 SWE 工艺对芍药总苷的提取率为 7.08% ± 0.20%，显著高于贲永光等（2009）UAE 的 1.945%，苏婷等（2015）回流提取的 3.475%。与传统水提和超声提取相比，在相同提取时间和液料比条件下，SWE 对芍药总苷的提取效率较传统水提和超声波提取法提高了 1 ~ 2 个百分点。并通过 AB-8 大孔树脂纯化，获得的芍药总苷质量分数为 89.6%。研究表明，SWE 对芍药总苷具有较高的提取效率，同时能减少低极性杂质的溶出，能有效降低后续纯化工作量和成本，AB-8 大孔树脂对芍药总苷的富集、纯化效果好，具有较高实用性。

7.4 川芍药茎叶中高纯度芍药苷的制备

采用 HPLC 法测定芍药苷含量。芍药苷含量测定的 HPLC 色谱条件为：岛津 InertSustain C_{18}（4.6 mm × 250 mm，5 μm）色谱柱。流动相：A，0.1% 磷酸溶液；B，乙腈。洗脱梯度：0 ~ 5 min 10% ~ 15% B；5 ~ 20 min 20% B；20 ~ 25 min 20% ~ 90% B；25 ~ 30 min 90% B，后运行 5 min。检测波长 230 nm，柱温 40℃，进样量 10 μL，流速 1.0 mL/min。

7.4.1 微波辅助提取川芍药茎叶中芍药苷工艺优化

7.4.1.1 单因素优化

本研究以芍药苷提取率为评价指标，通过单因素试验考察微波提取温度、液料比、提取时间对川芍药茎叶中芍药苷提取率的影响，试验按照表 7-19 的设计进行。

表 7-19 微波辅助提取川芍药茎叶中芍药苷的单因素试验设计

条件	提取温度 /℃	液料比 /（mL·g⁻¹）	提取时间 /min	提取溶剂
提取温度优化	40，50，60，70	20	15	70% 乙醇
液料比优化	60	10，20，30，40	15	70% 乙醇
提取时间优化	60	20	3，6，9，12，15	70% 乙醇

提取温度的优化：温度对川芍药茎叶中芍药苷提取率的影响见图 7-23A。当提取温度为 60℃时，芍药苷提取率最大；温度 < 60℃时，随着温度升高，分子热运动增大，溶剂与芍药苷的碰撞次数增多，增加芍药苷的溶出量，提高芍药苷提取率；温度 > 60℃时，温度增高致芍药苷分解，所以选择最佳微波辅助提取温度为 60℃。

液料比的优化：液料比对川芍药茎叶中芍药苷提取效果的影响见图 7-23B。当液料比在 10 ~ 20 mL/g 范围内时，随着提取溶剂体积不断增大，芍药茎叶粉末与溶剂的接触面亦不断增大，促进提取率增加。当液料比大于 20 mL/g 时，芍药苷峰面积的增势变缓，提取趋于完全；综合考虑提取经济效益，故最优液料比为 20 mL/g。

提取时间的优化：提取时间对川芎药茎叶中芍药苷提取效果的影响见图 7-23C。9 min 时芍药苷峰面积最大，但 9 min 后，随着提取时间的延长，微波作用时间增加，使得芍药苷可能因微波作用时间过长而分解，芍药苷峰面积下降，提取效率降低，故最优微波提取时间为 9 min。

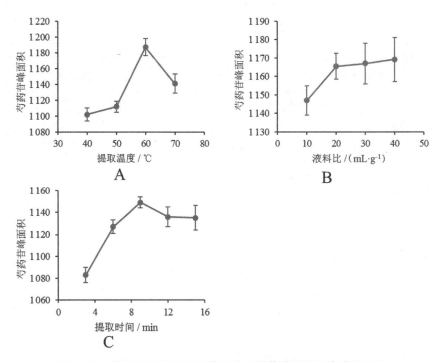

图 7-23　微波辅助提取川芎药茎叶中芍药苷的单因素试验结果

7.4.1.2 响应面优化

在微波辅助提取工艺的单因素试验基础上，按照表 7-20 设计三因素三水平 BBD 试验，优化微波提取的提取温度、液料比、提取时间，筛选最佳微波辅助提取川芎药茎叶中芍药苷的工艺参数。

通过响应面优化，实验结果见表 7-21，回归分析结果见表 7-22。川芎药茎叶中芍药苷提取率对提取温度、液料比、提取时间的二次多项回归方程为：

芍药苷提取率（%）$=2.81+0.054A+0.042B+0.019C-0.26A^2-0.16B^2-0.073C^2$

由表 7-22 可知回归模型 p 值 < 0.01，表明该预测模型拟合程度良好；失拟项误差 p 值 0.154 9 > 0.05，说明失拟项不显著；相关系数 $R^2=0.980\,6$，证明该模型能较为准确地分析影响因素和响应值之间的关系；提取温度对川芎药茎叶中芍药苷的提取率的影响极为显著（$P < 0.01$），液料比对川芍药茎叶中芍药苷的提取率的影响显著（$P < 0.05$），提取时间对川芍药茎叶中芍药苷的提取率的影响不显著（$P > 0.05$）。

表 7-20　微波辅助提取川芍药茎叶中芍药苷的响应面优化设计因素及水平

水平	因素		
	A 提取温度 /℃	B 液料比 / (mL·g⁻¹)	C 提取时间 /min
-1	50	10	6
0	60	20	9
1	70	30	12

表 7-21　微波辅助提取川芍药茎叶中芍药苷的试验设计及结果

序号	A 提取温度 /℃	B 液料比 / (mL·g⁻¹)	C 提取时间 /min	芍药苷提取率 /%
1	50	20	12	2.46
2	50	10	9	2.31
3	60	20	9	2.85
4	60	30	12	2.64
5	60	10	12	2.51
6	60	20	9	2.80
7	60	20	9	2.83
8	50	20	6	2.40
9	70	30	9	2.51
10	70	20	6	2.47
11	70	20	12	2.60
12	60	20	9	2.81
13	70	10	9	2.40
14	60	10	6	2.58
15	60	20	9	2.78
16	60	30	6	2.61
17	50	30	9	2.38

表 7-22　微波辅助提取川芍药茎叶中芍药苷的 BBD 试验回归模型方差分析

方差来源	平方和	自由度	均方	F 值	p 值	显著性
模型	0.49	9	0.054	39.37	< 0.000 1	**
A 提取温度	0.023	1	0.023	16.86	0.004 5	**
B 液料比	0.014	1	0.014	10.54	0.014 1	*

续表

方差来源	平方和	自由度	均方	F 值	p 值	显著性
C 提取时间	2.812×10^{-3}	1	2.812×10^{-3}	2.05	0.195 1	
AB	4.000×10^{-4}	1	4.000×10^{-4}	0.29	0.605 8	
AC	1.225×10^{-3}	1	1.225×10^{-3}	0.89	0.376 0	
BC	2.500×10^{-3}	1	2.500×10^{-3}	1.82	0.218 9	
A^2	0.28	1	0.28	204.87	< 0.000 1	**
B^2	0.10	1	0.10	74.52	< 0.000 1	**
C^2	0.023	1	0.023	16.48	0.004 8	**
残差	9.595×10^{-3}	7	1.371×10^{-3}			
失拟项	6.675×10^{-3}	3	2.225×10^{-3}	3.05	0.154 9	不显著
纯误差	2.920×10^{-3}	4	7.300×10^{-4}			

注：* 表示差异显著（$P < 0.05$）；** 表示差异极显著（$P < 0.05$）；$R^2 = 0.980\ 6$；$R^2_{adj} = 0.955\ 7$；$CV\% = 1.43$。

图 7-24 为微波辅助提取川芎药茎叶中芍药苷的等高线图和 3D 响应面图。从图中可看出，响应面的曲线皆平缓、等高线皆接近圆形，表明提取温度、液料比、提取时间相互之间的交互作用都不显著。同时从表 7-22 中也可见，提取温度、液料比、提取时间之间的交互作用都不显著（AB、AC、BC 的 $P > 0.05$）。

通过对微波辅助提取川芎药茎叶中芍药苷的工艺进行研究，根据响应面优化结果，结合实际可操作性，确定了微波辅助提取川芎药茎叶中芍药苷的最佳工艺条件为：提取溶剂为 70% 乙醇，微波温度为 61 ℃，液料比为 22 mL/g，提取时间为 9.5 min，此条件下，模型预测芍药苷提取率为 2.82%。模型验证芍药苷提取率为 2.81% ± 0.19%（$n = 3$），与预测值接近，说明了此模型的有效性，回归方程可以反映各因素对微波辅助提取芍药茎叶中芍药苷的影响。

7.4.2 芍药苷的纯化

为从川芎药茎叶中提取制备高纯度的芍药苷，对微波辅助提取获得的粗提物进行了大孔树脂和柱色谱纯化研究，主要对 AB-8 大孔树脂的动态吸附和洗脱曲线进行了考察。

动态吸附曲线结果见图 7-25，从第 11 流分（每流分体积为 1 BV）开始芍药苷的峰面积突然增大，表明此时大孔吸附树脂已达到最大吸附量并开始泄漏，故可确定芍药茎叶提取液的最大上样量为 10 BV，芍药苷上样浓度为 1.072 mg/mL，最后计算吸附量为 214.4 mg，比吸附量为 10.72 mg/mL。

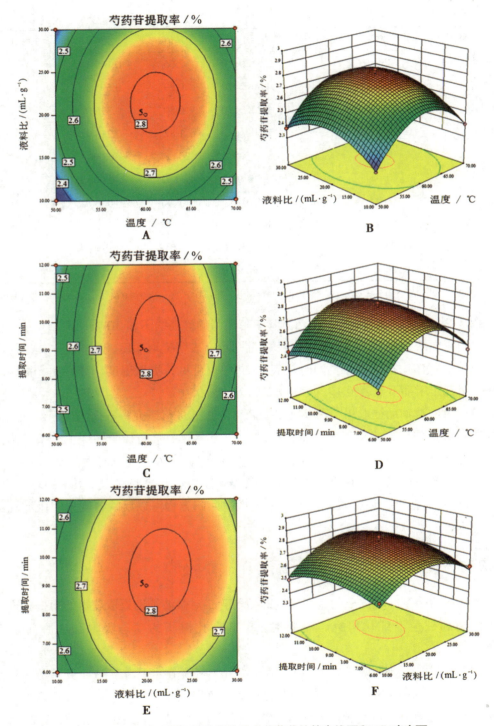

图 7-24 微波辅助提取川芍药茎叶中芍药苷的等高线图和 3D 响应面

注：A、B，提取温度和液料比交互作用的等高线图和响应面图；C、D，提取温度和提取时间交互作用的等高线图和响应面图；E、F，液料比和提取时间交互作用的等高线图和响应面图

由芍药苷的洗脱曲线图 7-26 可知，14 BV 20% 乙醇洗脱后，洗脱液中芍药苷不再明显减少，故确定洗脱剂用量为 14 BV。合并前 14 BV 20% 乙醇洗脱液，测得将此洗脱液中芍药苷总量为 180.37 mg，即动态洗脱率为 84.13%。回收乙醇并真空干燥至恒重，HPLC 测得芍药苷的纯度为 67.19%（以干浸膏计）。

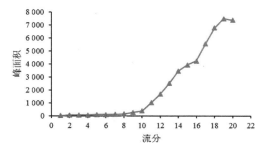

图 7-25 微波辅助提取川芎药茎叶中芍药苷的动态吸附曲线

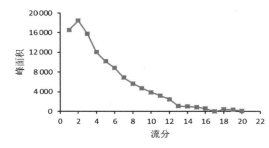

图 7-26 微波辅助提取川芎药茎叶中芍药苷的动态洗脱曲线

通过对微波提取的芍药苷粗提物进行 AB-8 大孔树脂吸附和解析研究，获得最佳大孔树脂纯化工艺为：质量浓度为 10 mg/mL 芍药苷提取物的最大上样量为 10 BV，通过 AB-8 大孔吸附树脂柱的流速为 3 BV/h，用 3 BV 超纯水洗脱除去水溶性杂质，再用 14 BV 20% 乙醇以 3 BV/h 流速洗脱，收集 20% 乙醇洗脱液，测得芍药苷纯度为 67.19%。将通过大孔吸附树脂富集后的芍药苷粗品进一步用硅胶柱层析纯化，乙酸乙酯 – 甲醇梯度洗脱，收集芍药苷洗脱馏分，合并芍药苷馏分，50℃减压浓缩回收溶剂，可获得白色无定型粉末芍药苷，经 HPLC 分析纯度 ≥ 95%。

川芎药茎叶在传统芍药种植中属于农业废弃物，在禁烧秸秆后，直接丢弃会造成大量资源浪费和农村环境压力。前期研究发现，芍药茎叶中芍药苷质量分数 ≥ 2.5%，可作为芍药苷的新来源。本研究首次完成了微波辅助提取川芎药茎叶中的芍药苷及大孔树脂和硅胶柱层析纯化茎叶芍药苷的研究。研究优化得到的微波辅助提取工艺的芍药苷提取率可达 2.8%，经 AB-8 大孔树脂纯化可得质量分数为 67.19% 的芍药苷，进一步采用硅胶柱层析分离，可获得纯度 ≥ 95%（HPLC）的芍药苷。

7.5 川芎药化学成分分离鉴定

为充分开发利用川芎药资源，笔者采用系统分离法，综合利用硅胶柱层析、Sephadex LH-20 柱色谱、RP-HPLC 和 ODS 半制备色谱等分离技术，对川芎药的化学成分进行分离，并通过理化性质和现代波谱技术（UV、MS、^{1}H-NMR、^{13}C-NMR）对所得化合物结构进行鉴定。

7.5.1 提取分离

取 4 kg 川芍药粉，每次用 8 倍量的乙醇回流提取 5 次，每次 2 h，合并提取液，减压旋蒸回收溶剂，得醇提物，加入粗硅胶，拌样蒸干，然后使用石油醚、乙酸乙酯和乙醇依次分级回流抽提。各级提取剂每次用量 1 000 mL，多次抽提，直至对应部分提取液颜色变浅，然后换下一级抽提剂抽提。合并各部分抽提液，减压浓缩至干，回收溶剂，得到石油醚抽提物（PE，25 g）、乙酸乙酯抽提物（EA，78 g）和乙醇抽提物（Et，256 g）。石油醚部分通过硅胶柱层析用石油醚 – 乙酸乙酯梯度洗脱，RP–HPLC分离纯化；乙酸乙酯抽提部分采用硅胶柱层析（石油醚 – 乙酸乙酯 – 甲醇梯度洗脱）、Sephadex LH–20 凝胶柱色谱、RP–HPLC 和 ODS 半制备色谱分离纯化；乙醇抽提部分先经 AB–8 大孔树脂柱色谱，用乙醇 – 水梯度洗脱，然后经硅胶柱层析、Sephadex LH–20凝胶柱色谱、RP–HPLC 和 ODS 半制备色谱分离纯化。提取分离流程图见图 7–27。

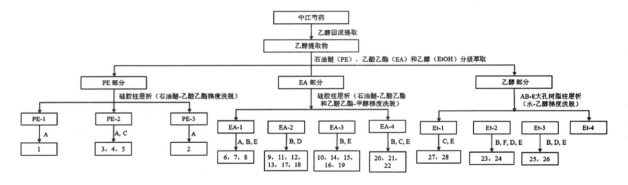

图 7-27　川芍药化学成分分离纯化流程图

7.5.2 理化性质及波谱数据测定

对分离得到的化合物单体的理化性质和波谱数据进行测定，采用 FeCl₃ 显色法鉴别化合物中是否存在酚羟基，有酚羟基存在会使溶液呈紫色。薄层层析 254 nm 显色、硫酸香草醛显色（显色反应呈紫红色或紫褐色说明化合物可能为单贴苷类成分）等。在 190 ～ 400 nm 全光谱扫描，测定化合物的紫外光谱和 λ_{max}。采用 ESI–MS 在 positive 和 negative 模式下测定 m/z，计算化合物分子量。测定化合物的 ¹H–NMR、¹³C–NMR，使用 MestReNova 12.0 Package 软件对获得的核磁数据进行处理。

7.5.3 化合物的种类

笔者从川芎药中分离得到 33 个化合物，通过理化性质和 UV、MS、NMR 等波谱技术分析，成功鉴定了其中 28 个化合物的结构，被鉴定的化合物名称和结构见表 7-23。其中包括单萜苷类化合物 12 个，酚酸及其酯类化合物 7 个，黄酮类 1 个，其他化合物 8 个。

表 7-23　从川芎药根分离得到的化合物

序号	中（英）文名称	结构式
1	棕榈酸	
2*	苯甲酸酐	
3*	亚油酸	
4*	油酸	
5*	β-谷甾醇油酸酯	
6	丹皮酚	

续表

序号	中（英）文名称	结构式
7*	4-O-甲基-苯甲酰芍药苷	
8	芍药新苷	
9	4-O-甲基-芍药苷	
10*	没食子酰芍药苷	
11	苯甲酰芍药苷	
12	6'-O-苯甲酰芍药内酯苷	

续表

序号	中（英）文名称	结构式
13*	3，4，5-三羟基苯乙酸乙酯	
14	没食子酸乙酯	
15	β-谷甾醇	
16	儿茶素	
17	没食子酸甲酯	
18*	芍药内酯 B	
19	芍药内酯苷	

续表

序号	中（英）文名称	结构式
20	芍药苷	
21	没食子酸	
22	苯甲酸	
23	五没食子酰葡萄糖	
24	羟基芍药苷	
25*	8-去苯甲酰芍药内酯苷	
26*	8-去苯甲酰芍药苷	
27	蔗糖	

续表

序号	中（英）文名称	结构式
28*	水苏糖	

注：* 为首次从川芎药中分离得到的化合物。

棕榈酸（1）、苯甲酸酐（2*）、亚油酸（3*）、油酸（4*）、β-谷甾醇油酸酯（5*）、丹皮酚（6）、4-O-甲基-苯甲酰芍药苷（7*）、芍药新苷（8）、4-O-甲基-芍药苷（9）、没食子酰芍药苷（10）、苯甲酰芍药苷（11）、6′-O-苯甲酰芍药内酯苷（12）、3，4，5-三羟基苯乙酸乙酯（13*）、没食子酸乙酯（14）、β-谷甾醇（15）、儿茶素（16）、没食子酸甲酯（17）、芍药内酯 B（18*）、芍药内酯苷（19）、芍药苷（20）、没食子酸（21）、苯甲酸（22）、五没食子酰葡萄糖（23）、羟基芍药苷（24）、8-去苯甲酰芍药内酯苷（25*）、8-去苯甲酰芍药苷（26*）、蔗糖（27）、水苏糖（28*）。

与文献比对，以上化合物中，化合物 2、3、4、5、7、13、18、25、26 和 28 为首次从川芎药中分离得到，但在其他产地芍药研究中有发现。化合物 11、19、20 和 21（在总提取物中分别占 3.28%、13.58%、41.18% 和 3.71%）为其主要成分。

7.5.4 化合物结构分析

通过对川芎药乙醇提取物采用分级抽提、TLC、硅胶柱层析、大孔树脂纯化、RP-HPLC 和半制备 ODS-HPLC 等分离技术进行系统分离，得到 33 个化合物，通过理化性质和 UV、MS、NMR 等波谱技术分析，成功鉴定了其中 28 个化合物，其中包括单萜苷类化合物 12 个，酚酸及其酯类化合物 7 个，黄酮类 1 个，其他化合物 8 个。化合物苯甲酰芍药苷（11）、芍药内酯苷（19）、芍药苷（20）和没食子酸（21）在总提取物中分别占 3.28%、13.58%、41.18% 和 3.71%，为川芎药主要成分。通过对川芎药化学成分的研究，进一步完善了其化学成分数据，并为后续活性物质基础的研究提供了化合物结构数据和单体样品。

7.6 川芍药抗氧化活性物质基础

采用超声辅助提取法提取川芍药根、茎叶和花的化学成分，取提取液经 0.25 μm 微孔滤头滤过，取其续滤液用于成分分析。将提取液减压浓缩蒸干后得根、茎叶和花提取物，其中根的提取物经石油醚、乙酸乙酯和乙醇分级，将所有样品均配制为 1.0 mg/mL 的溶液，分别标记为根 -PE、根 -EA、根 -ET、花和茎叶，备用。

采用 HPLC-DAD、HPLC-ESI-MS 对川芍药的根、茎叶和花的化学成分进行定性分析。然后，通过 DPPH 分光光度法测定川芍药（根、茎叶和花）提取物、部分单体化合物的体外抗氧化活性，并通过 DPPH-HPLC 快速筛选川芍药潜在的抗氧化活性成分，分析川芍药根、茎叶和花的抗氧化活性的物质基础。

HPLC 色谱条件：Agilent ZORBAX Eclipse Plus C18 （1.8 μm，2.1 mm× 100 mm）色谱柱；流动相：0.1% 磷酸 / 甲酸水（A）– 乙腈（B）；梯度洗脱：0 ~ 15 min 10% ~ 30% B，15 ~ 18 min 30% ~ 60% B，18 ~ 20 min 60% ~ 100% B，21 ~ 22 min 100% ~ 10% B，后运行 4 min；检测波长 230 nm；柱温 30℃；进样量 2 μL；流速 0.3 mL/min。

MS 条件：采用 ESI 源正、负离子模式检测，采用高分辨、动态背景扣除模式，分别设定一级和二级检测参数。

电喷雾离子化（ESI）正离子模式检测：m/z 质量扫描范围 100 ~ 1 000，毛细管电压 4 000 V，雾化气压力 50 psi，干燥气（N_2）流速 10 L/min，干燥气温度 350℃。

电喷雾离子化（ESI）负离子模式检测：m/z 质量扫描范围 100 ~ 1 000，毛细管电压 3 500 V，雾化气压力 50 psi，干燥气（N_2）流速 10 L/min，干燥气温度 350℃。

7.6.1 川芍药根、茎叶和花中化学成分的 HPLC–DAD–ESI–MS 分析

芍药根、茎叶和花提取物的化学成分数量和结构类型很多，采用 positive 和 negative 两种模式对 72% 乙醇超声提取的样品进行分析。其中 positive 模式常见离子为 [M+H]$^+$、[M+NH$_4$]$^+$、[M+Na]$^+$、[2M+H]$^+$，negative 模式常见离子为 [M–H]$^-$、[M+COOH]$^-$、[2M–H]$^-$。使用 Agilent MassHunter Workstation 软件定性分析，通过从 Reaxys （https://www.reaxys.com/）、PubMed （http://www.ncbi.nlm.nih.gov/pubmed） 和 CNKI （http://www.cnki.net/）等数据库中搜索，并结合前面（7.5）的结果和相关文献报道数据进行对比，确认所定性化学成分均来自 *Paeonia lactiflora* Pall.。

芍药根、茎叶和花在 positive 和 negative 模式下的典型总离子色谱（TIC）如图 7–28 所示。笔者对川芍药根、茎叶和花提取物的高效液相色谱图的主要色谱峰进行了分析，

通过将化合物 1、5、11、12、15、18、22、30 和 32 的质量、m/z 和保留时间与标准品进行比对（图 7-29），分别被鉴定为蔗糖（341[M-H]⁻，386.9[M+COOH]⁻）、没食子酸（169.0[M-H]⁻，171.0[M+H]⁺）、羟基芍药苷（495.1[M-H]⁻，541.1[M+COOH]⁻）、儿茶素（288.9[M-H]⁻，290.9[M+H]⁺）、芍药内酯苷（479.1[M-H]⁻，525.1[M+COOH]⁻，480.9[M+H]⁺）、芍药苷（479.1[M-H]⁻、525.1[M+COOH]⁻，497.9[M+NH₄]⁺）、苯甲酸（121.0[M-H]⁻，123.0[M+H]⁺）、苯甲酰芍药苷（629.1[M+COOH]⁻、601.9[M+NH₄]⁺），丹皮酚（167.0[M+H]⁺）。通过与文献报道的芍药属植物的化学成分比较化合物的 [M-H]⁻、[M+COOH]⁻、[M+H]⁺、[M+NH₄]⁺ 等的准分子离子峰，初步鉴定了 40 种主要化合物的可能结构，其中根鉴定出 35 种，茎叶鉴定出 20 种，花鉴定出 15 种，包括 19 种单萜苷类成分、5 种鞣质类成分、10 种酚酸及其酯类和 6 种其他化合物，化合物信息详见表 7-24。

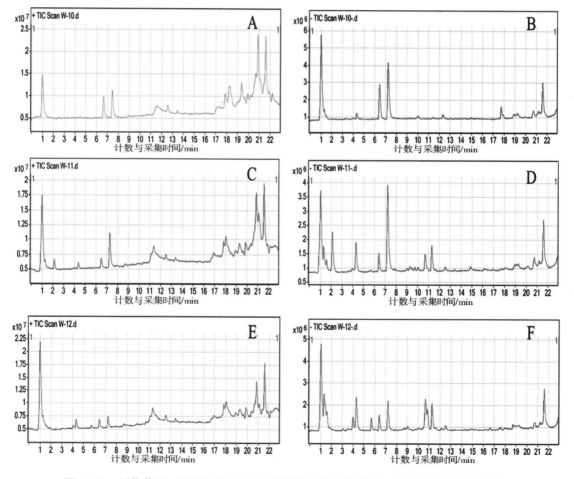

图 7-28 川芎药根、茎叶和花的 72% 乙醇提取物正离子和负离子模式的总离子流图

注：A，根的 positive 总离子流图；B，根的 negative 总离子流图；C，茎叶的 positive 总离子流图；D，茎叶的 negative 总离子流图；E，花的 positive 总离子流图；F，花的 negative 总离子流图。

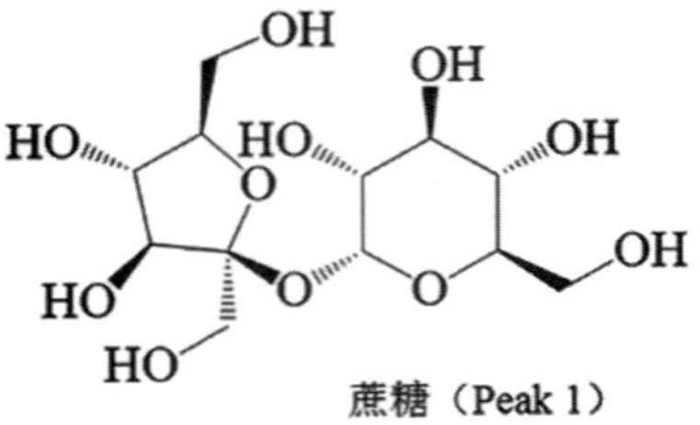

蔗糖（Peak 1）
Sucrose
$C_{12}H_{22}O_{11}$
MW 342.3

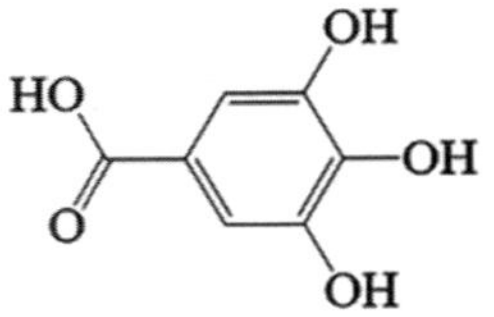

没食子酸（Peak 5）
Gallic acid
$C_7H_6O_5$
MW 170.12

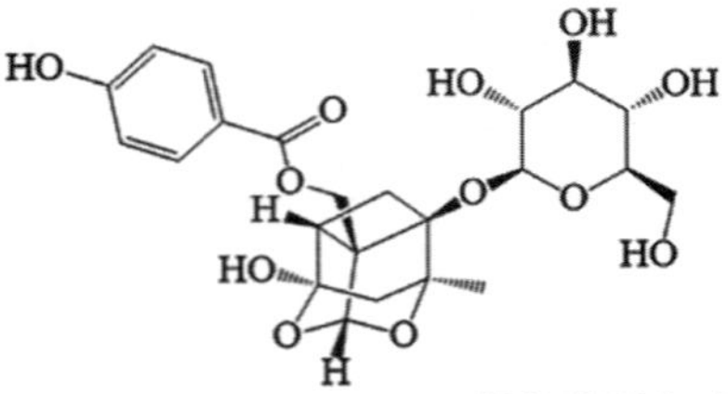

羟基芍药苷（Peak 11）
Oxypaeoniflora
$C_{23}H_{28}O_{12}$
MW 496.46

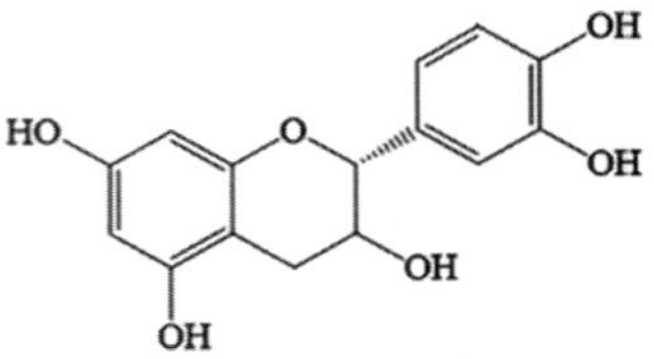

儿茶素（Peak 12）
Catechin
$C_{15}H_{14}O_6$
MW 290.26

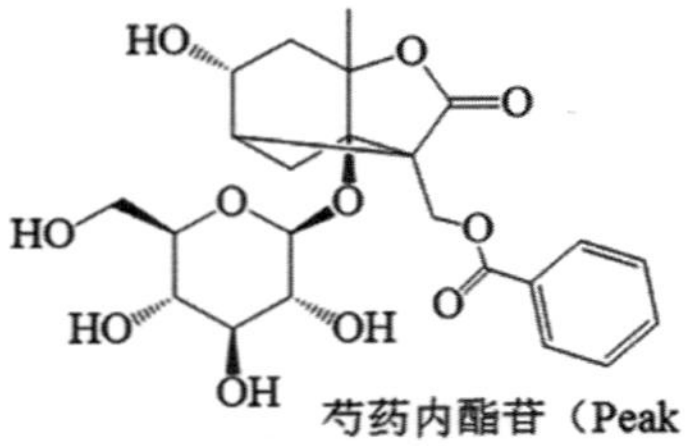

芍药内酯苷（Peak 15）
Albitflorin
$C_{23}H_{28}O_{11}$
MW 480.46

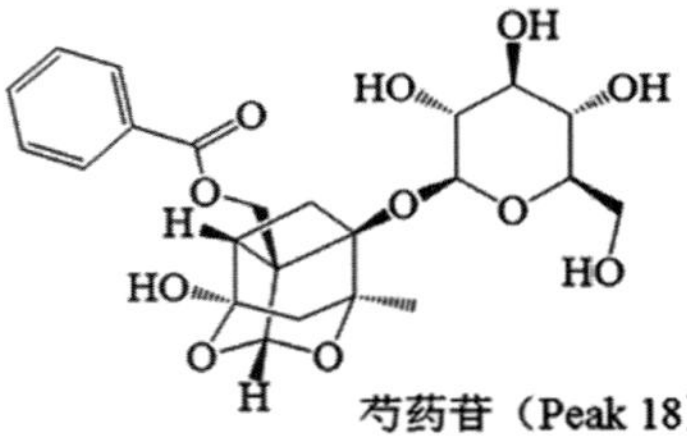

芍药苷（Peak 18）
Paeoniforin
$C_{23}H_{28}O_{11}$
MW 480.46

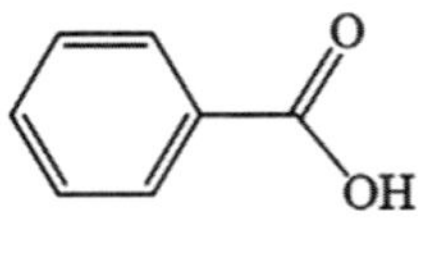

苯甲酸（Peak 22）
Benzoic acid
$C_7H_6O_2$
MW 122.12

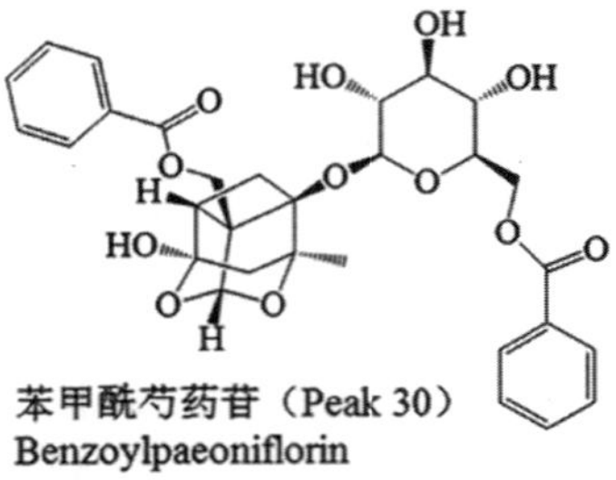

苯甲酰芍药苷（Peak 30）
Benzoylpaeoniflorin
$C_{30}H_{32}O_{12}$
MW 584.56

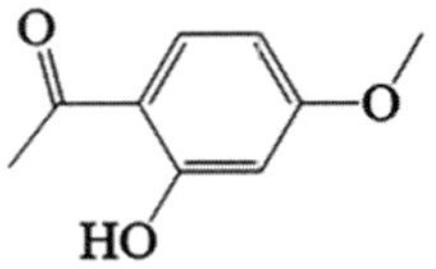

丹皮酚（Peak 32）
Paeonol
$C_9H_{10}O_3$
MW 166.17

图 7-29　HPLC-DAD-EIS-MS 鉴定的川芍药根、茎叶和花主要化合物的化学结构

表 7-24 基于 HPLC-DAD-ESI-MS 的川芎药的主要成分

序号	保留时间/min	负模式（m/z）	正模式（m/z）	分子式	m/z	化合物	来源	
1	0.794	341[M-H]$^-$ 386.9[M+COOH]$^-$	—	$C_{12}H_{22}O_{11}$	342	蔗糖	根	茎叶
2	0.971	420.9[M+COOH]$^-$	—	$C_{16}H_{24}O_{10}$	376	8-去苯甲酰芍药苷	根	茎叶
3	1.056	389.1[M-H]$^-$	—	$C_{17}H_{26}O_{10}$	390	4-O-甲基去苯甲酰芍药苷	根	
4	1.117	330.9[M+COOH]$^-$	—	$C_{15}H_{10}O_6$	286	山柰酚	根	茎叶 花
5	1.223	169.0[M-H]$^-$	171.0[M+H]$^+$	$C_7H_6O_5$	170	没食子酸	根	茎叶 花
6	1.297	420.9[M+COOH]$^-$	—	$C_{16}H_{24}O_{10}$	376	8-去苯甲酰芍药苷异构体	根	
7	1.379	330.9[M-H]$^-$	—	$C_{13}H_{16}O_{10}$	332	没食子酸吡喃葡萄糖		茎叶 花
8	1.698	329.1[M-H]$^-$ 375.1[M+COOH]$^-$	—	$C_{14}H_{18}O_9$	330	牡丹苷 A	根	
9	2.631	343.0[M-H]$^-$	345.1[M+H]$^+$	$C_{16}H_{24}O_8$	344	牡丹皮苷 G	根	茎叶
10	2.764	—	465[M+H]$^+$	$C_{18}H_{24}O_{14}$	464	没食子酰基蔗糖	根	茎叶
11	3.841 3.565	495.1[M-H]$^-$ 541.1[M+COOH]$^-$	518.9[M+Na]$^+$	$C_{23}H_{28}O_{12}$	496	羟基芍药苷	根	花
12	4.005	288.9[M-H]$^-$	290.9[M+H]$^+$	$C_{15}H_{14}O_6$	290	儿茶素	根	
13	4.265	634.8[M-H]$^-$ 680.8[M+COOH]$^-$	—	$C_{27}H_{24}O_{18}$	636	1,3,6-三-O-没食子酰葡萄糖	根	茎叶 花
14	4.415	183.0[M-H]$^-$	—	$C_8H_8O_5$	184	没食子酸甲酯	根	茎叶 花

续表

序号	保留时间/min	负模式（m/z）	正模式（m/z）	分子式	m/z	化合物	根	茎叶	花
								来源	
15	6.973	479.1[M−H]⁻ 525.1[M+COOH]⁻	480.9[M+H]⁺	$C_{23}H_{28}O_{11}$	480	芍药内酯苷	根	茎叶	花
16	7.472	641.2[M−H]⁻	—	$C_{29}H_{38}O_{16}$		Isomer of β−Gentiobiosylpaeoniflorin	根	根	
17	7.714	457.1[M−H]⁻	—	$C_{22}H_{18}O_{11}$		（−）−Gallocatechol	根		
18	7.970	479.1[M−H]⁻ 525.1[M+COOH]⁻	497.9[M+NH₄]⁺	$C_{23}H_{28}O_{11}$	480	芍药苷	根	茎叶	花
19	8.447	197.0[M−H]⁻	—	$C_9H_{10}O_5$		没食子酸乙酯	根		
20	8.596	211[M−H]⁻	—	$C_{10}H_{12}O_5$	212	3、4、5−三羟基苯乙酸乙酯	根		
21	10.326	793.2[M+COOH]⁻	—	$C_{35}H_{40}O_{18}$		6'−Hemisuccinylpaeoniflorin	根		
22	10.671	121.0[M−H]⁻	123.0[M+H]⁺	$C_7H_6O_2$	122	苯甲酸	根	茎叶	花
23	10.932	—	498.0[M+NH₄]⁺	$C_{23}H_{28}O_{11}$	480	牡丹皮苷 I	根	茎叶	花
24	11.399	938.9[M−H]⁻	—	$C_{41}H_{32}O_{26}$	940	五没食子酰葡萄糖	根	茎叶	花
25	12.043	182.9[M+COOH]⁻	—	$C_7H_6O_3$	138	水杨酸的异构体	根	茎叶	花
26	12.152	446.9[M−H]⁻	448.8[M+H]⁺	$C_{21}H_{20}O_{11}$	448	山柰酚−3−O−β−D−葡萄糖苷		茎叶	花
27	12.296	—	139[M+H]⁺	$C_7H_6O_3$	138	对羟基苯甲酸			花
28	12.417	631.1[M−H]⁻	—	$C_{30}H_{32}O_{15}$	632	没食子酰芍药苷 or 异构体	根		

续表

序号	保留时间/min	负模式（m/z）	正模式（m/z）	分子式	m/z	化合物	来源
29	17.462	—	447.2[M+H]⁺	$C_{21}H_{34}O_{10}$	446	(Z)-(1S, 5R)-β-10-派烯基-β-巢菜糖苷	茎叶 花
30	19.752	629.1[M+COOH]⁻	601.9[M+NH₄]⁺	$C_{30}H_{32}O_{12}$	584	苯甲酰芍药苷	根 茎叶
31	19.892	629.1[M+COOH]⁻	601.9[M+NH₄]⁺	$C_{30}H_{32}O_{12}$	584	苯甲酰芍药内酯苷	根
32	19.941	—	167.0[M+H]⁺	$C_9H_{10}O_3$	166	丹皮酚	根
33	20.685	507.1[M+COOH]⁻	485[M+Na]⁺ 463[M+H]⁺	$C_{23}H_{26}O_{10}$	462	芍药新苷	根
34	20.755	509.1[M-H]⁻	—	$C_{24}H_{30}O_{12}$	510	4-O-甲基芍药苷	根
35	22.189	—	621[M+Na]⁺	$C_{31}H_{34}O_{22}$	598	4-O-甲基苯甲酰芍药苷	根 茎叶
36	22.434	—	693.7[M+NH₄]⁺	$C_{47}H_{80}O_2$	676	β-谷甾醇亚油酸酯	根 茎叶
37	22.516	—	696[M+NH₄]⁺	$C_{47}H_{82}O_2$	678	β-谷甾醇油酸酯	根
38	22.806	—	283.1[M+H]⁺	$C_{18}H_{34}O_2$	282	油酸	根
39	23.318	279[M-H]⁻	280[M]⁺	$C_{18}H_{32}O_2$	280	亚油酸	根
40	23.441	300.9[M+COOH]⁻	279[M+Na]⁺	$C_{16}H_{32}O_2$	256	棕榈酸	根
合计/个							35 20 15

7.6.2 单萜苷类化合物的 MS 裂解特征

单萜及其苷类化合物是川芍药中最主要的一类活性成分，对芍药全株化学成分通过 HPLC-MS 分析发现，在川芍药全株（根、茎叶和花）中单萜及其苷类化合物都是主要成分。单萜苷类化学结构非常特殊，其母核结构形似鸟笼，大多含有苯甲酰基或对羟基苯甲酰基，芍药苷、芍药内酯苷、苯甲酰芍药苷、羟基芍药苷和没食子酰芍药苷等是川芍药中的主要单萜苷。图 7-30 为芍药苷的 MS 裂解途径，图 7-31 为芍药苷及其衍生物的 MS 主要裂解位置。

m/z=449
m/z=121
m/z=357
m/z=327
m/z=165

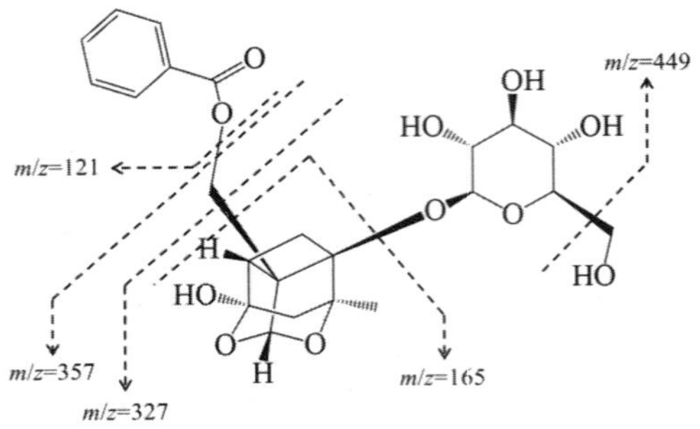

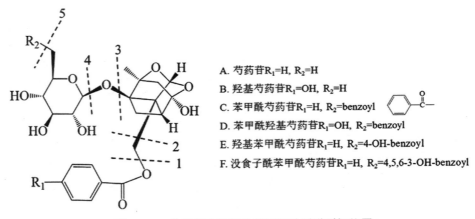

图 7-30　芍药苷可能的质谱裂解途径

A. 芍药苷R₁=H, R₂=H
B. 羟基芍药苷R₁=OH, R₂=H
C. 苯甲酰芍药苷R₁=H, R₂=benzoyl
D. 苯甲酰羟基芍药苷R₁=OH, R₂=benzoyl
E. 羟基苯甲酰芍药苷R₁=H, R₂=4-OH-benzoyl
F. 没食子酰苯甲酰芍药苷R₁=H, R₂=4,5,6-3-OH-benzoyl

图 7-31　芍药苷及其衍生物可能的质谱裂解位置

7.6.3 抗氧化活性评价

7.6.3.1 DPPH · 自由基清除活性

川芍药根（PE、EA 和 ET）、茎叶和花提取物的 DPPH · 清除率试验结果见图 7-32。从图中可以看到根 -EA、根 -ET、茎叶和花的提取物对 DPPH · 都具有较强的清除活性，IC_{50} 值分别为 113.89 μg/mL、55.05 μg/mL、68.20 μg/mL 和 84.38 μg/mL，VC 的 IC_{50} 值为 8.24 μg/mL，川芍药提取的 DPPH · 清除活性较 VC 低。当质量浓度为 150 μg/mL

时 DPPH·清除率为根 –ET（93.78%）＞茎叶（81.48%）＞花（78.02%）＞根 –EA（62.92%），表明芍药提取物具有较强的 DPPH·清除活性，且清除活性显示出高度的浓度依赖性。图 7-33 为苯甲酸、芍药苷、芍药内酯苷、苯甲酰芍药苷、6-O- 苯甲酰芍药苷、儿茶素、没食子酸和没食子酸乙酯的 DPPH·清除率试验结果。儿茶素、没食子酸和没食子酸乙酯的 IC_{50} 值分别为 39.74 μg/mL、25.55 μg/mL 和 31.27 μg/mL，其DPPH·清除活性接近 VC，具有很高的 DPPH·清除活性。而芍药苷、芍药内酯苷、苯甲酰芍药苷和 6-O- 苯甲酰芍药内酯苷的 IC_{50} 值分别为 903.21 μg/mL、991.13 μg/mL、860.44 μg/mL 和 692.62 μg/mL，表明芍药苷类成分具有一定的 DPPH·清除活性，但活性显著低于 Vc。此外，根 –PE 的 IC_{50} ＞ 5 000 μg/mL，苯甲酸的 IC_{50} ＞ 5 000 μg/mL，表明它们的 DPPH·清除活性很低。

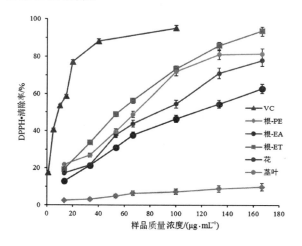

图 7-32　川芎药根、茎叶和花提取物的 DPPH·清除率

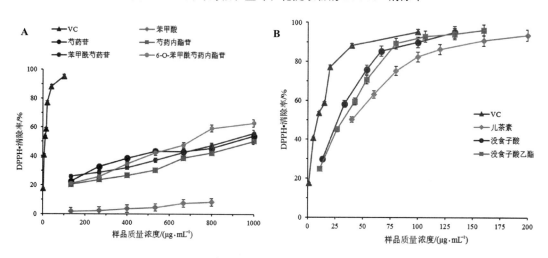

图 7-33　部分单体化合物的 DPPH·清除率

注：A，芍药苷、苯甲酰芍药苷、苯甲酸、芍药内酯苷、6-O- 苯甲酰芍药内酯苷；B，儿茶素、没食子酸、没食子酸乙酯

7.6.3.2 ABTS·自由基清除活性

川芎药根（PE、EA 和 ET）、茎叶和花提取物的 ABTS·清除率试验结果见图 7-34。从图中可以看出，根 -EA、根 -ET、茎叶和花的提取物对 ABTS·都具有较强的清除活性，IC_{50} 值分别为 8.47 μg/mL、33.10 μg/mL、27.86 μg/mL 和 14.32 μg/mL，VC 的 IC_{50} 值为 4.84 μg/mL，川芎药提取物的 ABTS·活性较 VC 略低。当浓度为 100 μg/mL 时 ABTS·清除率为根 -EA（97.59%）＞茎叶（87.85%）＞根 -ET（78%），花提取物浓度为 70 μg/mL 时，ABTS·清除率已达 99.78%。因此，川芎药提取物（根 -EA、根 -ET、茎叶和花）具有较强的 ABTS·清除活性，随着浓度增加清除率显著增加，清除活性显示出高度的浓度依赖性。图 7-35 为苯甲酸、芍药苷、芍药内酯苷、苯甲酰芍药苷、6-O- 苯甲酰芍药内酯苷、儿茶素、没食子酸和没食子酸乙酯的 ABTS·清除率试验结果。其中，儿茶素、没食子酸和没食子酸乙酯的 IC_{50} 值分别为 8.11 μg/mL、11.05 μg/mL 和 6.48 μg/mL，其 ABTS·清除活性接近 VC，显示出很强的抗氧化活性。而芍药苷、芍药内酯苷、苯甲酰芍药苷和 6-O- 苯甲酰芍药苷的 IC_{50} 值分别为 95.41 μg/mL、61.88 μg/mL、66.11 μg/mL 和 32.42 μg/mL，可见芍药苷类成分具有一定的 ABTS·清除活性，但相较于 Vc 活性较低。此外，根 -PE 的 $IC_{50} > 500$ μg/mL，苯甲酸的 $IC_{50} > 5\ 000$ μg/mL，表明它们的抗氧化活性相对较低。

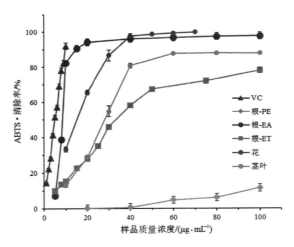

图 7-34　川芎药根、茎叶和花提取物的 ABTS·清除率

7.6.3.3 基于 DPPH-HPLC 筛选潜在的抗氧化物质

川芎药提取物中潜在的具有抗氧化活性的化合物在与 DPPH·反应后会被氧化，导致抗氧化剂的结构发生变化。基于此，在与 DPPH·反应后，潜在的具有抗氧化活性的化合物在 HPLC 色谱图中峰的强度会明显降低，甚至消失。因此，将 DPPH·抗氧化柱前反应与 HPLC 分析结合（DPPH-HPLC），可用于快速筛选川芎药中的抗氧化成分。

具体方法如下：取 1.0 mg/mL 的川芎药根、茎叶和花提取物溶液，与 DPPH 甲醇溶液（10 mg/mL）以 1∶1 的体积比混合，在黑暗中于室温反应 30 min，将混合物以 10 000 r/min 离心 10 min，0.25 μm 微孔滤头滤过，取续滤液进行 HPLC–DAD 分析。用甲醇代替 DPPH 甲醇溶液加入提取物溶液中用作对照。

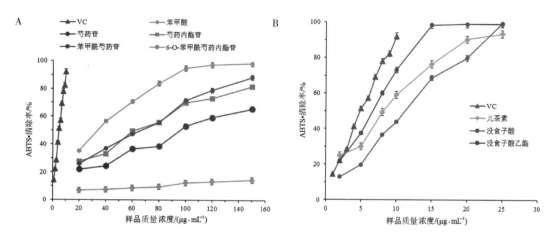

图 7–35　部分单体化合物的 ABTS·清除率

注：A，芍药苷、苯甲酰芍药苷、苯甲酸、芍药内酯苷、6-O- 苯甲酰芍药内酯苷；B，儿茶素、没食子酸、没食子酸乙酯。

图 7–36 是用甲醇和 DPPH 甲醇溶液处理的川芎药（根、茎叶和花）提取物的 HPLC 图。峰强度降低超过 20% 的化合物被认为是潜在的抗氧化剂，将 DPPH 处理前后样品的 HPLC 图主要色谱峰及峰面积进行对比，筛选潜在的抗氧化剂，其结果总结在表 7–25 中，其中 3 个成分未被鉴定。从川芎药根、茎叶和花提取物中分别筛选出 19 个、15 个和 15 个潜在的抗氧化活性成分。

根据 DPPH–HPLC 分析结果，结合 DPPH·IC_{50} 值，结果显示芍药单萜苷类成分具有一定的抗氧化能力，但不太强；酚酸类（牡丹苷 A、牡丹皮苷 G、水杨酸异构体、对羟基苯甲酸、没食子酸乙酯等）、没食子酸鞣质类（没食子酸、没食子酸吡喃葡萄糖、没食子酰蔗糖、1，2，3- 三 -O- 没食子酰葡萄糖、五没食子酰葡萄糖等）成分具有很强的抗氧化活性，这与前人的研究结果芍药根和芍药花的主要抗氧化活性成分为总酚和鞣质类成分一致。同时从图 7–36 和表 7–25 可以看出芍药茎叶和花中单萜苷类成分（尤其芍药苷、芍药内酯苷和苯甲酰芍药苷）含量较少，但其中的酚酸类和没食子酰鞣质类成分含量较高，体现出更强的抗氧化活性。

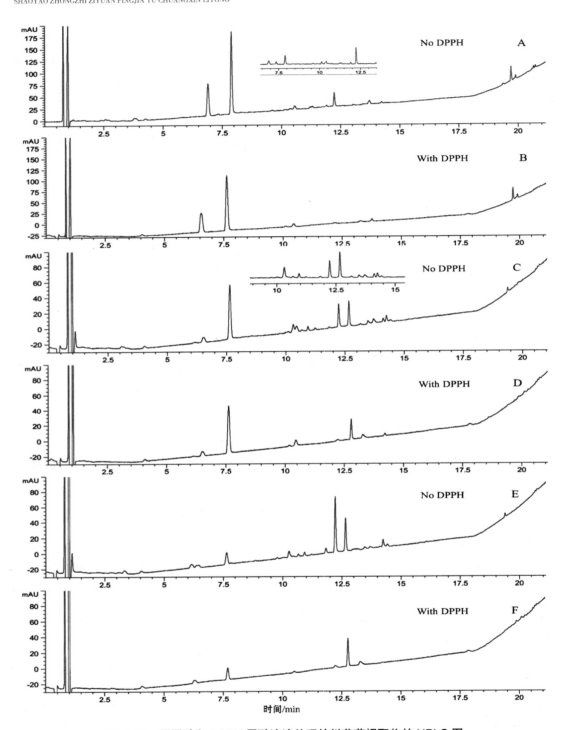

图 7-36　用甲醇和 DPPH 甲醇溶液处理的川芍药提取物的 HPLC 图

注：A，根色谱图（无 DPPH）；B，根色谱图（有 DPPH）；C，茎叶色谱图（无 DPPH）；D，茎叶色谱图（有 DPPH）；E，花色谱图（无 DPPH）；F，花色谱图（有 DPPH）。

表 7-25　川芎药潜在抗氧化活性成分

序号	化合物	保留率 /%			DPPH· IC$_{50}$ /（μg·mL^{-1}）
		根	茎叶	花	
1	没食子酸	42.71	35.97	46.01	25.55
2	8- 去苯甲酰芍药苷	38.89	48.27	39.28	
3	没食子酸吡喃葡萄糖	—	0.00	0.00	—
4	牡丹苷 A	0.00	—	—	
5	牡丹皮苷 G	0.00	0.00	—	
6	没食子酰蔗糖	0.00	0.00	0.00	
7	羟基芍药苷	0.00	—	—	
8	1，2，3- 三 -O- 没食子酰葡萄糖	0.00	0.00	0.00	
9	芍药内酯苷	93.12	52.72	—	991.13
10	Isomer of β –Gentiobiosylpaeoniflorin	0.00	—	—	
11	芍药苷	92.22	89.72	95.60	903.21
12	没食子酸乙酯	0.00	—	—	31.27
13	苯甲酸	—	68.80	42.85	> 5 000
14	牡丹皮苷 I	—	0.00	0.00	
15	五没食子酰葡萄糖	0.00	0.00	0.00	
16	水杨酸异构体	0.00	0.00	0.00	
17	对羟基苯甲酸	0.00	7.83	3.64	
18	没食子酰芍药苷或异构体	—	80.31	46.31	
19	未鉴定（RT* 13.458）	—	0.00	0.00	
20	未鉴定（RT 13.724）	0.00	0.00	0.00	
21	未鉴定（RT 14.233）	0.00	—	0.00	
22	苯甲酰芍药苷	45.45	—	—	860.44
23	苯甲酰芍药内酯苷	38.59	—	—	
24	芍药新苷	27.78	—	—	
25	4-O- 甲基芍药苷	33.34	—	—	
26	4-O- 甲基苯甲酰芍药苷	45.38	32.08	46.67	—
对照	VC	—	—	—	8.24

注：“*RT”表示保留时间 /min。

8

白芍适宜干燥方法与质量评价研究

药材品质与药材的产地、生长年限、采收时间及加工方法等密切相关。收获新鲜的中药材后，通常需要清除非药用部分并及时干燥，否则容易发生虫蛀、霉变和腐烂等。药材干燥的好坏将直接影响产品的疗效、质量和外观等，不同种类及不同性质的中药材需要选择适宜自身的干燥方法。

近年来，白芍的质量问题日益突出，白芍饮片存在假冒伪劣、掺杂使假、违规经营以及非法加工等现象，因此很有必要建立中药多指标的质量控制方法，扩大色谱指纹图谱分析、一测多评（QAMS）等新方法的应用。HPLC 指纹图谱广泛用于中药质量评价，但指纹图谱不能说清楚每个共有峰代表的成分及其含量。一测多评解决了部分标准品获得困难、性质不稳定或价格高昂等难题。

分析不同干燥方法对白芍成分含量的影响，探讨白芍加工过程中适宜的干燥方法，有助于提高白芍品质及其活性成分的高效利用；将 HPLC 指纹图谱结合一测多评来评价白芍质量，为白芍的质量控制和评价提供了更全面的技术手段。

8.1 干燥方法对白芍中 6 种有效成分含量的影响

芍药鲜根洗净，除去头尾及细根，置于沸水中煮 5 min，除去外皮，分别进行晒干、阴干、热风干燥（设 40℃、60℃、80℃和 100℃ 4 个温度）、微波干燥、远红外线干燥和真空冷冻干燥。除真空冷冻干燥外，其他干燥方法每隔一段时间翻动 1 次，并记录干燥所用时间。干燥至含水量符合《中华人民共和国药典》（2015 年版，一部）标准（不超过 14%）。按照《中华人民共和国药典》（2015 年版，四部）通则 0832 第二法（烘干法）进行水分测定。试验重复 3 次，其测定结果取平均值。HPLC 测定不同干燥方法的芍药样品中 6 种有效成分（没食子酸、羟基芍药苷、儿茶素、芍药苷、芍药苷以及苯甲酰芍药苷）的含量。

8.1.1 干燥方法筛选

晒干、阴干、热风干燥、微波干燥、远红外线干燥和真空冷冻干燥所需时间及所得样品的水分见表 8-1。不同干燥方法所得样品含水量均符合 2015 年版《中华人民共和国药典》标准；微波干燥法所得样品的含水量最低，耗时最短；阴干法所得样品含水量最高，耗时最长。

表 8-1   不同干燥方法所需时间及样品水分检测

干燥方法	时间 /min	含水量 /%
晒干	4 320	8.86
阴干	8 640	10.62
热风 40℃干燥	1 440	6.07
热风 60℃干燥	480	5.38
热风 80℃干燥	150	4.89
热风 100℃干燥	70	5.97
微波干燥	8	4.33
远红外线干燥	120	5.27
真空冷冻干燥	1 440	6.12

8.1.2 有效成分质量分数测定

精密称取粉碎后的白芍粉末 0.2 g，置于具塞的锥形瓶中，加 70% 乙醇 7 mL，超声提取 2 次，每次 20 min，取出静置，冷却至室温，合并 2 次提取液，定容至 20 mL，摇匀，经 0.22 μm 微孔滤膜过滤，取续滤液用于成分分析。根据峰面积按如下公式计算出各成分的含量：

$$质量分数（\%）= \frac{C \times V \times 10^{-6}}{M \times (1-W)} \times 100\%$$

式中，C 表示依据标准曲线计算出的质量浓度（μg/mL），V 表示提取液体积（mL），M 为称取的样品重量（g），W 为含的质量分数（%）。

色谱柱：Agilent Eclipse XDB C18 色谱柱（4.6 mm × 250 mm，5 μm）；流动相：流动相 A 为 0.1% 磷酸水溶液，B 为乙腈；梯度洗脱：0 ~ 5 min，10% ~ 15% B；5 ~ 20 min，15% ~ 20% B；20 ~ 40 min，20% ~ 60% B；柱温：40℃；进样体积：10 μL；流速：1 mL/min；检测波长：230 nm 和 270 nm。

8.1.2.1 线性关系考察

通过6种有效成分（芍药苷、没食子酸、羟基芍药苷、芍药内酯苷、儿茶素、苯甲酰芍药苷）的峰面积（y）与混合标准溶液的质量浓度（x，$\mu g/mL$）作图，进行每种化合物的线性回归分析（表8-2）。通过校准曲线评估单个标准品的检测限（LOD）和定量限（LOQ）。结果表明，每种化合物的线性良好，LOD和LOQ稳定，所得校准曲线可应用于定量分析。

表8-2 线性回归方程及检测限和定量限

成分	线性方程	R^2	线性范围 / （$\mu g \cdot mL^{-1}$）	LOD/ （$\mu g \cdot mL^{-1}$）	LOQ/ （$\mu g \cdot mL^{-1}$）
没食子酸	$y=2.473\ 1 \times 10^4 x+6\ 779$	0.999 7	10.2～51.0	0.82	2.74
羟基芍药苷	$y=2.973\ 7 \times 10^3 x-64.9$	0.998 9	8.8～44.0	0.07	0.22
儿茶素	$y=6.033\ 5 \times 10^4 x-15\ 378$	0.999 9	9.2～46.0	0.76	2.54
芍药内酯苷	$y=1.131\ 0 \times 10^4 x-21\ 840$	0.999 9	70.4～352.0	5.79	19.31
芍药苷	$y=1.364\ 0 \times 10^4 x-103\ 407$	0.999 7	148.0～780.0	22.73	75.81
苯甲酰芍药苷	$y=2.323\ 2 \times 10^4 x-19\ 569$	0.999 7	17.6～88.0	2.52	8.42

8.1.2.2 仪器精密度、稳定性、重复性和回收率考察

通过连续注射相同样品溶液6次来进行精密度测试。6种有效成分的峰面积的RSD值分别在0.26%～1.70%范围内，表明仪器精密度良好。为了确认稳定性，将工作溶液在0 h、2 h、4 h、6 h、8 h、12 h、24 h注入HPLC中。峰面积的RSD值小于1.90%，表明样品溶液在24 h内稳定。用相同样品制备6份溶液以确定该方法的重复性。峰面积的RSD值分别小于1.90%，表明该方法具有良好的重复性。回收率测试用于评估此方法的准确性。回收率测试通过标准添加方法确定。将已知量的6种标记化合物加入已知含量的样品中，然后重新分析以进行比较。6种组分的回收率为97.0%～99.9%，RSD值小于1.90%，结果表明方法是准确的。

8.1.2.3 样品有效成分含量测定

精密称取不同干燥方法所得白芍样品0.2 g，制备供试品溶液，进样测定，按干燥品计算，每个样品重厚3次，其测定结果取平均值。HPLC图谱见图8-1，测定结果见表8-3。结果表明，芍药苷含量以真空冷冻干燥最高，为4.1%，热风60℃干燥次之，为4.0%，热风100℃干燥最低，为3.1%；单萜苷类总量以真空冷冻干燥最高，为6.0%，热风60℃干燥次之，为5.9%，热风100℃干燥最低，为4.4%；酚酸类总量以微波干燥最高，为0.27%，真空冷冻干燥次之，为0.25%，阴干最低，为0.20%。

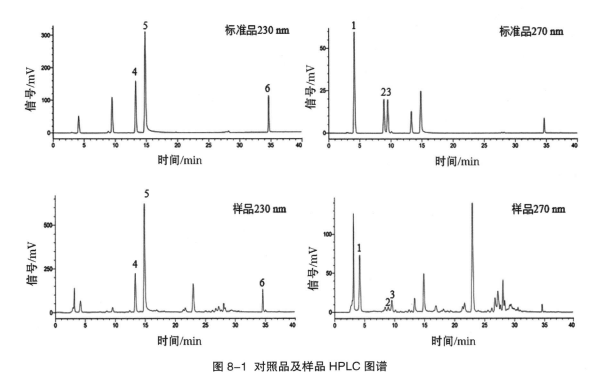

图 8-1 对照品及样品 HPLC 图谱

注：1，没食子酸；2，羟基芍药苷；3，儿茶素；4，芍药内酯苷；5，芍药苷；6，苯甲酰芍药苷。

表 8-3 不同干燥方法白芍中 6 种化学成分质量分数

干燥方法	没食子酸 /%	羟基芍药苷 /%	儿茶素 /%	芍药内酯苷 /%	芍药苷 /%	苯甲酰芍药苷 /%	单萜苷类 /%	酚酸类 /%	总量 /%
晒干	0.19	0.10	0.04	1.1	4.0	0.24	5.4	0.23	5.7
阴干	0.16	0.076	0.04	0.95	3.7	0.24	4.9	0.20	5.1
热风 40℃干燥	0.19	0.096	0.049	1.3	3.4	0.24	5.0	0.23	5.3
热风 60℃干燥	0.17	0.11	0.055	1.5	4.0	0.24	5.9	0.23	6.1
热风 80℃干燥	0.18	0.090	0.039	1.1	3.2	0.25	4.6	0.22	4.9
热风 100℃干燥	0.17	0.071	0.028	1.0	3.1	0.22	4.4	0.20	4.6
微波干燥	0.23	0.088	0.036	1.1	3.8	0.26	5.2	0.27	5.5
远红外线干燥	0.19	0.097	0.043	1.4	3.9	0.24	5.6	0.23	5.8
真空冷冻干燥	0.19	0.10	0.057	1.6	4.1	0.24	6.0	0.25	6.2

8.1.3 不同干燥方法的综合评价

由于白芍中各类成分在不同干燥方法中变化不尽相同，故利用综合评价法以确定适宜的干燥方法。以单萜苷类和酚酸类成分含量与对应的组别组成矩阵，对其进行了主成分分析，结果前 2 个主成分的特征值均大于 1，说明前 2 个因子在影响白芍质量评价的指标中起着主导作用，2 个主成分的积累贡献率达 84.53%，能够客观地反映白芍药材的内在质量，故选用前 2 个主成分对不同干燥方法的白芍进行综合评价。以各主成分因子得分与方差贡献率乘积之和相加，得出各类成分总因子得分值 F，综合评价函数为 $F = 0.568\,52F_1 + 0.276\,78F_2$。

按综合评价函数计算出不同样品的综合得分（F），并按其得分进行降序排序，结果见表 8-4。不同干燥方法所得的白芍中单萜苷类和酚酸类成分含量综合评价依次为：真空冷冻干燥＞热风 60℃干燥＞微波干燥＞远红外线干燥＞晒干＞热风 40℃干燥＞热风 80℃干燥＞阴干＞热风 100℃干燥。

表 8-4 不同干燥方法的主成分因子及其综合评价

干燥方法	F_1	F_2	F	综合排序
真空冷冻干燥	2.45	−0.56	1.24	1
热风 60℃干燥	2.29	−1.36	0.92	2
微波干燥	0.06	2.99	0.86	3
远红外线干燥	0.79	−0.04	0.44	4
晒干	0.35	0.27	0.28	5
热风 40℃干燥	0.26	−0.19	0.09	6
热风 80℃干燥	−1.06	0.58	−0.44	7
阴干	−1.87	−0.43	−1.18	8
热风 100℃干燥	−3.26	−1.26	−2.20	9

8.2 响应面法优化白芍有效成分提取工艺条件

笔者选取高效液相色谱指纹图谱共有峰总峰面积作为评价指标，比较了超声提取法和加热回流提取法对白芍有效成分提取效果的影响。采用 Box-Behnken 设计三因素（超声时间、乙醇浓度和液料比）三水平优化超声提取白芍有效成分的工艺。

8.2.1 提取方法的筛选

加热回流和超声提取白芍有效成分的结果见表 8-5。超声提取的 HPLC 指纹图谱共有峰总峰面积比加热回流提取大，所以选择超声提取为白芍有效成分的提取方法。

表 8-5　提取方法筛选试验结果

提取方法	超声提取 /min			加热回流提取 /min		
	20	30	40	30	60	90
共有峰总峰面积	36 840 479	51 050 525	52 439 410	37 320 127	49 892 143	49 296 376

8.2.2 单因素试验

8.2.2.1 提取时间

由图 8-2 可知，在一定时间范围内，提取率总是与提取时间成正比。从 10 min 到 40 min，随着提取时间的增加，共有峰总峰面积增加。然而，随着提取时间从 40 min 增加到 50 min，共有峰总峰面积下降，这可能是由于在高温下提取时间长造成的。出于这个原因，提取时间控制在 40 min 以内。

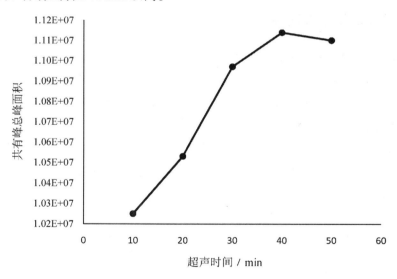

图 8-2　提取时间对提取效果的影响

8.2.2.2 乙醇体积分数

不同的乙醇体积分数（30%、45%、60%、75% 和 90%）对提取率的影响见图 8-3）。结果表明，随着乙醇体积分数浓度的不断增加，共有峰总峰面积先增加后减小。

因此，选取 60% 的乙醇体积分数以确保提取率。

8.2.2.3 液料比

不同的液料比（10 mL/g、15 mL/g、20 mL/g、25 mL/g 和 30 mL/g）对提取率的影响见图 8-4。结果显示，随着液料比的不断增加，共有峰总峰面积先增加后减小。因此选取 20 mL/g 的液料比以确保提取率。

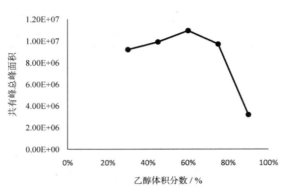

图 8-3　乙醇浓度对提取效果的影响　　　　图 8-4　液料比对提取效果的影响

8.2.3 响应面法优化超声波提取条件

响应面设计的变量和级别如表 8-6 所示。为了说明 3 个独立变量的相互影响并建立最佳提取条件，进行了 BBD 试验设计，为具有 3 个因子和 3 个水平的 17 次试验，结果如表 8-7 所示。使用 Design-Expert 8.0.6 软件，对表 8-7 中的数据进行二阶多项式回归分析和方差统计分析。从模型得到的二阶多项式方程如下：

$R = 2.777\,11 \times 10^{8} - 8.664\,96 \times 10^{6} \times A + 1.676\,61 \times 10^{7} \times B + 2.426\,57 \times 10^{7} \times C + 1.294\,99 \times 10^{5} \times AB - 2.872\,26 \times 10^{5} \times AC - 1.039\,73 \times 10^{5} \times BC + 8\,9393.667\,50 \times A^{2} - 1.574\,66 \times 10^{5} \times B^{2} - 1.122\,70 \times 10^{5} \times C^{2}$。

表 8-6　响应面设计的变量和级别

水平	A 超声时间 /min	B 乙醇浓度 /%	C 液料比 /（mL·g⁻¹）
−1	30	45	15
0	40	60	20
1	50	75	25

表 8-7　BBD 矩阵和共有峰总峰面积的响应值

试验编号	A 超声时间 /min	B 乙醇浓度 /%	C 液料比 / (mL·g⁻¹)	R^2 总有峰总峰面积
1	40	75	15	$8.845\ 11 \times 10^8$
2	30	75	20	$8.732\ 3 \times 10^8$
3	40	75	25	$8.923\ 1 \times 10^8$
4	40	60	20	$9.155\ 73 \times 10^8$
5	40	60	20	$9.103\ 62 \times 10^8$
6	50	60	25	$9.175\ 65 \times 10^8$
7	30	60	15	$8.857\ 59 \times 10^8$
8	30	45	20	$8.873\ 44 \times 10^8$
9	50	75	20	$9.183\ 07 \times 10^8$
10	40	45	25	$8.743\ 94 \times 10^8$
11	40	60	20	$9.100\ 09 \times 10^8$
12	30	60	25	$9.320\ 37 \times 10^8$
13	50	45	20	$8.547\ 22 \times 10^8$
14	50	60	15	$9.287\ 33 \times 10^8$
15	40	60	20	$9.225\ 05 \times 10^8$
16	40	45	15	$8.354\ 03 \times 10^8$
17	40	60	20	$8.910\ 06 \times 10^8$

　　为避免不良或不真实的响应面结果，使用回归分析和方差分析检查模型的充分性和适用性。表 8-8 证实了这个方程可以有效地描述输入和输出因子之间的关系。方差分析将结果的总变异细分为组间变异和组内变异，以检验关于独立因素的假设。此外，Fisher 的统计检验分析了个体独立因素的显著性。F 值，即回归均方根和实际误差均值的比率，表示单个受控因素对模型的影响。从表 8-8 可以看出，模型的 F 值为 13.32。F 值较大的数字表明，回归方程中的偏差可以通过回归方程来说明，表明该模型具有非常显著的意义。此外，相关的 P 值小于 0.05，证实该模型具有统计显著性。失拟项 p 为 0.882 5，不显著，表明模型的适用性良好；因素 B、C、AB、AC、B^2 为显著影响因素，表明对提取效果有较大影响。

表 8-8　分析二阶多项式模型的方差

方差来源	平方和	自由度	均方	F	p
模型	1.090×10^{16}	9	1.211×10^{15}	13.32	0.001 3
A	2.097×10^{14}	1	2.097×10^{14}	2.31	0.172 5
B	1.696×10^{15}	1	1.696×10^{15}	18.67	0.003 5
C	8.384×10^{14}	1	8.384×10^{14}	9.23	0.018 9
AB	1.509×10^{15}	1	1.509×10^{15}	16.61	0.004 7
AC	8.250×10^{14}	1	8.250×10^{14}	9.08	0.019 6
BC	2.432×10^{14}	1	2.432×10^{14}	2.68	0.145 8
A^2	3.365×10^{14}	1	3.365×10^{14}	3.70	0.095 7
B^2	5.285×10^{15}	1	5.285×10^{15}	58.17	0.000 1
C^2	3.317×10^{13}	1	3.317×10^{13}	0.37	0.564 8
残差	6.360×10^{14}	7	9.086×10^{13}	—	—
失拟项	8.775×10^{13}	3	2.925×10^{13}	0.21	0.882 5
纯误差	5.483×10^{14}	—	4	1.371×10^{14}	—
总和	1.153×10^{16}	16	—	—	—
R^2	0.9448	—	—	—	—
CV %	1.06	—	—	—	—

R^2 证实了该模型的充分性和适用性。R^2 值为 0.944 8，表明模型拟合良好。变异系数表示实际点与预测值的偏差，低变异系数表示平均值变化最小。1.06 的 CV% 值表明该模型的高精度和可靠性。

3D 响应面图和 2D 等高线图提供了两个独立变量之间相互作用的视觉解释。3D 响应面图可以显示自变量对响应变量的相互影响。2D 等高线图不仅可以解释自变量之间的相互作用，还可以反映变量之间相互作用的意义。简而言之，圆形反应等高线图表明相应变量之间的相互作用可以忽略不计，而椭圆形反应等高线图表明相应变量之间存在显著相互作用。如图 8-5 所示，液料比固定在 0 水平时，超声时间和乙醇浓度对共有峰总峰面积具有二次效应。此外，图 8-5 的等高线图显示了超声时间和乙醇浓度之间的显著相互作用，这也可以通过 p 值显示（$p < 0.05$）交叉乘积系数（超声时间和乙醇浓度）。图 8-6、图 8-7 也分别指出了超声时间和液料比、乙醇浓度和液料比之间的相互作用。

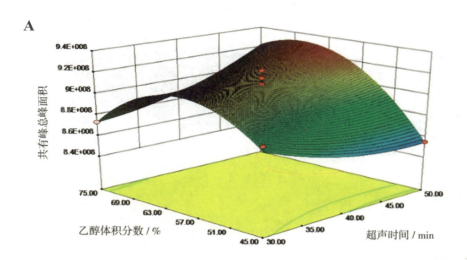

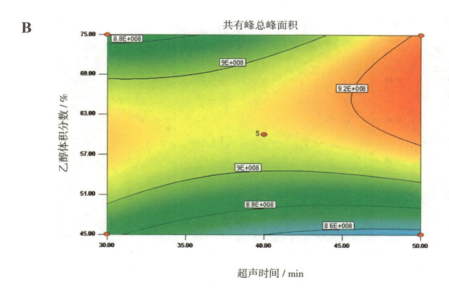

图 8-5　乙醇体积分数和超声时间相互作用的 3D 响应面图和 2D 等高线图

A

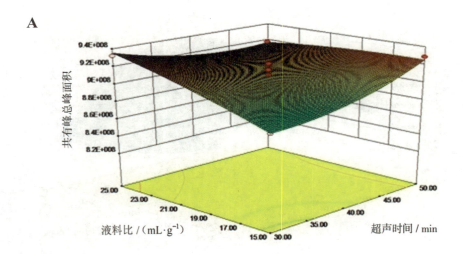

B

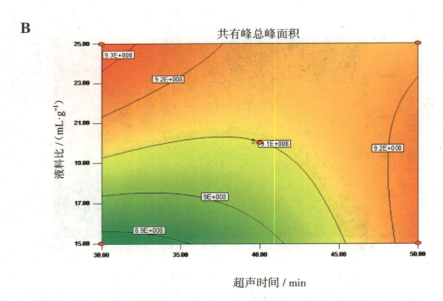

图 8-6　液料比和超声时间相互作用的 3D 响应面图和 2D 等高线图

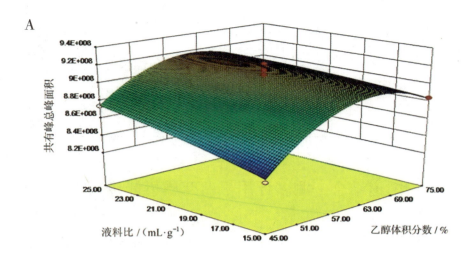

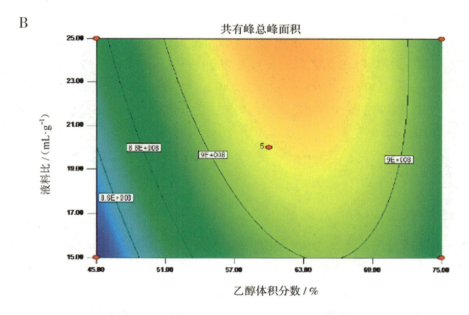

图 8-7　液料比和乙醇体积分数交互作用的 3D 响应面图和 2D 等高线图

8.2.4 预测模型的验证

使用 Design-Expert 软件，自变量和响应变量的最优值如下：超声时间（A）为 50 min，乙醇浓度（B）为 67.31 %，液料比（C）为 17.17 mL/g，共有峰总峰面积最大为 $9.356\,89 \times 10^8$。在此最佳提取条件下，进行一式三份验证试验，共有峰总峰面积平均值为 9.42×10^8。该值与预测的共有峰总峰面积基本符合，表明该回归模型对于预测共有峰总峰面积是准确和充分的。因此，该模型适用于超声提取白芍有效成分的优化（表 8-9）。

表 8-9　验证预测模型

试验次数	共有峰总峰面积	相对误差 /%
1	9.41×10^8	0.60
2	9.40×10^8	0.46
3	9.44×10^8	0.89

8.3 HPLC 指纹图谱结合一测多评用于白芍质量评价

笔者运用 HPLC 指纹图谱结合 QAMS 对不同产地的 28 批市售白芍饮片进行了质量评价。精确称量样品 0.5 g，室温下用 8.5 mL 67% 乙醇超声提取 50 min，然后过滤，滤液用蒸馏水定容至 25 mL。使用前，溶液通过 0.22 μm 的滤膜过滤。

色谱柱：Agilent Eclipse XDB C18 色谱柱（4.6 mm×250 mm，5 μm）；流动相：流动相 A 为 0.1% 磷酸水溶液，B 为乙腈；梯度洗脱：0～5 min 10%～15% B，5～20 min 15%～20% B，20～40 min，20%～60% B，40～43 min 60%～90% B，43～48 min 90% B，48～52 min 90%～10% B，柱温：40℃；进样体积：10 μL；流速：1 mL/min；检测波长：230 nm。

8.3.1 方法学验证

8.3.1.1 线性关系考察

将 5 种有效成分（芍药苷、没食子酸、芍药内酯苷、儿茶素、苯甲酰芍药苷）的峰面积（y）与混合标准溶液的质量浓度（x，μg/mL）作图，每种化合物的线性回归分析见表 8-10。通过校准曲线评估单个标准品的检测限（LOD）和定量限（LOQ）。结果表明，每种研究化合物的线性良好，LOD 和 LOQ 稳定，所得校准曲线可应用于 QAMS 分析。

表 8-10　5 种成分的标准曲线

成分	线性方程	R^2	LOD /（μg·mL⁻¹）	LOQ /（μg·mL⁻¹）	线性范围 /（μg·mL⁻¹）
没食子酸	$y = 22\,818x + 16\,634$	0.999 5	2.19	7.29	13.2～66
儿茶素	$y = 22\,474x - 5\,150.9$	1	0.69	2.29	9.2～46
芍药苷	$y = 16\,123x - 69\,810$	0.999 9	12.99	43.30	188.4～942
芍药内酯苷	$y = 12\,589x - 35\,016$	1	8.34	27.81	80～400
苯甲酰芍药苷	$y = 18\,993x + 1\,119.7$	0.998 2	0.18	0.59	16.8～84

8.3.1.2 仪器精密度、稳定性、重复性和回收率考察

通过在室温下对相同的样品溶液（S1）进行6次（0 h、2 h、4 h、8 h、12 h和24 h）注射来进行稳定性测试。通过分析来自白芍样品10个色谱图谱组分的相对保留时间（RRT）和相对峰面积（RPA）（从峰1至峰10）来确定精密度和稳定性。精密度和稳定性结果表明，RRT和RPA的RSD小于1.85%。通过6次独立制备的样品（S1）的注入来进行重复性测试，结果显示组分（从峰1至峰10）的RRT和RPA的RSD分别为0.00～0.09%和0.00～1.34%（$n=6$）。回收率测试通过标准添加方法确定。将已知含量的5种对照品储备液加入先前分析的样品（S1）中，然后重新分析以进行比较。5种组分的回收率为95.4%～104.8%，RSD值小于2.98%。所有的结果（表8–11）表明，该方法是有效和可靠的。

表8–11　精密度、稳定性、重复性和回收率测试结果

成分	RRT			RPA			回收率/%	RSD/%
	精密度 RSD/%	稳定性 RSD/%	重复性 RSD/%	精密度 RSD/%	稳定性 RSD/%	重复性 RSD/%		
1	0.15	0.18	0.09	0.27	1.85	1.34	95.4	2.21
2	0.15	0.16	0.03	0.46	0.96	0.97	98.6	1.75
3	0.12	0.12	0.04	0.37	0.63	0.85	—	—
4	0.04	0.04	0.02	0.67	0.74	0.83	104.8	2.82
5	0.00	0.00	0.00	0.00	0.00	0.00	98.1	1.57
6	0.09	0.07	0.01	0.79	0.89	0.99	—	—
7	0.05	0.09	0.02	0.85	1.25	1.22	—	—
8	0.07	0.11	0.05	0.64	1.56	1.13	—	—
9	0.05	0.06	0.08	0.82	0.86	0.78	103.9	2.98
10	0.08	0.08	0.07	0.73	1.43	0.82	—	—

注：1，没食子酸；2，儿茶素；3，未知；4，芍药内酯苷；5，芍药苷；6，未知；7，未知；8，未知；9，苯甲酰芍药苷；10，未知。

8.3.2 HPLC 指纹图谱分析

8.3.2.1 HPLC 指纹图谱的建立

笔者采用优化的HPLC方法，对不同产地的28批白芍样品进行了质量分析，采用"中药色谱指纹图谱相似度评价系统"2004年A版进行匹配，建立了具有代表性的HPLC指纹图谱（图8–8A）。标准指纹中存在峰值、强度相对较高、分辨率良好的指标

为"特征共有峰",代表样品的特征。选择 10 个具有较高强度和较好分离度的特征峰（图 8-8B），通过与标准化合物的保留时间及 UV 光谱图比较，鉴定了 5 个组分，1 号峰为没食子酸，2 号峰为儿茶素，4 号峰为芍药内酯苷，5 号峰为芍药苷，9 号峰为苯甲酰芍药苷。其他 5 个常见指纹峰未知。

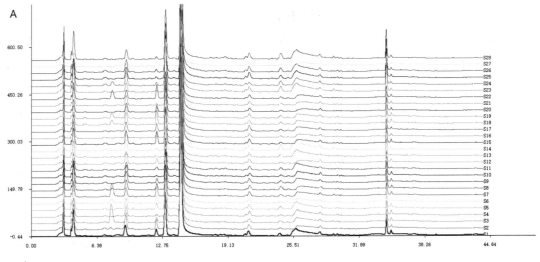

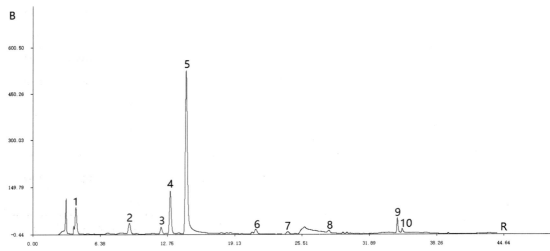

图 8-8　白芍样品 HPLC 指纹图谱（A）和中药色谱指纹图谱相似度评价系统对比谱图（B）

8.3.2.2 HPLC 指纹图谱的相似度评价

相似性评估是色谱指纹分析的重要部分，可用以检查不同批次白芍之间的差异程度。表 8-12 显示了不同白芍样品之间的相似性指数。通常，接近 1 的指数表示相似性高，而接近 0 的意味着绝对不相关。28 批次白芍样品与对照指纹图谱的相似度范围为 0.956～0.997，表明不同产地白芍的化学成分具有较高的相似性。相似性的差异可能与气候条件、土壤、收获时间和加工方法有关。一般来说，28 批试验样品的共有模式可以用 HPLC 指纹图谱来鉴别及评估白芍。

表 8-12　白芍样品相似度指数

序号	产地	相似性	序号	产地	相似性	序号	产地	相似性
S1	安徽亳州	0.973	S11	浙江杭州	0.964	S21	河北安国	0.994
S2	安徽亳州	0.993	S12	浙江杭州	0.997	S22	河北安国	0.984
S3	安徽亳州	0.969	S13	浙江杭州	0.956	S23	四川中江	0.971
S4	安徽亳州	0.99	S14	浙江杭州	0.967	S24	四川中江	0.968
S5	安徽亳州	0.982	S15	浙江杭州	0.992	S25	四川中江	0.987
S6	安徽亳州	0.993	S16	浙江杭州	0.996	S26	四川中江	0.988
S7	安徽亳州	0.98	S17	河北安国	0.991	S27	四川中江	0.997
S8	安徽亳州	0.988	S18	河北安国	0.989	S28	四川中江	0.971
S9	安徽亳州	0.99	S19	河北安国	0.99	—	—	—
S10	浙江杭州	0.993	S20	河北安国	0.997	—	—	—

8.3.2.3 系统聚类分析

采用组间连接法，选用欧式平方距离对 28 批白芍饮片进行聚类分析（图 8-9）。所有的样品可以分成 3 类，涉及不同来源的白芍。第一类由 S1 ～ S9（9 个安徽产白芍样品）、S10 ～ S13 和 S15 ～ S16（6 个浙江产白芍样品）、S17 ～ S22（6 个河北产白芍样品）和 S24（1 个四川产白芍样品）组成；第二类由 S14（1 个浙江产白芍样品）、S23、S25 ～ S26 和 S28（4 个四川产白芍样品）组成；第三类由 S27（1 个四川产白芍样品）组成。结果表明，安徽、浙江和河北产白芍质量较为相似，而四川产白芍与安徽、浙江和河北产白芍差异较大，可能由于四川与安徽、浙江和河北地理位置相隔较远，生长环境等各方面因素差别较大所致；S14、S24 和 S27 没有与它们所属产地的样品聚在一起，表明即使是相同的产地，白芍的质量也不完全相同，可能与其种植、采收、加工过程中的操作不统一有关。

8.3.2.4 主成分分析

为了评估指纹图谱是否能够有效区分来自不同产地的白芍，本研究开展了主成分分析，因为它具有很好的总结多元变异的能力。基于 HPLC 指纹图谱差异的得分和加载散点图（图 8-10），PC1、PC2 和 PC3 占总方差的 76.693%（PC1，50.972%；PC2，14.705%；PC3，11.016%）。表 8-13 为白芍饮片样品的主成分得分，用样品的 PC1、PC2 和 PC3 得分做三维散点图（图 8-10）。

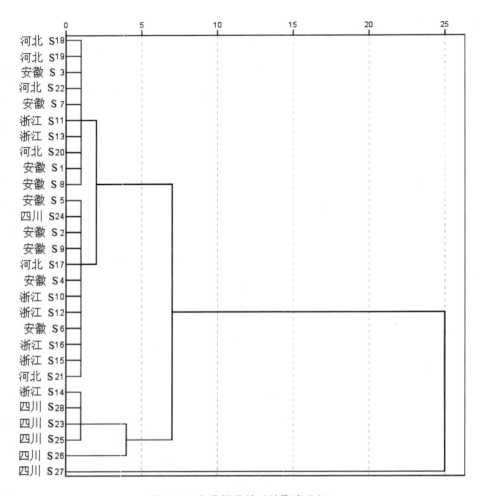

图 8-9 白芍样品的系统聚类分析

注：材料编号同表 8-12。

由图 8-10 可知，S14、S23、S25、S26 和 S28，其分数与其他样品有较大的偏差，可以归为一类；S1 ~ S13、S15 ~ S22 和 S24 评分相似，为一类；其余的样品为一类。主成分分析的结果表明，主成分得分在各种来源间存在较大差异，即使相同来源的白芍样品在一定程度上也存在差异。

表 8-13 主成分得分

样品编号	Y1	Y2	Y3	样品编号	Y1	Y2	Y3
S1	1.16	−0.16	0.95	S15	−0.04	1.29	1.33
S2	−0.73	1.35	0.74	S16	−2.23	−0.63	−0.54
S3	−1.53	−0.26	−0.23	S17	−0.90	0.87	−0.94
S4	0.05	1.12	−1.14	S18	−1.41	0.88	1.56

续表

样品编号	Y1	Y2	Y3	样品编号	Y1	Y2	Y3
S5	1.42	−0.09	0.65	S19	−1.34	0.92	1.57
S6	−0.67	2.42	−0.06	S20	−2.29	−0.86	−0.77
S7	−1.67	−0.05	0.94	S21	−1.16	−0.93	−0.93
S8	−0.49	−1.16	0.04	S22	−2.44	−0.41	1.10
S9	−0.27	0.29	0.01	S23	3.75	−1.82	0.31
S10	−0.29	1.34	−0.72	S24	2.51	−0.48	1.19
S11	−1.15	−1.41	−0.93	S25	3.37	1.36	−0.84
S12	−1.03	0.62	−0.02	S26	2.89	1.88	−2.68
S13	−1.46	−2.14	−1.91	S27	−3.73	−1.51	0.26
S14	5.19	−0.96	0.73	S28	4.49	−1.46	0.33

注：材料编号同表 8–12。

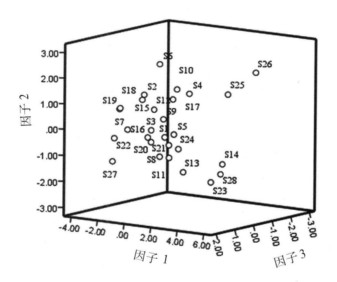

图 8-10 主成分 3D 得分图

注：材料编号同表 8–12。

8.3.3 一测多评

8.3.3.1 相对校正因子的计算

相对校正因子使用标准曲线斜率比计算。计量过程包括以下三个步骤：①选择芍药苷作为内参物，通过标准曲线计算芍药苷与没食子酸、儿茶素、芍药内酯苷和苯甲酰芍药苷的斜率之比，得到芍药苷对没食子酸、儿茶素、芍药苷和苯甲酰芍药苷的相对校正因子。②用外标法直接测定 5 种成分（没食子酸、儿茶素、芍药苷、芍药内酯苷和苯甲酰芍药苷）的含量。③其他 4 种成分使用相对校正因子，通过 QAMS 进行计算。通过标准方法差（SMD）来评估 QAMS 的可行性。SMD 的计算公式为：$SMD = (C_{ESM} - C_{QAMS}) / C_{ESM} \times 100\%$，其中 C_{ESM} 和 C_{QAMS} 分别代表通过外标法和 QAMS 测定的待测成分的浓度。相对校正因子计算结果如表 8-14 所示。

表 8-14　芍药苷对没食子酸、儿茶素、芍药苷和苯甲酰芍药苷的相对校正因子

RCFs	f
$f_{p/g}$	0.71
$f_{p/c}$	0.72
$f_{p/a}$	1.28
$f_{p/b}$	0.85

注：RCF，使用校准曲线计算的相对校正因子；$f_{p/g}$，芍药苷对没食子酸的相对校正因子；$f_{p/c}$，芍药苷对儿茶素的相对校正因子；$f_{p/a}$，芍药苷对芍药内酯苷的相对校正因子；$f_{p/b}$，芍药苷对苯甲酰芍药苷的相对校正因子。

8.3.3.2 高效液相色谱仪和色谱柱耐用性

不同高效液相色谱仪和不同色谱柱的相对校正因子测定结果如表 8-15 所示，结果显示 RSD 均小于 5%，说明在不同的色谱系统和色谱柱下，该方法测定结果均稳定可靠。

表 8-15　不同高效液相色谱仪和色谱柱的相对校正因子

仪器	色谱柱	$f_{p/g}$	$f_{p/c}$	$f_{p/a}$	$f_{p/b}$
LC-20A	Agilent Eclipse XDB C18	0.71	0.72	1.28	0.85
	Shimadzu VP ODS C18	0.68	0.72	1.34	0.84
	InertSustain C18	0.69	0.72	1.36	0.85
Agilent 1260	Agilent Eclipse XDB C18	0.69	0.68	1.22	0.88
	InertSustain C18	0.65	0.65	1.38	0.88
平均值	—	0.68	0.70	1.32	0.86
RSD/%	—	3.20	4.56	4.92	2.18

8.3.3.3 分析物峰的定位

考虑到当分析物的含量由 QAMS 确定时，没有足够的参考标准可用，应注意正确定位色谱峰。作者研究了相对保留值和保留时间差在不种高效液相色谱仪和不同型号色谱柱的重现性，结果表明相对保留值波动较小，保留时间差波动较大。因此，采用相对保留值作为分析物色谱峰定位的依据，结果见表 8-16。

表 8-16　分析物色谱峰的定位

仪器	色谱柱	相对保留时间			
		$t_{Rg/p}$	$t_{Rc/p}$	$t_{Ra/p}$	$t_{Rb/p}$
LC−20A	Agilent Eclipse XDB C18	0.28	0.62	0.90	2.40
	Shimadzu VP ODS C18	0.30	0.65	0.89	2.34
	InertSustain C18	0.29	0.66	0.89	2.32
Agilent 1260	Agilent Eclipse XDB C18	0.29	0.63	0.91	2.41
	InertSustain C18	0.28	0.60	0.89	2.33
平均值	—	0.29	0.64	0.89	2.34
RSD/%	—	2.91	2.58	1.28	3.10

8.3.3.4 一测多评的评估

为了评估和验证 QAMS 测定白芍中多种成分的可行性，笔者运用 QAMS 和外标法分别测定了 28 批白芍样品中 5 种成分（没食子酸、儿茶素、芍药苷、芍药内酯苷和苯甲酰芍药苷）的含量，结果见表 8-17。结果表明，不同产地白芍饮片中 5 种活性成分的含量存在一定的差异，这可能与其不同的气候条件、土壤、收获时间和加工方法有关。与使用外标法得到的结果相比，通过 T 检验（表 8-18）证明，QAMS 计算结果与外标法计算结果没有显著差异（$P > 0.05$，$n = 28$），表明 QAMS 是一种可靠方便的多化学成分含量测定方法。

表 8-17　QAMS 和外标法结果比较

样品编号	芍药苷*	没食子酸			儿茶素			芍药内酯苷			苯甲酰芍药苷		
	ESM	ESM	QAMS	SMD/%	ESM	QAMS	SMD/%	ESM	QAMS	SMD/%	ESM	QAMS	SMD/%
S1	22.22	3.19	3.14	1.57	1.36	1.37	−0.74	7.03	7.01	0.28	1.25	1.25	0.00
S2	24.49	1.59	1.58	0.63	1.70	1.71	−0.59	4.94	4.88	1.21	1.14	1.14	0.00
S3	19.36	1.57	1.57	0.00	1.20	1.21	−0.83	4.69	4.64	1.07	1.01	1.01	0.00
S4	24.31	1.91	1.89	1.05	1.17	1.17	0.00	6.09	6.05	0.66	1.14	1.14	0.00
S5	25.94	3.20	3.14	1.88	1.27	1.28	−0.79	7.03	7.00	0.43	1.22	1.22	0.00
S6	22.99	1.19	1.19	0.00	1.48	1.50	−1.35	6.05	6.01	0.66	1.13	1.13	0.00
S7	20.18	1.65	1.64	0.61	1.12	1.12	0.00	4.83	4.77	1.24	1.00	1.00	0.00
S8	22.18	2.96	2.91	1.69	1.22	1.23	−0.82	4.19	4.12	1.67	1.05	1.05	0.00
S9	25.10	1.74	1.72	1.15	1.52	1.53	−0.66	5.21	5.15	1.15	1.01	1.01	0.00
S10	24.85	1.47	1.46	0.68	1.39	1.39	0.00	6.42	6.39	0.93	1.11	1.11	0.00

续表

样品编号	芍药苷*	没食子酸			儿茶素			芍药内酯苷			苯甲酰芍药苷		
	ESM	ESM	QAMS	SMD/%	ESM	QAMS	SMD/%	ESM	QAMS	SMD/%	ESM	QAMS	SMD/%
S11	21.64	1.64	1.63	0.61	1.04	1.05	−0.96	3.72	3.64	2.15	1.30	1.31	−0.77
S12	24.95	1.03	1.04	−0.97	1.37	1.38	−0.73	6.16	6.12	0.65	1.00	1.00	0.00
S13	21.14	1.57	1.56	0.64	0.78	0.78	0.00	2.67	2.58	3.37	1.25	1.25	0.00
S14	34.07	3.26	3.19	2.15	1.38	1.38	0.00	9.09	9.08	0.11	1.99	1.99	0.00
S15	28.23	1.50	1.49	0.67	1.64	1.64	0.00	6.10	6.05	0.82	1.11	1.11	0.00
S16	23.46	1.43	1.43	0.00	0.97	0.97	0.00	4.40	4.33	1.60	0.86	0.86	0.00
S17	25.08	1.86	1.84	1.08	1.12	1.12	0.00	4.09	4.01	1.96	0.88	0.88	0.00
S18	20.10	1.18	1.18	0.00	1.41	1.42	−0.71	6.26	6.23	0.48	1.08	1.08	0.00
S19	20.72	1.19	1.19	0.00	1.44	1.44	0.00	6.26	6.23	0.48	1.03	1.04	−0.97
S20	20.88	1.07	1.07	0.00	1.01	1.01	0.00	4.47	4.40	1.57	1.01	1.01	0.00
S21	26.61	1.81	1.79	1.10	1.18	1.18	0.00	4.72	4.65	1.48	0.97	0.97	0.00
S22	18.76	1.77	1.76	0.56	1.08	1.09	−0.93	4.52	4.46	1.33	0.89	0.89	0.00
S23	30.71	3.22	3.16	1.86	1.23	1.24	−0.81	7.87	7.84	0.38	1.85	1.85	0.00
S24	25.62	2.87	2.82	1.74	1.63	1.64	−0.61	8.71	8.70	0.11	2.05	2.05	0.00
S25	34.42	1.86	1.84	1.08	1.49	1.49	0.00	7.26	7.22	0.55	2.08	2.07	0.48
S26	38.54	1.80	1.77	1.67	1.63	1.64	−0.61	8.20	8.17	0.37	2.29	2.28	0.44
S27	21.95	1.20	1.20	0.00	0.87	0.87	0.00	4.46	4.39	1.57	0.73	0.74	−1.37
S28	32.74	3.24	3.18	1.85	1.28	1.28	0.00	8.18	8.15	0.37	1.96	1.96	0.00

注：* 以芍药苷为内参物，故无芍药苷的 QAMA、SMD 数据；材料编号同表 8-12；ESM，外标法；QAMS，一测多评法；SMD，标准方法差。

表 8-18　t 检验结果

	n	没食子酸	儿茶素	芍药内酯苷	苯甲酰芍药苷
外标法	28	1.93 ± 0.75	1.29 ± 0.24	5.84 ± 1.64	1.26 ± 0.43
一测多评法	28	1.91 ± 0.73	1.29 ± 0.24	5.80 ± 1.66	1.26 ± 0.43
t		0.106	−0.084	0.109	−0.003
p		0.916	0.934	0.913	0.998

主要参考文献

［1］段春燕，侯小改，李连方．中国牡丹品种群野生原种特征及主要栽培区域 [J]. 中国种业，2005
　　（6）：53–53.

［2］沈浩，刘登义．遗传多样性概述 [J]. 生物学杂志，2001，12（3）：6–8.

［3］杨勇，曾秀丽，张姗姗，等．5 种野生芍药在我国西南地区的地理分布与资源特点研究 [J]. 四川农
　　业大学学报，2017，35（1）：69–74.

［4］方前波．中国芍药属芍药组的分类、分布与药用 [J]. 现代中药研究与实践，2004，1（3）：28–30.

［5］国家药典委员会．中华人民共和国药典（一部）[M]. 北京：中国医药科技出版社，2020.

［6］蒋林峰，张新全，黄琳凯，等．鸭茅品种的 SCoT 遗传变异分析 [J]. 草业学报，2014，23（1）：
　　229–238.

［7］彭成．中华道地药材 [M]. 北京：中国中医药出版社，2011.

［8］查良平，王德群，彭华胜，等．中国芍药栽培品种 [J]. 安徽中医药大学学报，2011，30（5）：70–73.

［9］邓立宝．广西柿种质资源遗传多样性及其对柿角斑病抗病性研究 [D]. 南宁：广西大学，2013.

［10］李树德．中国主要蔬菜抗病育种进展 [M]. 北京：科学出版社，1995.

［11］李喜玲，高智谋，李艳梅，等．不同寄主来源的灰葡萄孢对番茄的致病力分化研究 [J]. 菌物学
　　报，2008，27（3）：343–350.

［12］石颜通，张秀新，薛璟祺，等．芍药病害调查及抗性品种筛选 [J]. 西南农业学报，2014，27（5）：
　　1979–1983.

［13］王琪，袁燕波，于晓南．盐碱胁迫下 2 个芍药品种生理特性及耐盐碱性研究 [J]. 河北农业大学学
　　报，2013，36（6）：52–60.

［14］杨德翠．牡丹 – 枝孢霉互作过程中牡丹抗氧化酶活性的变化 [J]. 江苏农业科学，2015，43（10）：
　　228–230.

［15］杜淑辉，臧德奎，孙居文．我国观赏植物新品种保护与 DUS 测试研究进展 [J]. 中国园林，2010，
　　26（9）：78–81.

［16］李合生．植物生理生化实验原理和技术 [M]. 北京：高等教育出版社，2000.

［17］彭成．中华道地药材 [M]. 北京：中国中医药出版社，2011.

［18］全国植物新品种测试标准化技术委员会．NY/T 2225—2012 植物新品种特异性、一致性、和稳定
　　性测试指南：芍药 [S]. 北京：中国标准出版社，2012.

[19] 史倩倩，王雁，周琳. 牡丹传统品种特异性、一致性和稳定性研究 [J]. 东北农业大学学报，2013（4）:66–71.

[20] 王学奎，黄见良. 植物生理生化实验原理与技术 [M]. 北京：高等教育出版社，2015.

[21] 叶永华，张双，游立群，等. 福林酚法测定闽产盐肤木根茎中总酚酸的含量 [J]. 福建中医药，2018，49（2）:66–67.

[22] 韩东，李向高，黄耀阁，等. 西洋参果实不同部位发芽抑制物质的研究 [J]. 特产研究，2001，23（2）:13–18.

[23] 卡恩. 种子休眠和萌发的生理生化 [M]. 王沙生，译. 北京：农业出版社，1989.

[24] 刘政安. 芍药的种子繁殖 [J]. 花木盆景：花卉园艺，1994，3: 15.

[25] 张荣荣，王康才. 芍药种子内源抑制物质活性的研究 [J]. 中草药，2008，39（12）：1880–1883.

[26] 张少强. 芍药种子萌发抑制物的生物测定及分析鉴定 [J]. 安徽林业科技，2015，41（3）：17–20.

[27] 常婧. 芍药组织培养研究进展 [J]. 防护林科技，2017（8）：82–84.

[28] 杜霞. 杭白芍种胚丛生芽诱导途径再生体系的初步建立 [D]. 北京：中国林业科学研究院，2015.

[29] 郭风云. 芍药组织培养技术的研究 [D]. 北京：北京林业大学，2001.

[30] 梁小敏，罗赣丰. 毫芍药组织培养的关键技术 [J]. 北方园艺，2016，40（20）：102–105.

[31] 沈苗苗. 观赏芍药胚培养及茎段愈伤组织诱导研究 [D]. 北京：北京林业大学，2013.

[32] 薛银芳，赵大球，周春华，等. 芍药组织培养的研究进展 [J]. 北方园艺，2012（4）：167–170.

[33] 姚希诺. 芍药再生体系的建立 [D]. 沈阳：沈阳农业大学，2018.

[34] 金林，赵万顺，郭巧生，等. 响应面法优化白芍提取工艺的研究 [J]. 中国中药杂志，2015，40（15）：2988–2993.

[35] 尹雪，孙萍，温学森，等. 混合均匀设计法优化白芍提取工艺 [J]. 中国药房，2016，27（1）：89–91.

[36] 张轻轻，乐龙，王志祥，等. 白芍中芍药苷的微波提取工艺研究 [J]. 中国药物警戒，2011，08（3）：141–144.

[37] 王玥，杜守颖，吴清，等. 白芍中芍药苷的闪式提取工艺研究 [J]. 北京中医药大学学报，2013，36（12）：845–847.

[38] 王乾，刘三康，付春梅，等. 加速溶剂提取法提取赤芍中的芍药苷 [J]. 华西药学杂志，2006，21（2）：184.

[39] 贾永光，李坤平，李康，等. 正交设计研究白芍总苷的超声提取工艺 [J]. 食品与生物技术学报，2009，28（4）：501–504.

[40] 苏婷，姜文月，高陆. 白芍总苷产业化提取工艺研究 [J]. 临床医药文献杂志（电子版），2015，2（11）：2015–2017.

[41] 吴一超. 中江芍药化学成分提取分离及抗氧化活性物质基础的研究 [D]. 雅安：四川农业大学，2018.

[42] 陈平，刘小平，陈新，等. 中药制药工艺与设计 [M]. 北京：化学工业出版社，2009.

［43］段金廒，严辉，宿树兰，等.药材适宜采收期综合评价模式的建立与实践[J].中草药，2010，41
（11）：1755-1760.

［44］金林，赵万顺，郭巧生，等.白芍饮片的化学成分测定及质量评价[J].中国中药杂志，2015，40
（3）：484-489.

［45］金林，赵万顺，郭巧生，等.响应面法优化白芍提取工艺的研究[J].中国中药杂志，2015，40
（15）：2988-2993.

［46］金林，赵万顺，郭巧生，等.白芍UPLC指纹图谱研究[J].中草药，2015，46（23）：3564-3569.

［47］王智民，高慧敏，付雪涛，等."一测多评"法中药质量评价模式方法学研究[J].中国中药杂
志，2006，31（23）：1925-1928.

［48］严倩茹，邬伟魁.白芍饮片的质量现状与质量控制方法研究进展[J].药物评价研究，2015，38
（2）：229-232.

［49］Peter R，Wu Z Y. Flora of China[M]. Boston: Morgan Kaufmann，2001.

［50］Shen C Y，Tian D，Zeng S J. Distribution and cultivation pattern and research status of forcing
cultivation of Sect. *Paeonia* DC[J]. species. Journal of Plant Resources and Environment，2012，21（4）：
100-107.

［51］Ganie S H，Upadhyay P，Das S，et al. Authentication of medicinal plants by DNA markers[J]. Plant
Gene，2015，4: 83-99.

［52］Chen D X，Zhao J F，Liu X，et al. Genetic diversity and genetic structure of endangered wild
Sinopodophyllum emodi by start codon targeted polymorphism[J]. China Journal of Chinese Materia
Medica，2013，38（2）：278-283.

［53］Li R，Shi F，Fukuda K. Interactive effects of various salt and alkali stresses on growth，organic
solutes，and cation accumulation in a halophyte Spartina alterniflora（Poaceae）[J]. Environmental and
Experimental Botany，2010，68（1）：66-74.

［54］Bewley J D. Seed germination and dormancy[J]. Plant Cell，1997，9（7）：1055-1066.

［55］Khan A A. The physiology and biochemistry of seed development，dormancy and germination[J]. Febs
Letters，1979，103（2）：381-381.

［56］Li X，Xu X，Zhu T，et al. Effects of exogenous cytokinin on maize yield characteristics[J]. Chinese
Agricultural Science Bulletin，2013，29（36）：219-223.

［57］Yu X，Wang L，Silva JATD. Change of endogenous hormones inside Paeonia lactiflora buds during
winter dormancy[J]. International Journal of Plant Developmental Biology，2015，6（1）：61-63.

［58］Shi Q Y，Chen J L，Zhou Q F，et al. Indirect identification of antioxidants in Polygalae Radix through
their reaction with 2，2-diphenyl-1-picrylhydrazyl and subsequent HPLC-ESI-Q-TOF-MS/MS [J].
Talanta，2015，144: 830-835.

［59］Lee S C，Kwon Y S，Son K H，et al. Antioxidative constituents from Paeonia lactiflora pall[J]. Archives
of Pharmacal Research，2005，28: 775-783.

［60］Kim S H, Lee M K, Lee K Y, et al. Chemical constituents isolated from Paeonia lactiflora roots and their neuroprotective activity against oxidative stress in vitro[J]. Journal of Enzyme Inhibition and Medicinal Chemistry, 2009, 24（5）: 1138-1140.

［61］Zhang J H, Li L, Kim S H, et al. Anti-cancer, anti-diabetic and other pharmacologic and biological activities of penta-galloyl-glucose[J]. Pharmaceutical Research, 2009, 26（9）: 2066-2080.

［62］Lee S M, Yoon M Y, Park H R. Protective effects of paeonia lactiflora pall on hydrogen peroxide-induced apoptosis in PC12 cells [J]. Bioscience Biotechnology and Biochemistry, 2008, 72（5）: 1272-1277.

［63］Zeng Y W, Deng M C, Lv Z C, et al. Evaluation of antioxidant activities of extracts from 19 Chinese edible flowers[J]. Springerplus, 2014, 3（1）: 315-320.